CAD 工程设计详解系列

详解 AutoCAD 2018 电气设计
（第 5 版）

CAD/CAM/CAE 技术联盟

胡仁喜　闫聪聪　编著

电子工业出版社
Publishing House of Electronics Industry
北京·BEIJING

内 容 简 介

本书结合实例全面讲述利用 AutoCAD 2018 进行电气设计的全过程，包括 AutoCAD 电气设计基础知识、各种典型电气图的绘制方法、龙门刨床电气设计方法等，内容全面、具体。全书分为两篇共 11 章，其中第 1 篇（第 1~5 章）为基础知识，第 1 章电气图制图规则和表示方法，第 2 章 AutoCAD 2018 入门，第 3~5 章为常用电气元件的绘制；第 2 篇（第 6~11 章）为电气设计实例，第 6 章机械电气设计，第 7 章电路图设计，第 8 章电力电气设计，第 9 章控制电气设计，第 10 章通信电气设计，第 11 章建筑电气设计。

本书配套的电子资料包含全书所有实例的源文件和实例操作过程视频文件，可以帮助读者更加形象直观、轻松自如地学习本书。额外赠送大量 AutoCAD 学习电子书和设计图纸及对应的操作视频文件。

本书既适合 AutoCAD 软件的初中级读者，也适合已经学过 AutoCAD 先前版本的用户作为 AutoCAD 学习的实例提高书籍，还适合作为大中专院校电气相关专业计算机辅助设计的课堂教材和辅助教材。

未经许可，不得以任何方式复制或抄袭本书之部分或全部内容。
版权所有，侵权必究。

图书在版编目（CIP）数据

详解 AutoCAD 2018 电气设计 / 胡仁喜，闫聪聪编著. — 5 版. — 北京：电子工业出版社，2018.6
（CAD 工程设计详解系列）
ISBN 978-7-121-14702-9

I. ①详… II. ①胡… ②闫… III. ①电气设备－计算机辅助设计－AutoCAD 软件 IV. ①TM02-39

中国版本图书馆 CIP 数据核字（2018）第 087159 号

策划编辑：许存权
责任编辑：许存权　　　　特约编辑：谢忠玉　等
印　　刷：北京七彩京通数码快印有限公司
装　　订：北京七彩京通数码快印有限公司
出版发行：电子工业出版社
　　　　　北京市海淀区万寿路 173 信箱　　邮编：100036
开　　本：787×1 092　1/16　印张：22　字数：564 千字
版　　次：2009 年 4 月第 1 版
　　　　　2018 年 6 月第 5 版
印　　次：2022 年 1 月第 5 次印刷
定　　价：69.00 元

凡所购买电子工业出版社图书有缺损问题，请向购买书店调换。若书店售缺，请与本社发行部联系，联系及邮购电话：（010）88254888，88258888。
质量投诉请发邮件至 zlts@phei.com.cn，盗版侵权举报请发邮件至 dbqq@phei.com.cn。
本书咨询联系方式：（010）88254484，xucq@phei.com.cn。

前　言

AutoCAD 是世界范围内最早开发，也是用户群最庞大的 CAD 软件。经过多年的发展，其功能不断完善，现已覆盖机械、建筑、服装、电子、气象、地理等多个学科，在全球建立了牢固的用户网络。目前，在全国范围内，虽然出现了许多其他的 CAD 软件，这些后起之秀在不同的方面有很多优秀而卓越的功能，但是 AutoCAD 历经市场风雨的考验，以其开放性的平台和简单易行的操作方法，早已被工程设计人员认可。

一、本书特色

- 作者权威

笔者精心组织几所高校的老师根据学生工程应用学习的需要编写了此书，本书的作者是 Autodesk 中国认证考试中心的专家和各高校多年从事计算机图形学教学研究的一线人员，具有丰富的教学实践经验与教材编写经验。多年的教学工作使他们能够准确把握学生的学习心理与实际需求。

- 实例专业

本书中引用的实例都来自电气设计工程实践，结构典型，真实实用。这些实例经过编者精心提炼和改编，不仅保证了读者能够学好知识点，更重要的是能帮助读者掌握实际的操作技能。

- 提升技能

本书从全面提升电气设计与 AutoCAD 应用能力的角度出发，结合具体的实例来讲解如何利用 AutoCAD 2018 进行电气工程设计，真正让读者懂得计算机辅助电气设计，从而独立地完成各种电气工程设计。

- 内容全面

本书在有限的篇幅内，包罗了 AutoCAD 常用的功能以及常见的行业应用电气设计讲解等内容，涵盖了 AutoCAD 绘图基础知识、电气设计基础技能、行业电气设计等知识。"秀才不出门，能知天下事。"读者只要有本书在手，即可做到 AutoCAD 电气设计知识全精通。本书不仅有透彻的讲解，还有非常典型的工程实例。通过实例的演练，能够帮助读者找到一条学习 AutoCAD 电气设计的捷径。

- 知行合一

结合典型的电气设计实例详细讲解 AutoCAD 2018 电气设计知识要点，让读者在学习实例的过程中潜移默化地掌握 AutoCAD 2018 软件的操作技巧，同时培养工程设计实践能力。

二、本书的组织结构和主要内容

本书以最新的 AutoCAD 2018 版本为演示平台，全面介绍 AutoCAD 在电气设计领域的应用，全书分为 11 章。

第 1 章主要介绍电气图制图规则和表示方法；

第 2 章主要介绍 AutoCAD 2018 入门知识；
第 3 章主要介绍二维绘图命令；
第 4 章主要介绍编辑命令；
第 5 章主要介绍文字表格和尺寸标注命令；
第 6 章主要介绍机械电气设计；
第 7 章主要介绍电路图设计；
第 8 章主要介绍电力电气设计；
第 9 章主要介绍控制电气设计；
第 10 章主要介绍通信电气设计；
第 11 章主要介绍建筑电气设计。

三、本书的配套资源

本书提供了极为丰富的学习配套资源，期望读者朋友在最短的时间学会并精通这门技术。读者可以登录百度网盘（地址：http://pan.baidu.com/s/1slkCPid）下载，密码：svi7。读者如果没有百度账号，需要先注册一个网盘才能下载。

1．配套教学视频

针对本书专门制作了全部实例配套教学视频，读者可以先看视频，像看电影一样轻松愉悦地学习本书内容，然后对照课本加以实践和练习，可以大大提高学习效率。

2．AutoCAD应用技巧、疑难解答等资源

（1）AutoCAD 应用技巧大全：汇集了 AutoCAD 绘图的各类技巧，对提高作图效率很有帮助。

（2）AutoCAD 疑难问题汇总：疑难解答的汇总，对入门者来讲非常有用，可以扫除学习障碍，让学习少走弯路。

（3）AutoCAD 经典练习题：额外精选了不同类型的练习，读者朋友只要认真去练，到一定程度就可以实现从量变到质变的飞跃。

（4）AutoCAD 常用图块集：在实际工作中，积累大量的图块可以拿来就用，或者改一改就可以用，对于提高作图效率极为重要。

（5）AutoCAD 快捷键命令速查手册：汇集了 AutoCAD 常用快捷命令，熟记它们可以提高作图效率。

（6）AutoCAD 快捷键速查手册：汇集了 AutoCAD 常用快捷键，绘图高手通常会直接使用快捷键。

（7）AutoCAD 常用工具按钮速查手册：熟练掌握 AutoCAD 工具按钮的使用方法也是提高作图效率的方法之一。

3．6套大型图纸设计方案及时长达12小时的同步教学视频

为了帮助读者拓展视野，特意赠送 6 套设计图纸集、图纸源文件、视频教学录像（动画演示），总时长 12 个小时。

4．全书实例的源文件和素材

本书附带了很多实例，包含实例和练习的源文件和素材，读者可以安装 AutoCAD 2018 软件，打开并使用它们。

四、致谢

本书由 CAD/CAM/CAE 技术联盟策划，Autodesk 中国认证考试中心首席专家胡仁喜博士和石家庄三维书屋文化传播有限公司的闫聪聪老师主编。刘昌丽、康士廷、杨雪静、卢园、孟培、王敏、王玮、王培合、王艳池、王义发、王玉秋、李兵、李亚莉、解江坤、叶国华、贾燕等也参与了具体章节的编写或为本书出版提供了必要的帮助，对他们的付出表示真诚的感谢。

CAD/CAM/CAE 技术联盟是一个 CAD/CAM/CAE 技术研讨、工程开发、培训咨询和图书创作的工程技术人员协作联盟，包含 20 多位专职和众多兼职的 CAD/CAM/CAE 工程技术专家。CAD/CAM/CAE 技术联盟负责人由 Autodesk 中国认证考试中心首席专家担任，全面负责 Autodesk 中国官方认证考试大纲制定、题库建设、技术咨询和师资力量培训工作，成员精通 Autodesk 系列软件。其创作的很多教材成为国内具有引导性的旗舰作品，在相关专业方向图书创作领域具有举足轻重的地位。

读者可以登录本书学习交流群 QQ：597056765 或 379090620。作者随时在线提供本书学习指导，以及诸如软件下载、软件安装、授课 PPT 下载等一系列的后续服务，让读者无障碍地快速学习本书，也可以将问题发到邮箱 win760520@126.com，我们将及时予以回复。

编　者

目 录

第1篇 设计基础篇

第1章 电气图制图规则和表示方法……2
- 1.1 电气图分类及特点……2
  - 1.1.1 电气图分类……2
  - 1.1.2 电气图特点……5
- 1.2 电气图 CAD 制图规则……7
  - 1.2.1 图纸格式和幅面尺寸……7
  - 1.2.2 图幅分区……8
  - 1.2.3 图线、字体及其他元素……9
  - 1.2.4 电气图布局方法……12
- 1.3 电气图基本表示方法……13
  - 1.3.1 线路表示方法……13
  - 1.3.2 电气元件表示方法……14
  - 1.3.3 元件触头和工作状态表示方法……15
- 1.4 电气图中连接线的表示方法……16
  - 1.4.1 连接线一般表示方法……16
  - 1.4.2 连接线连续表示法和中断表示方法……17
- 1.5 电气图符号的构成和分类……18
  - 1.5.1 电气图符号的构成……18
  - 1.5.2 电气图形符号的分类……19

第2章 AutoCAD 2018 入门……20
- 2.1 操作界面……20
- 2.2 设置绘图环境……30
  - 2.2.1 设置图形单位……30
  - 2.2.2 设置图形界限……32
- 2.3 配置绘图系统……32
- 2.4 文件管理……34
- 2.5 基本输入操作……37
  - 2.5.1 命令输入方式……37
  - 2.5.2 命令的重复、撤销、重做……38
  - 2.5.3 按键定义……39
  - 2.5.4 命令执行方式……39
  - 2.5.5 坐标系统与数据输入法……39
- 2.6 图层操作……41
  - 2.6.1 建立新图层……41
  - 2.6.2 设置图层……44
- 2.7 精确定位工具……46
  - 2.7.1 正交模式……46
  - 2.7.2 栅格显示……46
  - 2.7.3 捕捉模式……47
- 2.8 图块操作……48
  - 2.8.1 定义图块……48
  - 2.8.2 图块的存盘……49
  - 2.8.3 图块的插入……50
- 2.9 设计中心……50
  - 2.9.1 启动设计中心……51
  - 2.9.2 插入图块……51
  - 2.9.3 图形复制……52
- 2.10 工具选项板……53
  - 2.10.1 打开工具选项板……53
  - 2.10.2 新建工具选项板……53
  - 2.10.3 向工具选项板中添加内容……54

第3章 二维绘图命令……55
- 3.1 直线类命令……55
  - 3.1.1 直线段……55
  - 3.1.2 实例——绘制电阻符号……56
  - 3.1.3 构造线……57
- 3.2 圆类命令……58
  - 3.2.1 圆……58
  - 3.2.2 实例——绘制传声器符号……59
  - 3.2.3 圆弧……60

  3.2.4 实例——绘制壳体符号………61
  3.2.5 圆环……………………………62
  3.2.6 椭圆与椭圆弧…………………63
  3.2.7 实例——绘制电话机…………64
 3.3 平面图形………………………………65
  3.3.1 矩形……………………………65
  3.3.2 实例——绘制平顶灯…………66
  3.3.3 多边形…………………………68
  3.3.4 实例——绘制灯符号…………69
 3.4 点类命令………………………………70
  3.4.1 点………………………………70
  3.4.2 等分点…………………………71
  3.4.3 测量点…………………………72
 3.5 多段线…………………………………72
  3.5.1 绘制多段线……………………73
  3.5.2 编辑多段线……………………73
  3.5.3 实例——绘制单极拉线开关…75
 3.6 样条曲线………………………………76
  3.6.1 绘制样条曲线…………………76
  3.6.2 编辑样条曲线…………………77
  3.6.3 实例——绘制整流器框形
     符号……………………………77
 3.7 多线……………………………………78
  3.7.1 绘制多线………………………78
  3.7.2 定义多线样式…………………79
  3.7.3 编辑多线………………………81
 3.8 图案填充………………………………82
  3.8.1 基本概念………………………82
  3.8.2 图案填充的操作………………82
  3.8.3 编辑填充的图案………………85
  3.8.4 实例——绘制暗装插座符号…85
 3.9 综合实例——绘制发电机……………87

第4章 编辑命令……………………………93
 4.1 选择对象………………………………93
 4.2 复制类命令……………………………95
  4.2.1 复制命令………………………96
  4.2.2 实例——绘制三相变压器
     符号……………………………96
  4.2.3 镜像命令………………………98

  4.2.4 实例——绘制二极管符号……98
  4.2.5 偏移命令………………………99
  4.2.6 实例——绘制手动三级开关
     符号…………………………101
  4.2.7 阵列命令……………………104
  4.2.8 实例——绘制软波管………105
 4.3 改变位置类命令……………………107
  4.3.1 旋转命令……………………108
  4.3.2 实例——绘制稳压二极管…108
  4.3.3 移动命令……………………110
  4.3.4 实例——绘制热继电器动
     断触点………………………110
  4.3.5 缩放命令……………………112
 4.4 删除及恢复类命令…………………113
  4.4.1 删除命令……………………113
  4.4.2 清除命令……………………113
 4.5 改变几何特性类命令………………114
  4.5.1 修剪命令……………………114
  4.5.2 实例——绘制电抗器………115
  4.5.3 延伸命令……………………116
  4.5.4 实例——绘制动断按钮……118
  4.5.5 拉伸命令……………………119
  4.5.6 实例——绘制管式混合器…120
  4.5.7 拉长命令……………………121
  4.5.8 实例——绘制变压器符号…121
  4.5.9 圆角命令……………………124
  4.5.10 实例——绘制变压器………125
  4.5.11 倒角命令……………………127
  4.5.12 打断命令……………………129
  4.5.13 实例——绘制弯灯符号
      绘制…………………………129
  4.5.14 分解命令……………………130
  4.5.15 实例——绘制热继电器……130
  4.5.16 合并命令……………………131
  4.5.17 实例——绘制电流互感器…132
  4.5.18 光顺曲线……………………133
 4.6 对象编辑命令………………………133
  4.6.1 钳夹功能……………………134
  4.6.2 修改对象属性………………134

		4.6.3	实例——绘制有外屏蔽的管壳	134
	4.7	综合实例——指示灯模块		136
第5章	文字、表格和尺寸标注			139
	5.1	文本标注		139
		5.1.1	文本样式	139
		5.1.2	单行文本标注	141
		5.1.3	多行文本标注	143
		5.1.4	实例——绘制电动机符号	147
	5.2	表格		149

5.2.1 定义表格样式 …… 149
5.2.2 创建表格 …… 151
5.2.3 实例——绘制电气制图 A3 样板图 …… 152
5.3 尺寸标注 …… 158
　　5.3.1 尺寸样式 …… 158
　　5.3.2 标注尺寸 …… 163
5.4 综合实例——绘制变电站避雷针布置图 …… 166

第2篇　设计实例篇

第6章　机械电气设计 …… 176
　6.1　机械电气系统简介 …… 176
　6.2　三相异步交流电动机控制线路 …… 177
　　6.2.1　三相异步电动机供电简图 …… 177
　　6.2.2　电动机供电系统图 …… 179
　　6.2.3　电动机控制电路图 …… 181
　6.3　钻床电气设计 …… 185
　　6.3.1　主动回路设计 …… 186
　　6.3.2　控制回路设计 …… 187
　　6.3.3　照明回路设计 …… 188
　　6.3.4　添加文字说明 …… 189
　6.4　车床电气设计 …… 190
　　6.4.1　主回路设计 …… 190
　　6.4.2　控制回路设计 …… 194
　　6.4.3　照明指示回路的设计 …… 195
　　6.4.4　添加文字说明 …… 197

第7章　电路图设计 …… 198
　7.1　电路图基本理论 …… 198
　　7.1.1　基本概念 …… 198
　　7.1.2　电子线路的分类 …… 199
　7.2　微波炉电路图 …… 200
　　7.2.1　设置绘图环境 …… 201
　　7.2.2　绘制线路结构图 …… 201
　　7.2.3　绘制电气元件 …… 202
　　7.2.4　将实体符号插入结构线路图 …… 207
　　7.2.5　添加文字和注释 …… 211

7.3　键盘显示器接口电路图 …… 213
　　7.3.1　设置绘图环境 …… 213
　　7.3.2　绘制连接线 …… 214
　　7.3.3　绘制电气元件 …… 215
　　7.3.4　连接各个元器件 …… 218
　　7.3.5　添加注释文字 …… 220
7.4　照明灯延时关断线路图 …… 221
　　7.4.1　设置绘图环境 …… 222
　　7.4.2　绘制线路结构图 …… 222
　　7.4.3　插入振动传感器 …… 223
　　7.4.4　添加文字 …… 224

第8章　电力电气设计 …… 225
　8.1　电力电气工程图简介 …… 225
　8.2　绝缘端子装配图 …… 226
　　8.2.1　设置绘图环境 …… 226
　　8.2.2　绘制耐张线夹 …… 227
　　8.2.3　绘制剖视图 …… 230
　8.3　电杆安装三视图 …… 231
　　8.3.1　设置绘图环境 …… 231
　　8.3.2　图纸布局 …… 232
　　8.3.3　绘制主视图 …… 233
　　8.3.4　绘制俯视图 …… 235
　　8.3.5　绘制左视图 …… 236
　　8.3.6　标注尺寸及注释文字 …… 236
　8.4　变电站主接线图 …… 238
　　8.4.1　设置绘图环境 …… 238
　　8.4.2　绘制电气符号并插入 …… 239

8.4.3 连接各主要模块……240
8.4.4 绘制其他器件图形……241
8.4.5 添加注释文字……243

第9章 控制电气设计……244
9.1 控制电气简介……244
9.1.1 控制电路简介……244
9.1.2 控制电路图简介……245
9.2 水位控制电路……246
9.2.1 设置绘图环境……247
9.2.2 绘制线路结构图……248
9.2.3 绘制实体符号……254
9.2.4 将实体符号插入线路结构图中……265
9.2.5 添加文字和注释……268
9.3 电动机自耦降压启动控制电路……269
9.3.1 设置绘图环境……270
9.3.2 绘制各元器件图形符号……270
9.3.3 绘制结构图……276
9.3.4 将元器件图形符号插入结构图中……277
9.3.5 添加注释……279
9.4 并励直流电动机串联电阻启动电路……280
9.4.1 设置绘图环境……281
9.4.2 绘制线路结构图……282
9.4.3 绘制电气元件……282
9.4.4 将元件插入线路结构图中……284
9.4.5 添加文字和注释……286

第10章 通信电气设计……287
10.1 通信工程图简介……287
10.2 程控交换机系统图……287
10.2.1 设置绘图环境……288
10.2.2 绘制元件……289

10.2.3 绘制HJC-SDS系统框图……290
10.3 无线寻呼系统图……292
10.3.1 设置绘图环境……293
10.3.2 绘制电气元件……293
10.3.3 绘制连接线……295
10.4 数控机床电气控制系统图设计……296
10.4.1 配置绘图环境……297
10.4.2 模块绘制……297

第11章 建筑电气设计……301
11.1 建筑电气工程图简介……301
11.2 实验室照明平面图……302
11.2.1 设置绘图环境……303
11.2.2 绘制建筑图……304
11.2.3 安装各元件符号……307
11.2.4 添加文字……312
11.3 机房强电布置平面图……314
11.3.1 绘制玻璃幕墙……314
11.3.2 绘制其他图形……319
11.3.3 绘制内部设备简图……320
11.3.4 绘制强电图……322
11.4 车间电力平面图……322
11.4.1 设置绘图环境……322
11.4.2 绘制轴线与墙线……323
11.4.3 绘制配电箱……327
11.4.4 添加注释文字……329
11.5 低压配电干线系统图……330
11.5.1 图层的设置……331
11.5.2 绘制配电系统……332
11.5.3 连接总线……337
11.5.4 标注线的规格型号……340
11.5.5 插入图框……341

第 1 篇

设计基础篇

本篇主要介绍 AutoCAD 电气设计相关基础知识，全面讲述了电气图制图规则和表示方法、AutoCAD2018 入门、二维绘图、编辑命令和标注等知识。

通过对本篇的学习，读者可以掌握利用 AutoCAD 进行电气设计的相关基础知识，为后面具体设计实例的学习打下必要的基础。

Chapter

电气图制图规则和表示方法

AutoCAD 电气设计是计算机辅助设计与电气设计结合的交叉学科。虽然在现代电气设计中，应用 AutoCAD 辅助设计是顺理成章的事，但国内专门对利用 AutoCAD 进行电气设计的方法和技巧进行讲解的书很少。本章将介绍电气工程制图的有关基础知识，包括电气工程图的种类、特点及电气工程 CAD 制图的相关规则，并对电气图的基本表示方法和连接线的表示方法加以说明。

1.1 电气图分类及特点

对于用电设备来说，电气图主要包括主电路图和控制电路图；对于供配电设备来说，电气图主要包括一次回路电路图和二次回路的电路图。但要表示清楚一项电气工程或一种电气设备的功能、用途、工作原理、安装和使用方法等，光有这几种电路图是不够的。电气图的种类很多，下面介绍几种常用的电气图。

1.1.1 电气图分类

根据各电气图所表示的电气设备、工程内容及表达形式的不同，电气图通常分为以下几类。

1. 系统图或框图

系统图或框图就是用符号或带注释的框概略表示系统或分系统的基本组成、相互关系及其主要特征的一种简图。例如，如图 1-1 所示的电动机供电系统图表示了它的供电关系，它的供电过程是电源 L_1、L_2、L_3 三相→熔断器 FU→接触器 KM→热继电器热元件 FR →电动机。如图 1-2 所示的某变电所供电系统图表示把 10kV 电压通过变压器变换为 380V 电压，经断路器 QF，通过 $FU-QK_1$、$FU-QK_2$、$FU-QK_3$ 分别供给三条支路。系统图或框图常用来表示整个工程或其中某一项目的供电方式和电能输送关系，也可表示某一装置或设备各主要组成部分的关系。

电气图制图规则和表示方法

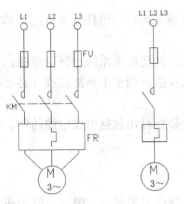

图 1-1　电动机供电系统图

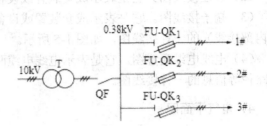

图 1-2　某变电所供电系统图

2. 电路图

电路图就是按工作顺序用图形符号从上而下、从左到右排列，详细表示电路、设备或成套装置的全部组成和连接关系，而不考虑其实际位置的一种简图。其目的是便于详细了解设备的工作原理，分析和计算电路特性及参数，所以这种图又称为电气原理图或原理接线图。例如，在如图 1-3 所示的磁力起动器电路图中，当按下起动按钮 SB_2 时，接触器 KM 的线圈得电，其常开主触点闭合，使电动机得电，起动运行，另一个辅助常开触点 KM 闭合，进行自锁；当按下停止按钮 SB_1 或热继电器 FR 动作时，KM 线圈失电，常开主触点 KM 断开，电动机停止。可见它表示了电动机的操作控制原理。

3. 接线图

接线图主要用于表示电气装置内部元件之间及外部其他装置之间的连接关系，是方便制作、安装及维修人员接线和检查的一种简图或表格。如图 1-4 所示为磁力起动器控制电动机的主电路接线图，它清楚地表示了各元件之间的实际位置和连接关系：电源（L_1、L_2、L_3）由 BX-3×6 的导线接至端子排 X 的 1、2、3 号，然后通过熔断器 FU_1~FU_3 接至交流接触器 KM 的主触点，再经过继电器的发热元件接到端子排的 4、5、6 号，最后用导线接入电动机的 U、V、W 端子。当一个装置比较复杂时，接线图又可分解为以下几种。

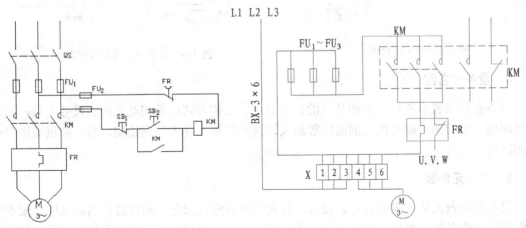

图 1-3　磁力起动器电路图　　　　　图 1-4　磁力起动器接线图

（1）单元接线图。它是表示成套装置或设备中一个结构单元内各元件之间连接关系的一种接线图。这里所说的"结构单元"是指在各种情况下可独立运行的组件或某种组合体，如电动机、开关柜等。

（2）互连接线图。它是表示成套装置或设备不同单元之间连接关系的一种接线图。

（3）端子接线图。它是表示成套装置或设备的端子以及接在端子上外部接线（必要时包括内部接线）的一种接线图，如图 1-5 所示。

（4）电线电缆配置图。它是表示电线电缆两端位置，必要时还包括电线电缆功能、特性和路径等信息的一种接线图。

4．电气平面图

电气平面图是表示电气工程项目的电气设备、装置和线路的平面布置图，一般是在建筑平面图的基础上绘制出来的。常见的电气平面图有供电线路平面图、变配电所平面图、电力平面图、照明平面图、弱电系统平面图、防雷与接地平面图等。如图 1-6 所示是某车间的动力电气平面图，它表示了各车床的具体平面位置和供电线路。

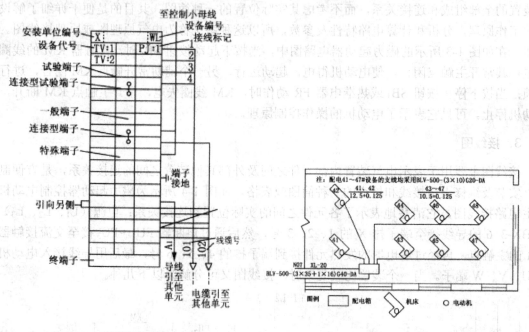

图 1-5　端子接线图　　　　　　图 1-6　某车间动力电气平面图

5．设备布置图

设备布置图表示各种设备和装置的布置形式、安装方式以及相互之间的尺寸关系，通常由平面图、主面图、断面图、剖面图等组成。这种图按三视图原理绘制，与一般机械图没有大的区别。

6．设备元件表

设备元件表就是把成套装置、设备、装置中的各组成部分和相应数据列成表格，来表示各组成部分的名称、型号、规格和数量等，以便于读图者阅读，了解各元件在装置中的作用和功能。设备元件表是电气图中的重要组成部分，它可置于图中的某一位置，也可单列一页

（视元件多寡而定）。为了方便书写，通常是从下而上排序。如表 1-1 所示是某开关柜的设备元件表。

表 1-1 某开关柜的设备元件表

符号	名称	型号	数量
ISA-351D	微机保护装置	=220V	1
KS	自动加热除湿控制器	KS-3-2	1
SA	跳、合闸控制开关	LW-Z-1a, 4, 6a, 20/F8	1
QC	主令开关	LS1-2	1
QF	自动空气开关	GM31-2PR3, 0A	1
FU1-2	熔断器	AM1 16/6A	2
FU3	熔断器	AM1 16/2A	1
1-2DJR	加热器	DJR-75-220V	2
HLT	手车开关状态指示器	MGZ-91-1-220V	1
HLQ	断路器状态指示器	MGZ-91-1-220V	1
HL	信号灯	AD11-25/41-5G-220V	1
M	储能电动机		1

7．产品使用说明书上的电气图

生产厂家往往随产品使用说明书附上电气图，供用户了解该产品的组成和工作过程及注意事项，以达到正确使用、维护和检修的目的。

8．其他电气图

上述电气图是常用的主要电气图，但对于较为复杂的成套装置或设备，为了便于制造，有局部的大样图、印刷电路板图等。而为了装置的技术保密，往往只给出装置或系统的功能图、流程图、逻辑图等。所以，电气图种类很多，但这并不意味着所有的电气设备和装置都应具备这些图纸。根据表达的对象、目的和用途不同，所需电气图的种类和数量也不一样。对于简单的装置，可把电路图和接线图合二为一；对于复杂的装置或设备，应将其分解为几个系统，每个系统可以有以上各种类型图。总之，电气图作为一种工程语言，在表达清楚的前提下，越简单越好。

1.1.2 电气图特点

电气图与其他工程图有着本质的区别，它用于表示系统或装置中的电气关系，所以具有其独特的一面。其主要特点有以下几方面。

1．清楚

电气图是用图形符号、连线或简化外形来表示系统或设备中各组成部分之间相互电气关系及其连接关系的一种图。如图 1-7 所示为某一变电所的电气图，将 10kV 电压变换为 0.38kV 低压，分配给四条支路，用文字和符号表示，并给出了变电所各设备的名称、功能、电流方向及各设备间的连接关系和相互位置关系，但没有给出具体的位置和尺寸。

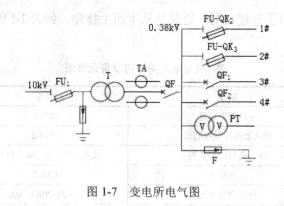

图 1-7 变电所电气图

2. 简洁

电气图是采用电气元件或设备的图形符号、文字符号和连线来表示的,没有必要画出电气元件的外形结构,所以对于系统构成、功能及电气接线等,通常都采用图形符号、文字符号来表示。

3. 独特性

电气图主要用于表示成套装置或设备中各元件之间的电气连接关系,不论是说明电气设备工作原理的电路图、说明供电关系的电气系统图,还是表明安装位置和接线关系的平面图和连线图等,都表达了各元件之间的连接关系,如图 1-1～图 1-4 所示。

4. 布局

电气图的布局依图所表达的内容而定。电路图、系统图是按功能布局,只考虑便于看出元件之间功能关系,而不考虑元件的实际位置。要突出设备的工作原理和操作过程,按照元件的动作顺序和功能应用,从上而下、从左到右布局。而对于接线图和平面布置图,则要考虑元件的实际位置,所以应按位置布局,如图 1-4 和图 1-6 所示。

5. 多样性

对系统的元件和连接线描述方法不同,构成了电气图的多样性,如元件可采用集中表示法、半集中表示法和分散表示法表示,连线可采用多线表示、单线表示和混合表示。同时,一个电气系统中各种电气设备和装置之间,从不同角度、不同侧面去考虑,存在不同的关系。例如,在如图 1-1 所示的某电动机供电系统图中,就存在着不同的关系。

(1) 电能通过 FU、KM、FR 送到电动机 M,它们存在能量传递关系,如图 1-8 所示。

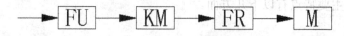

图 1-8 能量传递关系

(2) 从逻辑关系上,只有当 FU、KM 和 FR 都正常时,M 才能得到电能,所以它们之间存在"与"的关系:$M=FU \cdot KM \cdot FR$。即只有 FU 正常为"1"、KM 合上为"1"、FR 没有烧断为"1"时,M 才能为"1",表示可得到电能。其逻辑图如图 1-9 所示。

(3) 从保护角度表示,FU 用于进行短路保护。当电路电流突然增大发生短路时,FU 烧断，使电动机失电。它们就存在信息传递关系：电流输入 FU，FU 输出烧断或不烧断，取决于电流的大小，可用图 1-10 表示。

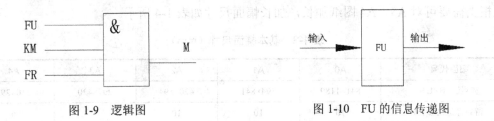

图 1-9　逻辑图　　　　　　　　　图 1-10　FU 的信息传递图

1.2　电气图 CAD 制图规则

电气图是一种特殊的专业技术图，除了必须遵守《电气制图》（GB6988）、《电气图用图形符号》（GB4728）的标准外，还要严格遵守机械制图、建筑制图等方面的有关规定。由于相关标准或规则很多，这里只简单介绍跟电气制图有关的规定和标准。

1.2.1　图纸格式和幅面尺寸

1. 图纸格式

电气图的格式和机械图图纸、建筑图图纸的格式基本相同，通常由边框线、图框线、标题栏、会签栏等组成，其格式如图 1-11 所示。

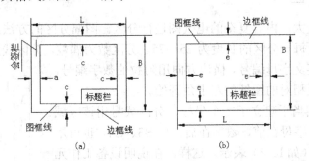

图 1-11　电气图图纸格式

图中的标题栏相当于一个设备的铭牌，标示着这张图纸的名称、图号、张次、制图者、审核者等，其一般格式如表 1-2 所示。标题栏通常放在图纸的右下角，也可放在其他位置，但必须在本张图纸上，而且标题栏的文字方向必须与看图方向一致。会签栏是留给相关的建筑、工艺等专业设计人员会审图纸时签名用的。

表 1-2　标题栏一般格式

××电力勘察设计院				××区域 10kV 开闭及出线电缆工程	施工图
所长		校核			
主任工程师		设计		10kV 配电装备电缆联系及屏顶小母线布置图	
专业组长		CAD 制图			
项目负责人		会签			
日期	年　月　日	比例		图号	B812S-D01-14

2. 幅面尺寸

由边框线围成的图画称为图纸的幅面。幅面大小共分5类：A0~A4，其尺寸如表1-3所示，根据需要可对A3、A4图纸加长，加长幅面尺寸如表1-4所示。

表1-3 基本幅面尺寸（mm）

幅面代号	A0	A1	A2	A3	A4
宽×长（B×L）	841×1189	594×841	420×594	297×420	210×297
留装订边边宽(c)	10	10	10	5	5
不留装订边边宽（e）	20	20	10	10	10
装订侧边宽(a)			25		

表1-4 加长幅面尺寸（mm）

序号	代号	尺寸	序号	代号	尺寸
1	A3×3	420×891	4	A4×4	297×841
2	A3×4	420×1189	5	A4×5	297×1051
3	A4×3	297×630			

当表1-3和表1-4所列的幅面系列还不能满足需要时，则可按GB4457.1的规定，选用其他加长幅画的图纸。

1.2.2 图幅分区

应对一些幅面较大，内容复杂的电气图进行分区。图幅分区的方法是将图纸相互垂直的两边各自加以等分，每一分区的长度为25~75。分区数为偶数，分区线用细实线，每个分区内竖边方向用大写英文字母编号，横边方向用阿拉伯数字编号，编号顺序应从标题栏相对的图纸的左上角开始。

图幅分区后，相当于建立了一个坐标，分区代号用该区域的字母和数字表示，字母在前，数字在后，如B3、C4，也可用行（如A、B）或列（如1、2）表示，这样，在说明设备工作元件时，就可让读者很方便地找出所指元件。

在如图1-12所示的图纸中，将图幅分成了4行（A~D）和6列（1~6）。图幅内所绘制的元件KM、SB、R在图上的位置被惟一确定下来了，其位置代号如表1-5所示。

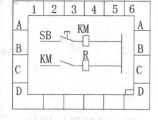

图1-12 图幅分区例图

表1-5 图上元件的位置代号

序号	元件名称	符号	行号	列号	区号
1	继电器线圈	KM	B	4	B4
2	继电器触点	KM	C	2	C2
3	开关（按钮）	SB	B	2	B2
4	电阻器	R	C	4	C4

1.2.3 图线、字体及其他元素

1. 图线

电气图中所用的各种线条均称为图线。机械制图规定了 8 种基本图线,即粗实线、细实线、波浪线、双折线、虚线、细点划线、粗点划线和双点划线,并分别用代号 A、B、C、D、F、G、J 和 K 表示,如表 1-6 所示。

表 1-6 图线及应用

序号	图线名称	图线型式	代号	图线宽度(mm)	一般应用
1	粗实线	——	A	b=0.5~2	可见轮廓线,可见过渡线
2	细实线	——	B	约 b/3	尺寸线和尺寸界线,剖面线,重合剖面轮廓线,螺纹的牙底线及齿轮的齿根线,引出线,分界线及范围线,弯折线,辅助线,不连续的同一表面的连线,成规律分布的相同要素的连线
3	波浪线	～～	C	约 b/3	断裂处的边界线,视图与剖视的分线
4	双折线	—/\—	D	约 b/3	断裂处的边界线
5	虚线	- - -	F	约 b/3	不可见轮廓线,不可见过渡线
6	细点划线	—·—·—	G	约 b/3	轴线,对称中心线,轨迹线,节圆及节线
7	粗点划线	▬·▬·▬	J	b	有特殊要求的线或表面的表示线
8	双点划线	—··—··—	K	约 b/3	相邻辅助零件的轮廓线,极限位置的轮廓线,坯料轮廓线或毛坯图中制成品的轮廓线,假想投影轮廓线,试验或工艺用结构(成品上不存在)的轮廓线,中断线

2. 字体

图中的文字,如汉字、字母和数字,是图的重要组成部分,是读图时的重要内容。按《技术制图 文字》(GB/T 14691—1993)的规定,汉字采用长仿宋体,字母、数字可用直体、斜体;字体号数,即字体高度(单位为 mm),分为 20、14、10、7、5、3.5 和 2.5 七种,字体的宽度约等于字体高度的 2/3,而数字和字母的笔画宽度约为字体高度的 1/10。因汉字笔画较多,所以不宜用 2.5 号字。

图 1-13 箭头

3. 箭头和指引线

电气图中有两种形式的箭头:开口箭头〔图 1-13(a)〕表示电气连接上能量或信号的流向,而实心箭头〔图 1-13(b)〕表示力、运动、可变性方向。

指引线用于指示注释的对象,其一端指向被注释处,并在末端加注标记:若指在轮廓线内,则用一黑点表示,如图 1-14(a)所示;若指在轮廓线上,用一箭头表示,如图 1-14(b)所示;若指在电气线路上,用一短线表示,如图 1-14(c)所示,图中指明导线横截面积分别为 $3×10mm^2$ 和 $2×2.5mm^2$。

4. 围框

当需要在图上显示其中一部分所表示的是功能单元、结构单元或项目组(电器组、继电器装置）时，可以用点划线围框表示。为了使图面清楚，围框的形状可以是不规则的，如图 1-15 所示。围框内有两个继电器，每个继电器分别有三对触点，用一个围框表示继电器 KM_1、KM_2 的作用关系会更加清楚，且具有互锁和自锁功能。

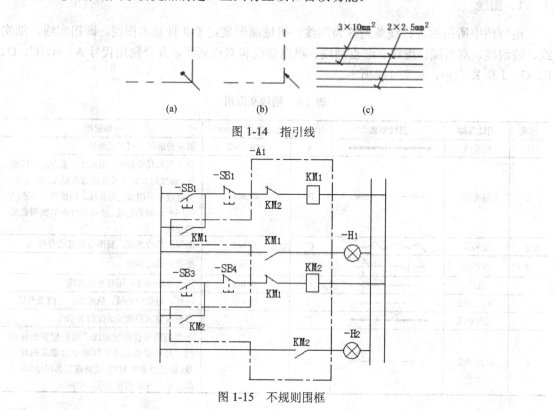

图 1-14 指引线

图 1-15 不规则围框

当用围框表示一个单元时，若在围框内给出了可在其他图纸或文件上查阅更详细资料的标记，则其内部的电路等可用简化形式表示或省略。如果在表示一个单元的围框内的图上含有不属于该单元的元件符号，则必须对这些符号添加围框并加注代号或注解。如图 1-16 所示的-A 单元内包含有熔断器 FU、按钮 SB、接触器 KM 和功能单元-B 等，它们在一个框内；而-B 单元在功能上与-A 单元有关，但不装在-A 单元内，所以用双点划线框围起来，并加以注释，表明-B 单元在图 1-16(a)中给出了详细资料，这里将其内部连线省略。但应注意，在采用围框表示时，围框线不应与元件符号相交。

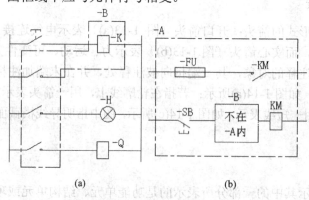

图 1-16 含双点划线围框

5. 比例

图上所画图形符号的大小与物体实际大小的比值，称为比例。大部分电气线路图都不是按比例绘制的，但位置平面图等则按比例绘制或部分按比例绘制，这样在平面图上测出两点距离就可按比例值计算出两者间的实际距离（如线长度、设备间距等），这对导线的放线以及设备机座、控制设备等的安装都有利。

电气图采用的比例一般为：1:10，1:20，1:50，1:100，1:200，1:500。

6. 尺寸标准

尺寸数据是电气工程施工和构件加工时的重要依据。尺寸由尺寸线、尺寸界线、尺寸起止点（实心箭头和45°斜短线）和尺寸数字四个要素组成，如图1-17所示。图纸上的尺寸通常以毫米（mm）为单位，除特殊情况外，图上一般不标注单位。

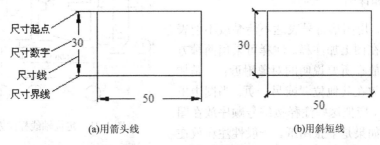

图 1-17 尺寸标注例图

7. 建筑物电气平面图专用标志

在电力、电气照明平面布置和线路铺设等建筑电气平面图上，往往画有一些专用的标志，以提示建筑物的位置、方向、风向、标高、高程、结构等。这些标志对电气设备安装、线路铺设有重要作用，了解了这些标志的含义，对阅读电气图十分有利。

（1）方位。建筑电气平面图一般按"上北下南，左西右东"表示建筑物的方位，但在许多情况下，都是用方位标记表示其朝向。方位标记如图1-18所示，其箭头方向表示正北方向（N）。

（2）风向频率标记。它是根据这一地区多年统计出的各方向刮风次数的平均百分值，按一定比例绘制而成的，如图1-19所示。它像一朵玫瑰花，故又称风向玫瑰图，其中实线表示全年的风向频率，虚线表示夏季（6～8月）的风向频率。由图1-19可见，该地区常年以西北风为主，夏季以西北风和东南风为主。

（3）标高。标高分为绝对标高和相对标高两种。绝对标高又称海拔高度，我国是以青岛市外黄海平面作为零点来确定标高尺寸的。相对标高是选定某一参考面或参考点为零点来确定高度尺寸。建筑电气平面图均采用相对标高，它一般采用室外某一平面或某层楼平面作为零点而确定标高，这一标高又称安装标高或敷设标高，其符号及标高尺寸示例如图1-20所示。其中左图用于室内平面图和剖面图，标注的数字表示高出室内平面某一确定的参考点2.50m，右图用于总平面图上的室外地面，其数字表示高出地面6.10m。

（4）建筑物定位轴线。定位轴线一般都是根据载重墙、柱、梁等主要载重构件的位置所画的轴线。定位轴线编号的方法是：水平方向，从左到右用数字编号；垂直方向，由下而上用字母（易造成混淆的I、O、Z不用）编号，数字和字母分别用点划线引出。如图1-21所示，其轴线分别为A、B、C和1、2、3、4、5。

 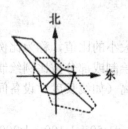 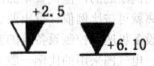

图 1-18　方位标记　　　　图 1-19　风向频率标记　　　　图 1-20　安装标高例图

有了这个定位轴线，就可确定图上所画的设备的位置，计算出电气管线的长度，便于下料和施工。

8．注释和详图

（1）注释。用图形符号表达不清楚或不便表达的地方，可在图上加注释。注释可采用两种方式：一是直接放在所要说明的对象附近；二是加标记，将注释放在其他位置或另一页。当图中出现多个注释时，应把这些注释按编号顺序放在图纸边框附近。如果是多张图纸，一般性注释放在

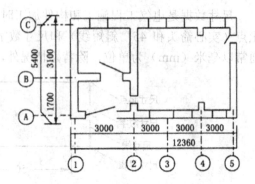

图 1-21　定位轴线标注方法例图

第一张图上，其他注释则放在与其内容相关的图上。注释一般采用文字、图形、表格等形式，其目的就是把对象表达清楚。

（2）详图。详图实质上是用图形来注释。这相当于机械图中的剖面图，就是把电气装置中某些零部件和连接点等的结构、做法及安装工艺要求放大并详细表示出来。详图可放在要详细表示对象的图上，也可放在另一张图上，但必须要用一个标志将它们联系起来。标注在总图上的标志称为详图索引标志，标注在详图上的标志称为详图标志。例如，11 号图上的 1 号详图在 18 号图上，则 11 号图上的索引标志为"1/18"，18 号图上的标注为"1/11"，即采用相对标注法。

1.2.4　电气图布局方法

电气图的布局应从有利于对图理解的角度出发，做到布局突出图的本意、结构合理、排列均匀、图面清晰、便于读图。

1．图线布局

电气图的图线一般用于表示导线、信号通路、连接线等，要求用直线，即横平竖直，尽可能减少交叉和弯折。图线的布局方法有水平布局和垂直布局两种。

（1）水平布局。水平布局是将元件和设备按行布置，使其连接线水平布置，如图 1-22 所示。

（2）垂直布局。垂直布局是将元件和设备按列布置，使其连接线竖直布置，如图 1-23 所示。

2．元件布局

元件在电路中的排列一般是按因果关系和动作顺序从左到右、由上而下布置的，看图时也要按这一排列规律来分析。例如，如图 1-24 所示是水平布局，从左向右分析，SB_1、FR、

KM 都处于常闭状态，KT 线圈才能得电，经延时后，KT 的常开触点闭合，KM 得电。不按这一规律来分析，就不易看懂这个电路图的动作过程。

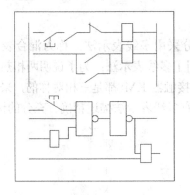

图 1-22　图线水平布局例图

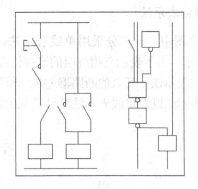

图 1-23　图线垂直布局例图

如果在接线图或布局图等图中，按实际元件位置来布局，这样能便于看出各元件间的相对位置和导线走向。例如，如图 1-25 所示是某两个单元的接线图，它表示了两个单元的相对位置和导线走向。

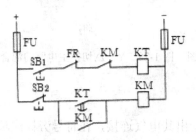

图 1-24　元件布局例图

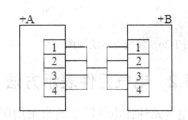

图 1-25　两单元按位置布局例图

1.3　电气图基本表示方法

1.3.1　线路表示方法

电气图线路的表示方法通常有多线表示法、单线表示法和混合表示法三种。

1. 多线表示法

在电气图中，电气设备的每根连接线或导线各用一条图线表示的方法，称为多线表示法。如图 1-26 所示为一个具有正、反转功能的电动机主电路，多线表示法能比较清楚地表示电路工作原理，但图线太多，对于比较复杂的设备，交叉就多，反而有阻碍看懂图。多线表示法一般用于表示各相或各线内容不对称和要详细表示各相和各线的具体连接方法的场合。

2. 单线表示法

在电气图中，电气设备的两根或两根以上的连接线或导线，只用一根线表示的方法，称为单线表示法。如图 1-27 所示是用单线表示的具有正、反转功能的电动机主电路图，这种表示法主要适用于三相电路或各线基本对称的电路图。对于不对称的部分在图中注释,例如图 1-27 中热继电器是两相的,图中标注了"2"。

3. 混合表示法

在一个图中,一部分采用单线表示法,另一部分采用多线表示法,称为混合表示法,如图 1-28 所示。为了表示三相绕组的连接情况,该图用了多线表示法;为了说明两相热继电器,也用了多线表示法;其余的断路器 QF、熔断器 FU、接触器 KM_1 都是三相对称的,采用单线表示。这种表示法既有单线表示法简洁精练的优点,又有多线表示法描述精确、充分的优点。

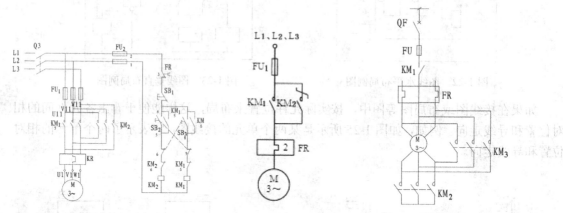

图 1-26　多线表示法例图　　图 1-27　单线表示法例图　　图 1-28　Y—△切换主电路的混合表示

1.3.2　电气元件表示方法

电气元件在电气图中通常采用图形符号来表示,绘出其电气连接,在符号旁标注项目代号(文字符号),必要时还标注有关的技术数据。一个元件在电气图中的表示方法有集中表示法和半集中表示法和分开表示法三种。

1. 集中表示法

把设备或成套装置中一个项目各组成部分的图形符号在简图上绘制在一起的方法,称为集中表示法。在集中表示法中,各组成部分用机械连接线(虚线)互相连接起来,连接线必须是一条直线。可见这种表示法只适用于简单的电路图。如图 1-29 所示是两个项目,继电器 KA 有一个线圈和一对触点,接触器 KM 有一个线圈和三对触头,它们分别用机械连接线联系起来构成一体。

2. 半集中表示法

把一个项目中某些部分的图形符号在简图中分开布置,并用机械连接符号把它们连接起来,称为半集中表示法。例如,图 1-30 中的 KM 具有一个线圈、三对主触头和一对辅助触头。在半集中表示中,机械连接线可以弯折、分支和交叉。

3. 分开表示法

把一个项目中某些部分的图形符号在简图中分开布置,并使用项目代号(文字符号)表示它们之间关系的方法,称为分开表示法,分开表示法也称为展开法。若图 1-30 采用分开表示法表示,结果如图 1-31 所示,可见分开表示法只要把半集中表示法中的机械连接线去掉,在同一个项目图形符号上标注同样的项目代号就行了。这样图中的点划线就少,图面更简洁,但是在看图时,要寻找各组成部分比较困难,必须纵观全局,把同一项目的图形符号在图中全部找出,否则就可能会遗漏。为了看清元件、器件和设备各组成部分,便于寻找其在图中的位置,分开表示法可与半集中表示法结合起来,或者采用插图、表格表示各部分的位置。

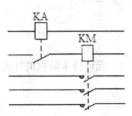

图 1-29　集中表示法例图

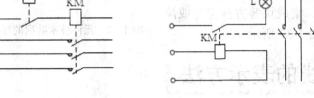

图 1-30　半集中表示法例图

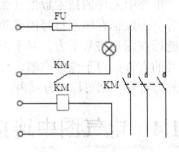

图 1-31　分开表示法例图

4．项目代号的标注方法

采用集中表示法和半集中表示法绘制元件时,其项目代号只在图形符号旁标出并与机械连接线对齐,如图 1-30 中的 KM。

采用分开表示法绘制的元件时,其项目代号应在项目的每一部分自身符号旁标注,如图 1-31 所示。必要时,对同一项目的同类部件(如各辅助开关、触点)可加注序号。

标注项目代号时应注意以下几方面。

(1) 项目代号的标注位置尽量靠近图形符号。

(2) 图线水平布局的图,项目代号应标注在符号上方;图线垂直布局的图,项目代号应标注在符号的左方。

(3) 项目代号中的端子代号应标注在端子位置的旁边。

(4) 围框的项目代号应标注在其上方或右方。

1.3.3　元件触头和工作状态表示方法

1．元件触头位置

元件触头的位置在同一电路中,当它们加电和受力后,各触点符号的动作方向应取向一致,对于分开表示法绘制的图,触头位置可以灵活运用,没有严格规定。

2．元件工作状态的表示方法

在电气图中,元件和设备的可动部分通常应表示在如下非激励或不工作的状态或位置。

(1) 继电器和接触器在非激励的状态,触头状态是非受电下的状态。

(2) 断路器、负荷开关和隔离开关在断开位置。

(3) 带零位的手动控制开关在零位置,不带零位的手动控制开关在规定的位置。

(4) 机械操作开关(如行程开关)在非工作位置(即搁置)或在工作位置的对应关系,一般表示在触点符号的附近或另附说明。

(5) 温度继电器、压力继电器都处于常温和常压(一个大气压)状态。

（6）事故、备用、报警等开关或继电器的触点应该表示在设备正常使用的位置，如有特定位置，应在图中另加说明。

（7）多重开闭器件的各组成部分必须表示在相互一致的位置上，而不管电路的工作状态。

3．元件技术数据的标志

电路中元件的技术数据（如型号、规格、整定值、额定值等）一般标在图形符号的旁边。对于图线水平布局图，尽可能标在图形符号下方；对于图线垂直布局图，则标在项目代号的右方；对于像继电器、仪表、集成块等方框符号或简化外形符号，则可标在方框内，如图1-32所示。

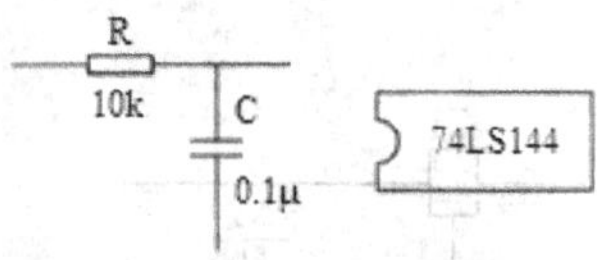

图1-32　元件技术数据的标志

1.4 电气图中连接线的表示方法

1.4.1 连接线一般表示方法

在电气图中，各元件之间采用导线连接，起到传输电能、传递信息的作用，所以看图者应了解它的表示方法。

1．导线一般表示法

一般的图线就可表示单根导线。对于多根导线，可以分别画出，也可以只画一根图线，但需加标志。若导线少于四根，可用短划线数量代表根数；若多于四根，可在短划线旁加数字表示，如图1-33(a)所示。表示导线特征的方法是：在横线上面标出电流种类、配电系统、频率和电压等，在横线下面标出电路的导线数乘以每根导线截面积（mm^2），当导线的截面不同时，可用"＋"号将其分开，如图1-33(b)所示。

要表示导线的型号、截面、安装方法等，可采用短划指引线，加标导线属性和敷设方法。如图1-33(c)所示表示导线的型号为BLV（铝芯塑料绝缘线），其中3根导线截面积为25mm^2，1根导线截面积为16mm^2，敷设方法为穿入塑料管（VG），塑料管管径为40mm，沿地板暗敷。

要表示电路相序的变换、极性的反向、导线的交换等，可采用交换号表示，如图1-33(d)所示。

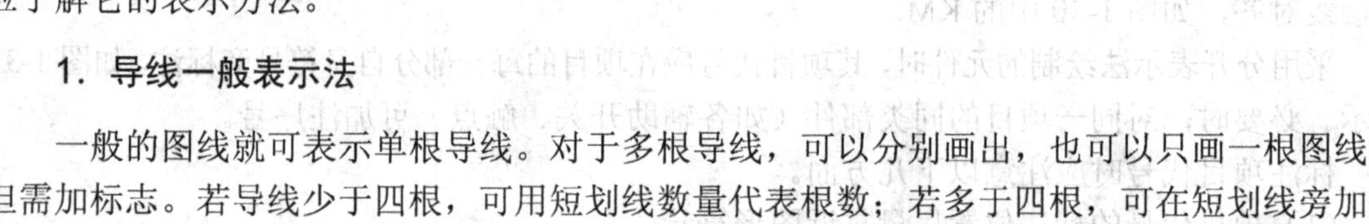

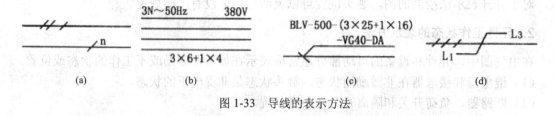

图1-33　导线的表示方法

2．图线的粗细

一般而言，电源主电路、一次电路、主信号通路等采用粗实线表示，控制回路、二次回路等采用细实线表示。

3. 连接线分组和标记

为了方便看图，对多根平行连接线，应按功能分组。若不能按功能分组，可任意分组，但每组不多于三条，组间距应大于线间距。为了便于看出连接线的功能或去向，可在连接线上方或连接线中断处作信号名标记或其他标记，如图 1-34 所示。

4. 导线连接点的表示

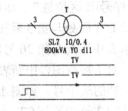

图 1-34 连接线标志例图

导线的连接点有"T"形连接点和多线的"十"形连接点。对于"T"形连接点可加实心圆点，也可不加实心圆点，如图 1-35(a)所示；对于"十"形连接点，必须加实心圆点，如图 1-35(b)所示；而交叉不连接的，不能加实心圆点，如图 1-35(c)所示。

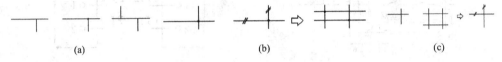

图 1-35 导线连接点表示例图

1.4.2 连接线连续表示法和中断表示方法

1. 连续表示法及其标志

连接线可用多线或单线表示，这样可以避免线条太多，以保持图面的清晰。对于多条去向相同的连接线，常采用单线表示法表示，如图 1-36 所示。

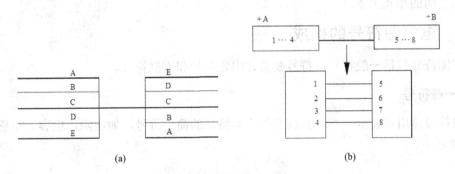

图 1-36 连接线表示法

当导线汇入用单线表示的一组平行连接线时，在汇入处应折向导线走向，而且每根导线两端应采用相同的标记号，如图 1-37 所示。

连续表示法中导线的两端应采用相同的标记号。

2. 中断表示法及其标志

为了简化线路图或使多张图采用相同的连接表示，连接线一般采用中断表示法。

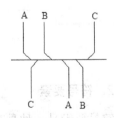

图 1-37 汇入导线表示法

在同一张图中断处的两端给出相同的标记号，并给出导线连接线去向的箭号，如图 1-38 中的 G 标记号。对于不同的图，应在中断处采用相对标记法，即中断处标记名相同，并标注

"图序号/图区位置",如图 1-38 所示。图中断点 L 标记名,在第 20 号图纸上标有 "L3/C4",表示 L 中断处与第 3 号图纸 C 行 4 列处的 L 断点连接;而在第 3 号图纸上标有 "L20/A4",表示 L 中断处与第 20 号图纸 A 行 4 列处的 L 断点相连。

对于接线图,中断表示法的标注采用相对标注法,即在本元件的出线端标注其连接的对方元件的端子号。如图 1-39 所示,PJ 元件的 1 号端子与 CT 元件的 2 号端子相连接,而 PJ 元件的 2 号端子与 CT 元件的 1 号端子相连接。

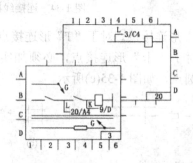

图 1-38 中断面表示法及其标志

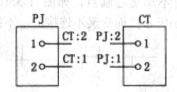

图 1-39 中断表示法的相对标注

1.5 电气图符号的构成和分类

按简图形式绘制的电气工程图中,元件、设备、线路及其安装方法等都是借用图形符号、文字符号和项目代号来表达的。分析电气工程图,首先要明了这些符号的形式、内容、含义以及它们之间的相互关系。

1.5.1 电气图符号的构成

电气图符号包括一般符号、符号要素、限定符号和方框符号。

1. 一般符号

一般符号是用来表示一类产品或此类产品特征的简单符号,如电阻、电容、电感等,如图 1-40 所示。

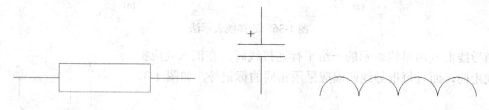

图 1-40 电阻、电容、电感符号

2. 符号要素

符号要素是一种具有确定意义的简单图形,必须同其他图形组成组合构成一个设备或概念的符号。例如,真空二极管是由外壳、阴极、阳极和灯丝四个符号要素组成的。符号要素一般不能单独使用,只有按照一定方式组合起来才能构成完整的符号。符号要素的不同组合可以构成不同的符号。

3．限定符号

一种用以提供附加信息的加在其他符号上的符号，称为限定符号。限定符号一般不代表独立的设备、器件和元件，仅用来说明某些特征、功能和作用等。限定符号一般不单独使用，当一般符号加上不同的限定符号时，可得到不同的专用符号。例如，在开关的一般符号上加上不同的限定符号，可分别得到隔离开关、断路器、接触器、按钮开关、转换开关等。

4．方框符号

方框符号是用以表示元件、设备等的组合及其功能，既不给出元件、设备的细节，也不考虑所有这些连接的一种简单图形符号。方框符号在系统图和框图中使用最多，电路图中的外购件、不可修理件也可用方框符号表示。

1.5.2 电气图形符号的分类

新的《电气简图用图形符号》（GB/T 4728.1—2005）采用国际电工委员会（IEC）标准，在国际上具有通用性，有利于对外技术交流。该标准规定的电气图用图形符号共分13部分。

（1）一般要求。有本标准内容提要、名词术语、符号的绘制、编号使用及其他规定。

（2）符号要素、限定符号和其他常用符号。内容包括轮廓和外壳、电流和电压的种类、可变性、力或运动的方向、流动方向、材料的类型、效应或相关性、辐射、信号波形、机械控制、操作件和操作方法、非电量控制、接地、接机壳和等电位、理想电路元件等。

（3）导体和连接件。内容包括电线、屏蔽或绞合导线、同轴电缆、端子与导线连接、插头和插座、电缆终端头等。

（4）基本无源元件。内容包括电阻器、电容器、铁氧体磁心、压电晶体、驻极体等。

（5）半导体管和电子管。如二极管、三极管、晶闸管、电子管等。

（6）电能的发生与转换。内容包括绕组、发电机、变压器等。

（7）开关、控制和保护器件。内容包括触点、开关、开关装置、控制装置、起动器、继电器、接触器和保护器件等。

（8）测量仪表、灯和信号器件。内容包括指示仪表、记录仪表、热电偶、遥测装置、传感器、灯、电铃、蜂鸣器、喇叭等。

（9）电信：交换和外围设备。内容包括交换系统、选择器、电话机、电报和数据处理设备、传真机等。

（10）电信：传输。内容包括通信电路、天线、波导管器件、信号发生器、激光器、调制器、解调器、光纤传输线路等。

（11）建筑安装平面布置图。内容包括发电站、变电所、网络、音响和电视的分配系统、建筑用设备、露天设备。

（12）二进制逻辑元件。内容包括计算器、存储器等。

（13）模拟元件。内容包括放大器、函数器、电子开关等。

Chapter 2

AutoCAD 2018 入门

本章我们学习 AutoCAD 2018 绘图的基本知识。了解如何设置绘图环境、图层,熟悉文件管理、精确定位工具的使用、图块操作、设计中心与工具选项板的使用等,为进入系统学习准备必要的前提知识。

2.1 操作界面

AutoCAD 操作界面是 AutoCAD 显示、编辑图形的区域,一个完整的 AutoCAD 操作界面如图 2-1 所示,包括标题栏、十字光标、快速访问工具栏、绘图区、功能区、坐标系图标、命令行、状态栏、布局标签、滚动条、导航栏等。

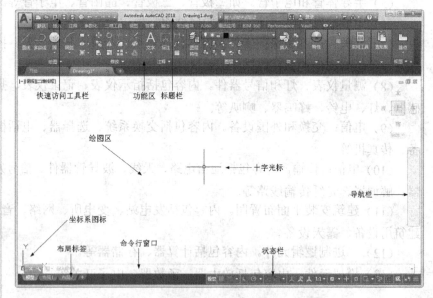

图 2-1 AutoCAD 2018 中文版操作界面

注意:安装 AutoCAD 2018 后,默认的界面如图 2-1 所示,在绘图区中右击鼠标,打开快捷菜单,如图 2-2 所示,选择"选项"

命令,打开"选项"对话框,选择"显示"选项卡,如图 2-3 所示,在窗口元素对应的"配色方案"中设置为"明",单击"确定"按钮,退出对话框,其操作界面如图 2-4 所示。

图 2-2　快捷菜单

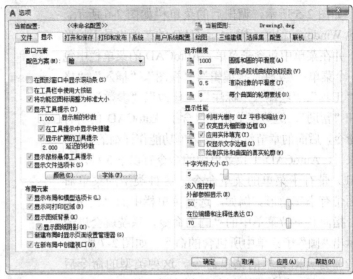

图 2-3　"选项"对话框

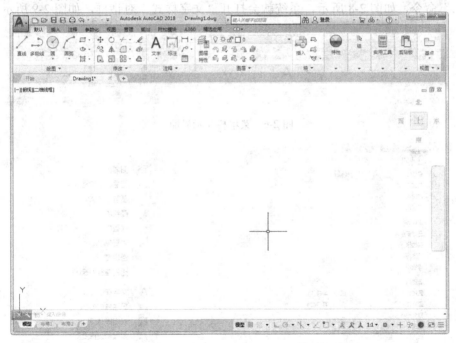

图 2-4　AutoCAD 2018 中文版的"明"操作界面

1. 标题栏

在 AutoCAD 2018 中文版操作界面的最上端是标题栏。在标题栏中,显示了系统当前正在运行的应用程序(AutoCAD 2018)和用户正在使用的图形文件。在第一次启动 AutoCAD 2018 时,在标题栏中,将显示 AutoCAD 2018 在启动时创建并打开的图形文件的名称"Drawing1.dwg",界面如图 2-1 所示。

2. 菜单栏

在 AutoCAD"自定义快速访问工具栏"处调出菜单栏，如图 2-5 所示，调出后的菜单栏如图 2-6 所示。同其他 Windows 程序一样，AutoCAD 的菜单也是下拉形式的，并在菜单中包含子菜单。AutoCAD 的菜单栏中包含 12 个菜单："文件"、"编辑"、"视图"、"插入"、"格式"、"工具"、"绘图"、"标注"、"修改"、"参数"、"窗口"和"帮助"，这些菜单几乎包含了 AutoCAD 的所有绘图命令，后面的章节将对这些菜单功能作详细的讲解。一般来讲，AutoCAD 下拉菜单中的命令有以下 3 种。

（1）带有子菜单的菜单命令。这种类型的菜单命令后面带有小三角形。例如，选择菜单栏中的"绘图"命令，指向其下拉菜单中的"圆"命令，系统就会进一步显示出"圆"子菜单中所包含的命令，如图 2-7 所示。

（2）打开对话框的菜单命令。这种类型的命令后面带有省略号。例如，选择菜单栏中的"格式"→"文字样式…"命令，如图 2-8 所示，系统就会打开"文字样式"对话框，如图 2-9 所示。

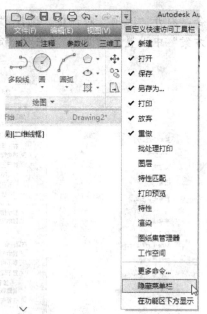

图 2-5　调出菜单栏

图 2-6　菜单栏显示界面

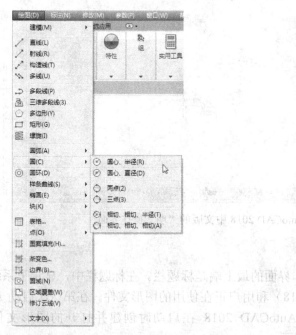

图 2-7　带有子菜单的菜单命令

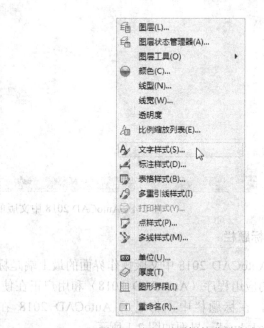

图 2-8　打开对话框的菜单命令

（3）直接执行操作的菜单命令。这种类型的命令后面既不带小三角形，也不带省略号，选择该命令将直接进行相应的操作。例如，选择菜单栏中的"视图"→"重画"命令，系统将刷新显示所有视口。

3．工具栏

工具栏是一组按钮工具的集合，选择菜单栏中的工具→工具栏→AutoCAD，调出所需要的工具栏，把光标移动到某

图 2-9 "文字样式"对话框

个按钮上，稍停片刻即在该按钮的一侧显示相应的功能提示，同时在状态栏中，显示对应的说明和命令名，此时，单击按钮就可以启动相应的命令了。

（1）设置工具栏。AutoCAD 2018 提供了几十种工具栏，选择菜单栏中的工具→工具栏→AutoCAD，调出所需要的工具栏，如图 2-10 所示。单击某一个未在界面显示的工具栏名，系统自动在界面打开该工具栏；反之，关闭工具栏。

图 2-10 调出工具栏

（2）工具栏的"固定"、"浮动"与"打开"。工具栏可以在绘图区"浮动"显示（图2-11），此时显示该工具栏标题，并可关闭该工具栏，可以拖动"浮动"工具栏到绘图区边界，使它变为"固定"工具栏，此时该工具栏标题隐藏。也可以把"固定"工具栏拖出，使它成为"浮动"工具栏。

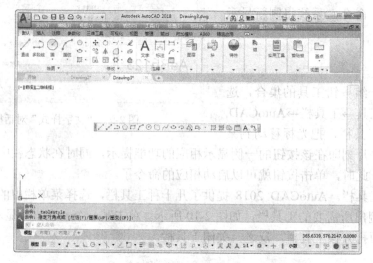

图 2-11　"浮动"工具栏

有些工具栏按钮的右下角带有一个小三角，单击会打开相应的工具栏（图2-12），将光标移动到某一按钮上并单击，该按钮就变为当前显示的按钮。单击当前显示的按钮，即可执行相应的命令。

图 2-12　打开工具栏

4．快速访问工具栏和交互信息工具栏

（1）快速访问工具栏。该工具栏包括"新建"、"打开"、"保存"、"另存为"、"打印"、"放弃"、"重做"和"工作空间"等几个常用的工具。用户也可以单击此工具栏后面的小三角下拉按钮选择设置需要的常用工具。

（2）交互信息工具栏。该工具栏包括"搜索"、"Autodesk A360"、"Autodesk App Store"、"保持连接"和"帮助"等几个常用的数据交互访问工具按钮。

5．功能区

在默认情况下，功能区包括"默认"、"插入"、"注释"、"参数化"、"视图"、"管理"、"输出"、"附加模块"、"A360"以及"精选应用"选项卡，如图 2-13 所示（所有的选项卡显示时面板如图 2-14 所示）。每个选项卡集成了相关的操作工具，方便了用户的使用。用户可以单击功能区选项后面的 按钮控制功能的展开与收缩。打开或关闭功能区的操作方法如下。

图 2-13　默认情况下出现的选项卡

图 2-14 所有的选项卡

命令行：RIBBON（或 RIBBONCLOSE）。

菜单：选择菜单栏中的"工具"→"选项板"→"功能区"命令。

6. 绘图区

绘图区是指在标题栏下方的大片空白区域，绘图区是用户使用 AutoCAD 绘制图形的区域，用户要完成一幅设计图形，其主要工作都是在绘图区中完成的。

在绘图区中，有一个作用类似光标的"十"字线，其交点坐标反映了光标在当前坐标系中的位置。在 AutoCAD 中，将该"十"字线称为十字光标，如图 2-1 中所示，AutoCAD 通过光标坐标值显示当前点的位置。十字线的方向与当前用户坐标系的 X、Y 轴方向平行，十字线的长度系统预设为绘图区大小的 5%。

（1）修改绘图区十字光标的大小。用户可以根据绘图的实际需要修改光标的长度，修改光标大小的方法如下。

选择菜单栏中的"工具"→"选项"命令，打开"选项"对话框。单击"显示"选项卡，在"十字光标大小"文本框中直接输入数值，或拖动文本框后面的滑块，即可以对十字光标的大小进行调整，如图 2-10 所示。

此外，还可以通过设置系统变量 CURSORSIZE 的值，修改其大小，其方法是在命令行中输入如下命令。

```
命令：CURSORSIZE✓
输入 CURSORSIZE 的新值 <5>：
```

在提示下输入新值即可修改光标大小，默认值为 5%。

（2）修改绘图区的颜色。在默认情况下，AutoCAD 的绘图区是黑色背景、白色线条，这不符合大多数用户的习惯，因此修改绘图区颜色，是大多数用户都要进行的操作。修改绘图区颜色的方法如下。

① 选择菜单栏中的"工具"→"选项"命令，打开"选项"对话框，单击如图 2-15 所示的"显示"选项卡，再单击"窗口元素"选项组中的"颜色"按钮，打开如图 2-16 所示的"图形窗口颜色"对话框。

② 在"颜色"下拉列表框中，选择需要的窗口颜色，然后单击"应用并关闭"按钮，此时 AutoCAD 的绘图区就变换了背景色，通常按视觉习惯选择白色为窗口颜色。

7. 坐标系图标

在绘图区的左下角，有一个箭头指向的图标，称之为坐标系图标，表示用户绘图时正使用的坐标系样式。坐标系图标的作用是为点的坐标确定一个参照系。根据工作需要，用户可以选择将其关闭，其方法是选择菜单栏中的"视图"→"显示"→"UCS 图标"→"开"命令，如图 2-17 所示。

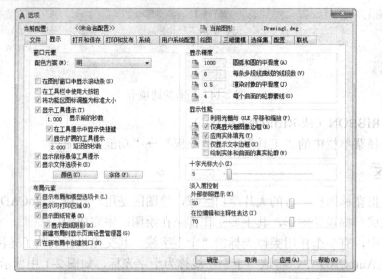

图 2-15 "显示"选项卡

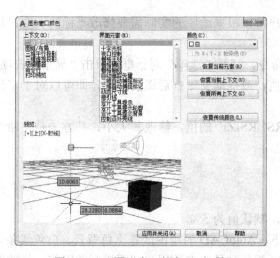

图 2-16 "图形窗口颜色"对话框

图 2-17 "视图"菜单

8. 命令行窗口

命令行窗口是输入命令名和显示命令提示的区域,默认命令行窗口布置在绘图区下方,由若干文本行构成。对命令行窗口,有以下几点需要说明。

(1) 移动拆分条,可以扩大和缩小命令行窗口。

(2) 可以拖动命令行窗口,布置在绘图区的其他位置。默认情况下在图形区的下方。

(3) 对当前命令行窗口中输入的内容,可以按<F2>键用文本编辑的方法进行编辑,界面如图 2-18 所示。AutoCAD 文本窗口和命令行窗口相似,可以显示当前 AutoCAD 进程中命令的输入和执行过程。在执行 AutoCAD 某些命令时,会自动切换到文本窗口,列出有关信息。

(4) AutoCAD 通过命令行窗口,反馈各种信息,也包括出错信息,因此,用户要时刻关注在命令行窗口中出现的信息。

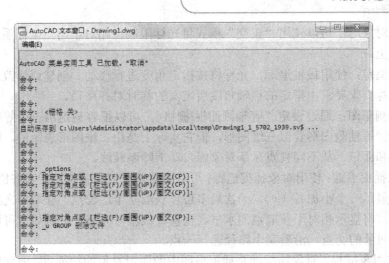

图 2-18 文本窗口

9．状态栏

状态栏显示在屏幕的底部，依次有"坐标""模型空间""栅格""捕捉模式""推断约束""动态输入""正交模式""极轴追踪""等轴测草图""对象捕捉追踪""二维对象捕捉""线宽""透明度""选择循环""三维对象捕捉""动态 UCS""选择过滤""小控件""注释可见性""自动缩放""注释比例""切换工作空间""注释监视器""单位""快捷特性""图形性能""锁定用户界面""隔离对象""全屏显示""自定义"这 30 个功能按钮。单击部分开关按钮，可以实现这些功能的开关。通过部分按钮也可以控制图形或绘图区的状态。

下面对状态栏上的按钮做简单介绍，如图 2-19 所示。

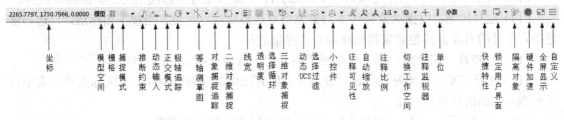

图 2-19 状态栏

（1）坐标：显示工作区鼠标放置点的坐标。

（2）模型空间：在模型空间与布局空间之间进行转换。

（3）栅格：栅格是覆盖整个坐标系（UCS）*XY* 平面的直线或点组成的矩形图案。使用栅格类似于在图形下放置一张坐标纸。利用栅格可以对齐对象并直观显示对象之间的距离。

（4）捕捉模式：对象捕捉对于在对象上指定精确位置非常重要。不论何时提示输入点，都可以指定对象捕捉。默认情况下，当光标移到对象的对象捕捉位置时，将显示标记和工具提示。

（5）推断约束：自动在正在创建或编辑的对象与对象捕捉的关联对象或点之间应用约束。

（6）动态输入：在光标附近显示出一个提示框（称之为"工具提示"），工具提示中显示出对应的命令提示和光标的当前坐标值。

（7）正交模式：将光标限制在水平或垂直方向上移动，以便于精确地创建和修改对象。

当创建或移动对象时，可以使用"正交"模式将光标限制在相对于用户坐标系（UCS）的水平或垂直方向上。

（8）极轴追踪：使用极轴追踪，光标将按指定角度进行移动。创建或修改对象时，可以使用"极轴追踪"来显示由指定的极轴角度所定义的临时对齐路径。

（9）等轴测草图：通过设定"等轴测捕捉/栅格"，可以很容易地沿三个等轴测平面之一对齐对象。尽管等轴测图形看似三维图形，但它实际上是由二维图形表示的。因此不能期望提取三维距离和面积、从不同视点显示对象或自动消除隐藏线。

（10）对象捕捉追踪：使用对象捕捉追踪，可以沿着基于对象捕捉点的对齐路径进行追踪。已获取的点将显示一个小加号（+），一次最多可以获取 7 个追踪点。获取点之后，在绘图路径上移动光标，将显示相对于获取点的水平、垂直或极轴对齐路径。例如，可以基于对象端点、中点或者对象的交点，沿着某个路径选择一点。

（11）二维对象捕捉：对象捕捉就是捕捉视图中的图形对象的特征点，要使用对象捕捉的前提是当前文件中已经有图形，利用这些图形作为参照物来绘制其他的图形。在对象捕捉选项设置对话框中可以看到一些常用的捕捉选项，可以利用这些选项来精确图形。

（12）线宽：分别显示对象所在图层中设置的不同宽度，而不是统一线宽。

（13）透明度：使用该命令，调整绘图对象显示的明暗程度。

（14）选择循环：当一个对象与其他对象彼此接近或重叠时，准确地选择某一个对象是很困难的，使用选择循环的命令，单击鼠标左键，弹出"选择集"列表框，里面列出了鼠标点击周围的图形，然后在列表中选择所需的对象。

（15）三维对象捕捉：三维中的对象捕捉与在二维中工作的方式类似，不同之处在于在三维中可以投影对象捕捉。

（16）动态 UCS：在创建对象时使 UCS 的 *XY* 平面自动与实体模型上的平面临时对齐。

（17）选择过滤：根据对象特性或对象类型对选择集进行过滤。当按下图标后，只选择满足指定条件的对象，其他对象将被排除在选择集之外。

（18）小控件：帮助用户沿三维轴或平面移动、旋转或缩放一组对象。

（19）注释可见性：当图标亮显时表示显示所有比例的注释性对象；当图标变暗时表示仅显示当前比例的注释性对象。

（20）自动缩放：注释比例更改时，自动将比例添加到注释对象。

（21）注释比例：单击注释比例右下角小三角符号弹出注释比例列表，展开比例如图 2-20 所示，可以根据需要选择适当的注释比例。

（22）切换工作空间：进行工作空间转换。

（23）注释监视器：打开仅用于所有事件或模型文档事件的注释监视器。

（24）单位：指定线性和角度单位的格式和小数位数。

（25）快捷特性：控制快捷特性面板的使用与禁用。

（26）锁定用户界面：按下该按钮，锁定工具栏、面板和可固定窗口的位置和大小。

（27）隔离对象：当选择隔离对象时，在当前视图中显示选定对象。所有其他对象都暂时隐藏；当选择隐藏对象时，在当前视图中暂时隐藏选定对象。所有其他对象都可见。

（28）硬件加速：设定图形卡的驱动程序以及设置硬件加速的选项。

（29）全屏显示：该选项可以清除 Windows 窗口中的标题栏、功能区和选项板等界面元素，使 AutoCAD 的绘图窗口全屏显示，如图 2-21 所示。

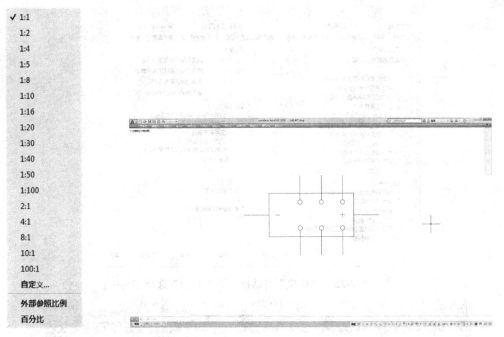

图 2-20　注释比例　　　　　　　图 2-21　全屏显示

（30）自定义：状态栏可以提供重要信息，而无须中断工作流。使用 MODEMACRO 系统变量可将应用程序所能识别的大多数数据显示在状态栏中。使用该系统变量的计算、判断和编辑功能可以完全按照用户的要求构造状态栏。

10．布局标签

AutoCAD 系统默认设定一个"模型"空间和"布局 1"、"布局 2"两个图样空间布局标签。在这里有两个概念需要解释一下。

（1）布局。布局是系统为绘图设置的一种环境，包括图样大小、尺寸单位、角度设定、数值精确度等，在系统预设的 3 个标签中，这些环境变量都按默认设置。用户根据实际需要改变这些变量的值，在此暂且从略。用户也可以根据需要设置符合自己要求的新标签。

（2）模型。AutoCAD 的空间分模型空间和图样空间两种。模型空间是通常绘图的环境，而在图样空间中，用户可以创建叫做"浮动视口"的区域，以不同视图显示所绘图形。用户可以在图样空间中调整浮动视口并决定所包含视图的缩放比例。如果用户选择图样空间，可打印多个视图，也可以打印任意布局的视图。AutoCAD 系统默认打开模型空间，用户可以通过单击操作界面下方的布局标签，选择需要的布局。

11．滚动条

在打开的 AutoCAD 2018 默认界面上是不显示滚动条的，我们需要把滚动条调出来。选择菜单栏中的"工具"→"选项"命令，系统打开"选项"对话框，单击"显示"选项卡，将"窗口元素"中的"在图形窗口中显示滚动条"勾选上，如图 2-22 所示。

滚动条包括水平滚动条和垂直滚动条，用于上下或左右移动绘图窗口内的图形。用鼠标拖动滚动条中的滑块或单击滚动条两侧的三角按钮，即可移动图形，如图 2-23 所示。

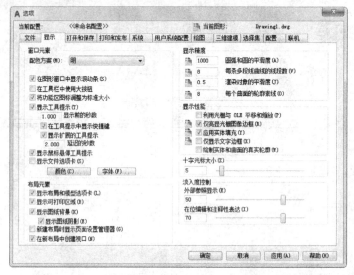

图 2-22 "选项"对话框中的"显示"选项卡

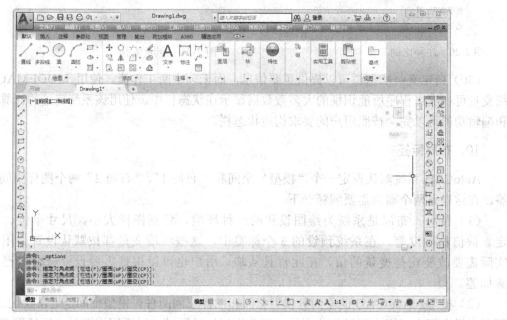

图 2-23 显示"滚动条"

2.2 设置绘图环境

2.2.1 设置图形单位

1. 执行方式

命令行：DDUNITS（或 UNITS，快捷命令：UN）。

菜单栏：选择菜单栏中的"格式"→"单位"命令。

执行上述命令后，系统打开"图形单位"对话框，如图 2-24 所示，该对话框用于定义单位和角度格式。

图 2-24 "图形单位"对话框

2．选项说明

各个选项的含义如表 2-1 所示。

表 2-1 "图形单位"对话框各个选项含义

选项	含义
"长度"与"角度"选项组	指定测量的长度与角度当前单位及精度
"插入时的缩放单位"选项组	控制插入当前图形中的块和图形的测量单位。如果块或图形创建时使用的单位与该选项指定的单位不同，则在插入这些块或图形时，将对其按比例进行缩放。插入比例是原块或图形使用的单位与目标图形使用的单位之比。如果插入块时不按指定单位缩放，则在其下拉列表框中选择"无单位"选项
"输出样例"选项组	显示用当前单位和角度设置的例子
"光源"选项组	控制当前图形中光度控制光源的强度测量单位。为创建和使用光度控制光源，必须从下拉列表框中指定非"常规"的单位。如果"插入比例"设置为"无单位"，则将显示警告信息，通知用户渲染输出可能不正确
"方向"按钮	单击该按钮，系统打开"方向控制"对话框，如图 2-25 所示，可进行方向控制设置。 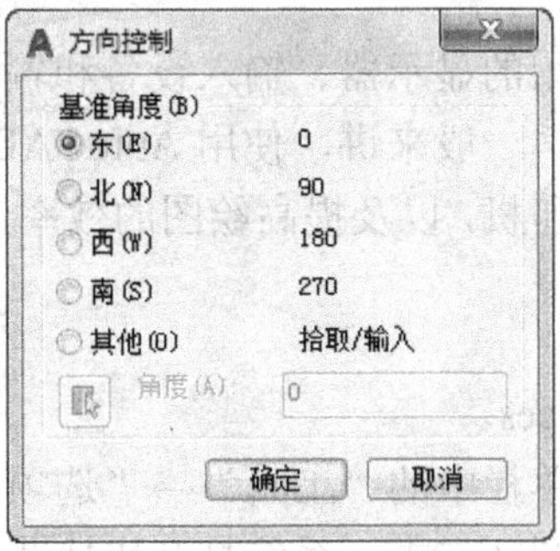

图 2-25 "方向控制"对话框

2.2.2 设置图形界限

1．执行方式

命令行：LIMITS。
菜单栏：选择菜单栏中的"格式"→"图形界限"命令。

2．操作步骤

命令行提示与操作如下。

```
命令: LIMITS↙
重新设置模型空间界限:
指定左下角点或[开(ON)/关(OFF)]<0.0000,0.0000>:输入图形界限左下角的坐标,按<Enter>键。
指定右上角点<22.0000,9.0000>:输入图形界限右上角的坐标,按<Enter>键。
```

3．选项说明

各个选项的含义如表 2-2 所示。

表 2-2 "图形界限"命令各个选项含义

选项	含义
开（ON）	使图形界限有效。系统在图形界限以外拾取的点将视为无效
关（OFF）	使图形界限无效。用户可以在图形界限以外拾取点或实体
动态输入角点坐标组	可以直接在绘图区的动态文本框中输入角点坐标，输入了横坐标值后，按"，"键，接着输入纵坐标值，如图 2-26 所示。也可以按光标位置直接单击，确定角点位置 

图 2-26 动态输入

2.3 配置绘图系统

每台计算机所使用的显示器、输入设备和输出设备的类型不同，用户喜好的风格及计算机的目录设置也不同。一般来讲，使用 AutoCAD 2018 的默认配置就可以绘图，但为了使用用户的定点设备或打印机，以及提高绘图的效率，推荐用户在开始作图前先进行必要的配置。

1．执行方式

命令行：preferences。
菜单栏：选择菜单栏中的"工具"→"选项"命令。
快捷菜单：在绘图区右击，系统打开快捷菜单，如图 2-27 所示，选择"选项"命令。

2．操作步骤

执行上述命令后，系统打开"选项"对话框。用户可以在该对话框中设置有关选项，对绘图系统进行配置。下面就其中主要的两个选项卡做一下说明，其他配置选项，在后面用到时再做具体说明。

（1）系统配置。"选项"对话框中的第 5 个选项卡为"系统"选项卡，如图 2-28 所示。该选项卡用来设置 AutoCAD 系统的有关特性。其中"常规选项"选项组确定是否选择系统配置的有关基本选项。

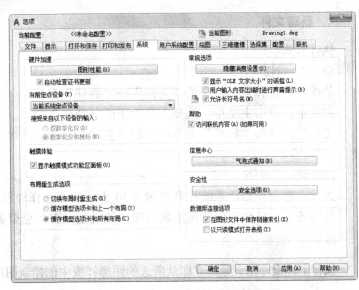

图 2-27　快捷菜单　　　　　　　　　图 2-28　"系统"选项卡

（2）显示配置。"选项"对话框中的第 2 个选项卡为"显示"选项卡，该选项卡用于控制 AutoCAD 系统的外观，如图 2-29 所示。该选项卡设定滚动条显示与否、界面菜单显示与否、绘图区颜色、光标大小、AutoCAD 的版面布局设置、各实体的显示精度等。

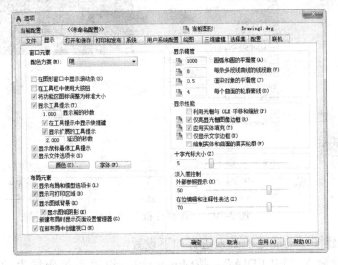

图 2-29　"显示"选项卡

注意：设置实体显示精度时，请务必记住，显示质量越高，即精度越高，计算机计算的时间越长，建议不要将精度设置得太高，显示质量设定在一个合理的数值即可。

2.4 文件管理

本节介绍有关文件管理的一些基本操作方法，包括新建文件、打开已有文件、保存文件、删除文件等，这些都是进行 AutoCAD 2018 操作最基础的知识。

1．新建文件

执行方式

命令行：NEW。

菜单栏：选择菜单栏中的"文件"→"新建"命令。

主菜单：单击主菜单，选择主菜单下的"新建"命令。

工具栏：单击"标准"工具栏中的"新建"按钮 或单击"快速访问"工具栏中的"新建"按钮 。

快捷键：Ctrl+N。

执行上述命令后，系统打开如图 2-30 所示的"选择样板"对话框。

另外还有一种快速创建图形的功能，该功能是开始创建新图形的最快捷方法。

命令行：QNEW↙

执行上述命令后，系统立即从所选的图形样板中创建新图形，而不显示任何对话框或提示。

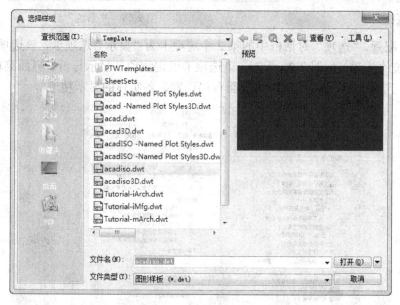

图 2-30 "选择样板"对话框

在运行快速创建图形功能之前必须进行如下设置。

（1）在命令行输入"FILEDIA"，按<Enter>键，设置系统变量为 2；在命令行输入"STARTUP"，设置系统变量为 0。

（2）选择菜单栏中的"工具"→"选项"命令，在"选项"对话框中选择默认图形样板文件。具体方法是：在"文件"选项卡中，单击"样板设置"前面的"+"，如图 2-31 所示，在展开的选项列表中选择"快速新建的默认样板文件名"选项。单击"浏览"按钮，打开"选择文件"对话框，然后选择需要的样板文件即可。

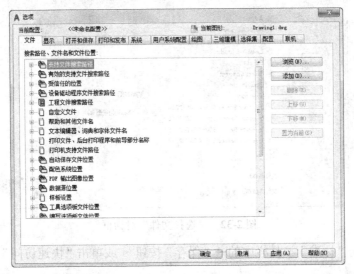

图 2-31 "文件"选项卡

2．打开文件

执行方式

命令行：OPEN。

菜单栏：选择菜单栏中的"文件"→"打开"命令。

主菜单：单击主菜单，选择主菜单下的"打开"命令。

工具栏：单击"标准"工具栏中的"打开"按钮 或单击"快速访问"工具栏中的"打开"按钮 。

快捷键：Ctrl+O。

执行上述命令后，打开"选择文件"对话框，如图 2-32 所示，在"文件类型"下拉列表框中用户可选.dwg 文件、.dwt 文件、.dxf 文件和.dws 文件。.dws 文件是包含标准图层、标注样式、线型和文字样式的样板文件；.dxf 文件是用文本形式存储的图形文件，能够被其他程序读取，许多第三方应用软件都支持.dxf 格式。

注意：有时在打开.dwg 文件时，系统会打开一个信息提示对话框，提示用户图形文件不能打开，在这种情况下先退出打开操作，然后选择菜单栏中的"文件"→"图形实用工具"→"修复"命令，或在命令行中输入"recover"，接着在"选择文件"对话框中输入要恢复的文件，确认后系统开始执行恢复文件操作。

3．保存文件

执行方式

命令名：QSAVE（或 SAVE）。

菜单栏：选择菜单栏中的"文件"→"保存"命令。

主菜单：单击"主菜单"下的"保存"命令。

图 2-32 "选择文件"对话框

工具栏：单击"标准"工具栏中的→"保存"按钮或单击"快速访问"工具栏中的"保存"按钮。

快捷键：Ctrl+S。

执行上述命令后，若文件已命名，则系统自动保存文件，若文件未命名（即默认名drawing2.dwg），则系统打开"图形另存为"对话框，如图 2-33 所示，用户可以重新命名保存。在"保存于"下拉列表框中指定保存文件的路径，在"文件类型"下拉列表框中指定保存文件的类型。

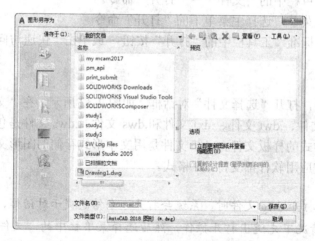

图 2-33 "图形另存为"对话框

为了防止因意外操作或计算机系统故障导致正在绘制的图形文件丢失，可以对当前图形文件设置自动保存，其操作方法如下。

（1）在命令行输入"SAVEFILEPATH"，按<Enter>键，设置所有自动保存文件的位置，如"D:\HU\"。

（2）在命令行输入"SAVEFILE"，按<Enter>键，设置自动保存文件名。该系统变量储存的文件名文件是只读文件，用户可以从中查询自动保存的文件名。

（3）在命令行输入"SAVETIME"，按<Enter>键，指定在使用自动保存时，多长时间保存一次图形，单位是"分"。

4．另存为

执行方式

命令行：SAVEAS。

菜单栏：选择菜单栏中的"文件"→"另存为"命令。

执行上述命令后，打开"图形另存为"对话框，如图2-33所示，系统用新的文件名保存，并为当前图形更名。

注意：系统打开"选择样板"对话框，在"文件类型"下拉列表框中有4种格式的图形样板，后缀分别是.dwt、.dwg、.dws和.dxf。

5．退出

执行方式

命令行：QUIT 或 EXIT。

菜单栏：选择菜单栏中的"文件"→"退出"命令。

主菜单：单击主菜单栏下的"关闭"命令。

按钮：单击 AutoCAD 操作界面右上角的"关闭"按钮 ✕。

执行上述命令后，若用户对图形所做的修改尚未保存，则会打开如图2-34所示的系统警告对话框。单击"是"按钮，系统将保存文件，然后退出；单击"否"按钮，系统将不保存文件。若用户对图形所做的修改已经保存，则直接退出。

图2-34　系统警告对话框

2.5　基本输入操作

2.5.1　命令输入方式

AutoCAD 交互绘图必须输入必要的指令和参数。有多种 AutoCAD 命令输入方式，下面以画直线为例，介绍命令输入方式。

（1）在命令行输入命令名。命令字符可不区分大小写，例如，命令"LINE"。执行命令时，在命令行提示中经常会出现命令选项。在命令行输入绘制直线命令"LINE"后，命令行中的提示如下。

```
命令：LINE↙
指定第一个点：在绘图区指定一点或输入一个点的坐标
指定下一点或 [放弃(U)]：
```

命令行中不带括号的提示为默认选项（如上面的"指定下一点或"），因此可以直接输入直线段的起点坐标或在绘图区指定一点，如果要选择其他选项，则应该首先输入该选项的标识字符，如"放弃"选项的标识字符"U"，然后按系统提示输入数据即可。在命令选项的后面有时还带有尖括号，尖括号内的数值为默认数值。

(2)在命令行输入命令缩写字。如 L（Line）、C（Circle）、A（Arc）、Z（Zoom）、R（Redraw）、M（Move）、CO（Copy）、PL（Pline）、E（Erase）等。

(3)选择"绘图"菜单栏中对应的命令，在命令行窗口中可以看到对应的命令说明及命令名。

(4)单击"绘图"工具栏中对应的按钮，命令行窗口中也可以看到对应的命令说明及命令名。

(5)在绘图区打开快捷菜单。如果在前面刚使用过要输入的命令，可以在绘图区右键快捷菜单，在"最近的输入"子菜单中选择需要的命令，如图 2-35 所示。"最近的输入"子菜单中存储最近使用的命令，如果经常重复使用某个命令，这种方法就比较快捷。

图 2-35　命令行快捷菜单

(6)在命令行直接回车。如果用户要重复使用上次使用的命令，可以直接在命令行回车，系统立即重复执行上次使用的命令，这种方法适用于重复执行某个命令。

注意：在命令行中输入坐标时，请检查此时的输入法是否是英文输入。如果是中文输入法，例如输入"150，20"，则由于逗号"，"的原因，系统会认定该坐标输入无效。这时，只需将输入法改为英文即可。

2.5.2　命令的重复、撤销、重做

1．命令的重复

单击<Enter>键，可重复调用上一个命令，不管上一个命令是完成了还是被取消了。

2．命令的撤销

在命令执行的任何时刻都可以取消和终止命令的执行。

执行方式

命令行：UNDO。

菜单栏：选择菜单栏中的"编辑"→"放弃"命令。

工具栏：单击"标准"工具栏中的"放弃"按钮 或单击"快速访问"工具栏中的"放弃"按钮 。

快捷键：按<Esc>键。

3．命令的重做

已被撤销的命令要恢复重做，可以恢复撤销的最后一个命令。

执行方式

命令行：REDO。

菜单栏：选择菜单栏中的"编辑"→"重做"命令。

工具栏：单击"标准"工具栏中的"重做"按钮 或单击"快速访问"工具栏中的"重做"按钮 。

快捷键：按<Ctrl>+<Y>键。

AutoCAD 2018 可以一次执行多重放弃和重做操作。单击"快速访问"工具栏中的"放弃"按钮 或"重做"按钮 后面的小三角形，可以选择要放弃或重做的操作，如图 2-36 所示。

图 2-36　多重放弃选项

2.5.3 按键定义

在 AutoCAD 2018 中,除了可以通过在命令行输入命令、单击工具栏按钮或选择菜单栏中的命令来完成操作外,还可以通过使用键盘上的一组或单个快捷键快速实现指定功能,如按<F2>键,系统调用 AutoCAD 帮助对话框。

系统使用 AutoCAD 传统标准(Windows 之前)或 Microsoft Windows 标准解释快捷键。有些快捷键在 AutoCAD 的菜单中已经指出,如"粘贴"的快捷键为"<Ctrl>+<V>",这些只要用户在使用的过程中多加留意,就会熟练掌握。快捷键的定义见菜单命令后面的说明,如"粘贴<Ctrl>+<V>"。

2.5.4 命令执行方式

有的命令有两种执行方式,通过对话框或通过命令行输入命令。如指定使用命令行方式,可以在命令名前加短划线来表示,如"-LAYER"表示用命令行方式执行"图层"命令。而如果在命令行输入"LAYER",系统则会打开"图层特性管理器"对话框。

另外,有些命令同时存在命令行、菜单栏和工具栏 3 种执行方式,这时如果选择菜单栏或工具栏方式,命令行会显示该命令,并在前面加一下划线。例如,通过菜单或工具栏方式执行"直线"命令时,命令行会显示"_line",命令的执行过程与结果与命令行方式相同。

2.5.5 坐标系统与数据输入法

1. 新建坐标系

AutoCAD 采用两种坐标系:世界坐标系(WCS)与用户坐标系。用户刚进入 AutoCAD 时的坐标系统就是世界坐标系,是固定的坐标系统。世界坐标系是坐标系统中的基准,绘制图形时大多都是在这个坐标系统下进行的。

执行方式

命令行:UCS。

菜单栏:选择菜单栏的"工具"→"新建 UCS"子菜单中相应的命令。

工具栏:单击"UCS"工具栏中的相应按钮。

AutoCAD 有两种视图显示方式:模型空间和布局空间。模型空间是指单一视图显示法,我们通常使用的都是这种显示方式;布局空间是指在绘图区域创建图形的多视图。用户可以对其中每一个视图进行单独操作。在默认情况下,当前 UCS 与 WCS 重合。图 2-37(a)为模型空间下的 UCS 坐标系图标,通常放在绘图区左下角处;也可以指定它放在当前 UCS 的实际坐标原点位置,如图 2-37(b)。图 2-37(c)为布局空间下的坐标系图标。

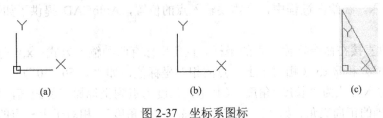

图 2-37 坐标系图标

2. 数据输入法

在AutoCAD 2018中，点的坐标可以用直角坐标、极坐标、球面坐标和柱面坐标表示，每一种坐标又分别具有两种坐标输入方式：绝对坐标和相对坐标。其中直角坐标和极坐标最为常用，具体输入方法如下。

（1）直角坐标法。用点的 X、Y 坐标值表示的坐标。

在命令行中输入点的坐标"25,28"，则表示输入了一个 X、Y 的坐标值分别为 25、28 的点，此为绝对坐标输入方式，表示该点的坐标是相对于当前坐标原点的坐标值，如图 2-38(a)所示。如果输入"@10,20"，则为相对坐标输入方式，表示该点的坐标是相对于前一点的坐标值，如图 2-38(b)所示。

（2）极坐标法。用长度和角度表示的坐标，只能用来表示二维点的坐标。

在绝对坐标输入方式下，表示为："长度<角度"，如"25<50"，其中长度表示该点到坐标原点的距离，角度表示该点到原点的连线与 X 轴正向的夹角，如图 2-38(c)所示。

在相对坐标输入方式下，表示为："@长度<角度"，如"@25<45"，其中长度为该点到前一点的距离，角度为该点至前一点的连线与 X 轴正向的夹角，如图 2-38(d)所示。

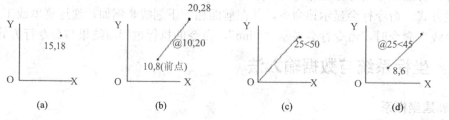

图 2-38 数据输入方法

（3）动态数据输入。按下状态栏中的"动态输入"按钮，系统打开动态输入功能，可以在绘图区动态地输入某些参数数据。例如，绘制直线时，在光标附近，会动态地显示"指定第一个角点或"，以及后面的坐标框。当前坐标框中显示的是目前光标所在位置，可以输入数据，两个数据之间以逗号隔开，如图 2-39 所示。指定第一点后，系统动态显示直线的角度，同时要求输入线段长度值，如图 2-40 所示，其输入效果与"@长度<角度"方式相同。

图 2-39 动态输入坐标值　　　　　图 2-40 动态输入长度值

下面分别介绍点与距离值的输入方法。

1）点的输入。在绘图过程中，常需要输入点的位置，AutoCAD 提供了如下几种输入点的方式。

（a）用键盘直接在命令行输入点的坐标。直角坐标有两种输入方式：x,y（点的绝对坐标值，如"200,50"）和@ x,y（相对于上一点的相对坐标值，如"@ 50,–30"）。

极坐标的输入方式为"长度<角度"（其中，长度为点到坐标原点的距离，角度为原点至该点连线与 X 轴的正向夹角，如"20<45"）或"@长度<角度"（相对于上一点的相对极坐标，如"@ 50<–30"）。

(b) 用鼠标等定标设备移动光标，在绘图区单击直接取点。

(c) 用目标捕捉方式捕捉绘图区已有图形的特殊点（如端点、中点、中心点、插入点、交点、切点、垂足点等）。

(d) 直接输入距离。先拖拉出直线以确定方向，然后用键盘输入距离。这样有利于准确控制对象的长度，如要绘制一条 20mm 长的线段，命令行提示与操作方法如下。

```
命令：_line↙
指定第一个点：在绘图区指定一点
指定下一点或 [放弃(U)]：
```

这时在绘图区移动光标指明线段的方向，但不要单击鼠标，然后在命令行输入"20"，这样就在指定方向上准确地绘制了长度为 20mm 的线段，如图 2-41 所示。

2) 距离值的输入。在 AutoCAD 命令中，有时需要提供高度、宽度、半径、长度等表示距离的值。AutoCAD 系统提供了两种输入距离值的方式：一种是用键盘在命令行中直接输入数值；另一种是在绘图区选择两点，以两点的距离值确定出所需数值。

图 2-41 绘制直线

2.6 图层操作

AutoCAD 提供了图层工具，对每个图层规定其颜色和线型，并把具有相同特征的图形对象放在同一图层上绘制，这样绘图时不用分别设置对象的线型和颜色，不仅方便绘图，而且保存图形时只需存储其几何数据和所在图层即可，因而既节省了存储空间，又可以提高工作效率。

2.6.1 建立新图层

新建的 CAD 文档中只能自动创建一个名为 0 的特殊图层。默认情况下，图层 0 将被指定使用 7 号颜色、CONTINUOUS 线型、"默认"线宽以及 NORMAL 打印样式。不能删除或重命名图层 0。通过创建新的图层，可以将类型相似的对象指定给同一个图层使其相关联。例如，可以将构造线、文字、标注和标题栏置于不同的图层上，并为这些图层指定通用特性。通过将对象分类放到各自的图层中，可以快速有效地控制对象的显示以及对其进行更改。

1. 执行方式

命令行：LAYER。

菜单："格式"→"图层"。

工具栏："图层"→"图层特性管理器" 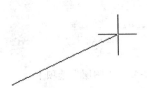，如图 2-42 所示。

功能区：单击"默认"选项卡"图层"面板中的"图层特性"按钮或单击"视图"选项卡"选项板"面板中的"图层特性"按钮，如图 2-43 所示。

图 2-42 "图层"工具栏

2. 操作步骤

执行上述命令后，系统弹出"图层特性管理器"对话框，如图2-44所示。

图2-43 "图层"选项卡　　　　　图2-44 "图层特性管理器"对话框

单击"图层特性管理器"对话框中"新建" 按钮，建立新图层，默认的图层名为"图层2"。可以根据绘图需要，更改图层名，例如改为实体层、中心线层或标准层等。

在一个图形中可以创建的图层数及在每个图层中可以创建的对象数实际上是无限的。图层最长可使用255个字符的字母数字命名。图层特性管理器按名称的字母顺序排列图层。

注意：如果要建立不只一个图层，无需重复单击"新建"按钮。更有效的方法是：在建立一个新的图层"图层2"后，改变图层名，在其后输入一个逗号"，"，这样就会又自动建立一个新图层"图层2"，改变图层名，再输入一个逗号，又一个新的图层建立了，依次建立各个图层。也可以按两次Enter键，建立另一个新的图层。图层的名称也可以更改，直接双击图层名称，输入新的名称。

在每个图层属性设置中，包括"图层名称"、"关闭/打开图层"、"冻结/解冻图层"、"锁定/解锁图层"、"图层线条颜色"、"图层线条线型"、"图层线条宽度"、"图层打印样式"及图层"是否打印"9个参数。下面将分别讲述如何设置这些图层参数。

（1）设置图层线条颜色

在工程制图中，整个图形包含多种不同功能的图形对象，例如实体、剖面线与尺寸标注等，为了便于直观区分它们，就有必要针对不同的图形对象使用不同的颜色，例如实体层使用白色、剖面线层使用青色等。

要改变图层的颜色时，单击图层所对应的颜色图标，弹出"选择颜色"对话框，如图2-45所示。它是一个标准的颜色设置对话框，可以使用索引颜色、真彩色和配色系统3个选项卡来选择颜色。系统显示的RGB配比，即Red（红）、Green（绿）和Blue（蓝）3种颜色。

（2）设置图层线型

单击图层所对应的线型图标，弹出"选择线型"对话框，如图2-46所示。默认情况下，在"已加载的线型"列表框中，系统中只添加了Continuous线型。单击"加载"按钮，打开"加载或重载线型"对话框，如图2-47所示，可以看到AutoCAD还提供许多其他的线型，用鼠标选择所需线型，单击"确定"按钮，即可把该线型加载到"已加载的线型"列表框中，可以按住Ctrl键选择几种线型同时加载。

 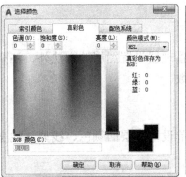 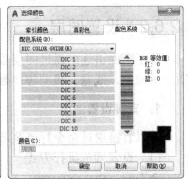

(a)索引颜色　　　　　　　　　(b)真彩色　　　　　　　　　(c)配色系统

图 2-45　"选择颜色"对话框

图 2-46　"选择线型"对话框　　　　　图 2-47　"加载或重载线型"对话框

（3）设置图层线宽

单击图层所对应的线宽图标，弹出"线宽"对话框，如图 2-48 所示。选择一个线宽，单击"确定"按钮完成对图层线宽的设置。

图层线宽的默认值为 0.25mm。在状态栏为"模型"状态时，显示的线宽同计算机的像素有关。线宽为零时，显示为一个像素的线宽。单击状态栏中的"线宽"按钮，屏幕上显示的图形线宽，显示的线宽与实际线宽成比例，如图 2-49 所示，但线宽不随着图形的放大和缩小而变化。"线宽"功能关闭时，不显示图形的线宽，图形的线宽均为默认值宽度值显示。可以在"线宽"对话框选择需要的线宽。

 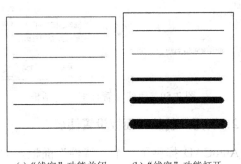

　　　　　　　　　　　　　　　　　　(a)"线宽"功能关闭　　(b)"线宽"功能打开

图 2-48　"线宽"对话框　　　　　　图 2-49　线宽显示效果图

2.6.2 设置图层

除了上面讲述的通过图层管理器设置图层的方法外，还有几种其他的简便方法可以设置图层的颜色、线宽、线型等参数。

1. 直接设置图层

可以直接通过命令行或菜单设置图层的颜色、线型、线宽。

（1）设置颜色执行方式

命令行：COLOR。

菜单："格式"→"颜色"。

（2）设置颜色操作步骤

执行上述命令后，系统弹出"选择颜色"对话框，如图 2-45 所示。

（3）设置线型执行方式

命令行：LINETYPE。

菜单："格式"→"线型"。

（4）设置线型操作步骤

执行上述命令后，系统弹出"线型管理器"对话框，如图 2-50 所示。

（5）设置线宽执行方式

命令行：LINEWEIGHT 或 LWEIGHT。

菜单："格式"→"线宽"。

（6）设置线宽操作步骤

执行上述命令后，系统弹出"线宽设置"对话框，如图 2-51 所示。该对话框的使用方法与图 2-48 所示的"线宽"对话框类似。

图 2-50　"线型管理器"对话框

图 2-51　"线宽设置"对话框

2. 利用"特性"面板设置图层

AutoCAD 提供了一个"特性"面板，如图 2-52 所示。用户可以利用面板下拉列表框中的选项，快速地查看和改变所选对象的图层、颜色、线型和线宽等特性。"特性"面板上的图层颜色、线型、线宽和打印样式的控制增强了查看和编辑对象属性的命令。在绘图屏幕上选择任何对象都将在面板上自动显示它所在图层、颜色、线型等属性。

也可以在"特性"面板上的"颜色"、"线型"、"线宽"和"打印样式"下拉列表中选择需要的参数值。如果在"颜色"下拉列表中选择"更多颜色"选项,如图2-53所示,系统就会打开"选择颜色"对话框,如图2-45所示;同样,如果在"线型"下拉列表中选择"其他"选项,如图2-54所示,系统就会打开"线型管理器"对话框,如图2-50所示。

 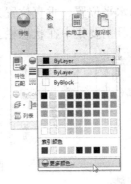

图2-52 "特性"面板　　　　　　　图2-53 "选择颜色"选项

3. 用"特性"对话框设置图层

（1）执行方式

命令行：DDMODIFY 或 PROPERTIES。

菜单："修改"→"特性"。

工具栏："标准"→"特性"　。

功能区：单击"默认"选项卡"特性"面板中的"对话框启动器"按钮　或单击"视图"选项卡"选项板"面板中的"特性"按钮　。

（2）操作步骤

执行上述命令后,系统弹出"特性"工具板,如图2-55所示。在其中可以方便地设置或修改图层、颜色、线型、线宽等属性。

图2-54 "线型"下拉菜单　　　　　图2-55 "特性"工具板

2.7 精确定位工具

精确定位工具是指能够帮助用户快速准确地定位某些特殊点（如端点、中点、圆心等）和特殊位置（如水平位置、垂直位置）的工具。

精确定位工具主要集中在状态栏上，如图2-56所示为默认状态下显示的部分按钮。

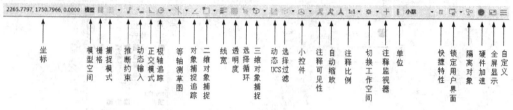

图 2-56　状态栏按钮

2.7.1 正交模式

在 AutoCAD 绘图过程中，经常需要绘制水平直线和垂直直线，但是用光标控制选择线段的端点时很难保证两个点严格沿水平或垂直方向，为此，AutoCAD 提供了正交功能，当启用正交模式时，画线或移动对象时只能沿水平方向或垂直方向移动光标，也只能绘制平行于坐标轴的正交线段。

1. 执行方式

命令行：ORTHO。

状态栏：按下状态栏中的"正交模式"按钮 。

快捷键：按<F8>键。

2. 操作步骤

命令行提示与操作如下。

```
命令：ORTHO↙
输入模式 ［开(ON)/关(OFF)］ <开>：设置开或关。
```

2.7.2 栅格显示

用户可以应用栅格显示工具使绘图区显示网格，它是一个形象的画图工具，就像传统的坐标纸一样。本节介绍控制栅格显示及设置栅格参数的方法。

1. 执行方式

菜单栏：选择菜单栏中的"工具"→"绘图设置"命令。

状态栏：按下状态栏中的"栅格显示"按钮 （仅限于打开与关闭）。

快捷键：按<F7>键（仅限于打开与关闭）。

2. 操作步骤

选择菜单栏中的"工具"→"绘图设置"命令，系统打开"草图设置"对话框，单击"捕捉与栅格"选项卡，如图 2-57 所示。

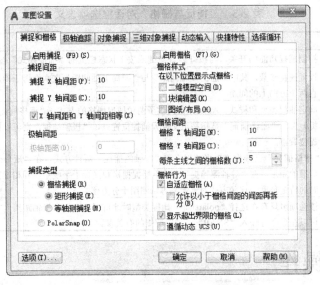

图 2-57 "捕捉与栅格"选项卡

其中,"启用栅格"复选框用于控制是否显示栅格;"栅格 X 轴间距"和"栅格 Y 轴间距"文本框用于设置栅格在水平与垂直方向的间距。如果"栅格 X 轴间距"和"栅格 Y 轴间距"设置为 0,则 AutoCAD 系统会自动将捕捉栅格间距应用于栅格,且其原点和角度总是与捕捉栅格的原点和角度相同。另外,还可以通过"Grid"命令在命令行设置栅格间距。

注意:在"栅格 X 轴间距"和"栅格 Y 轴间距"文本框中输入数值时,若在"栅格 X 轴间距"文本框中输入一个数值后按<Enter>键,系统将自动传送这个值给"栅格 Y 轴间距",这样可减少工作量。

2.7.3 捕捉模式

为了准确地在绘图区捕捉点,AutoCAD 提供了捕捉工具,可以在绘图区生成一个隐含的栅格(捕捉栅格),这个栅格能够捕捉光标,约束光标只能落在栅格的某一个节点上,使用户能够高精确度地捕捉和选择这个栅格上的点。本节主要介绍捕捉栅格的参数设置方法。

1. 执行方式

菜单栏:选择菜单栏中的"工具"→"绘图设置"命令。
状态栏:按下状态栏中的"捕捉模式"按钮 ▦(仅限于打开与关闭)。
快捷键:按<F9>键(仅限于打开与关闭)。

2. 操作步骤

选择菜单栏中的"工具"→"绘图设置"命令,打开"草图设置"对话框,单击"捕捉与栅格"选项卡,如图 2-57 所示。

3. 选项说明

各个选项含义如表 2-3 所示。

表 2-3 "捕捉与栅格"对话框选项含义

选项	含义
"启用捕捉"复选框	控制捕捉功能的开关,与按<F9>快捷键或按下状态栏上的"捕捉模式"按钮 ▥ 功能相同
"捕捉间距"选项组	设置捕捉参数,其中"捕捉 X 轴间距"与"捕捉 Y 轴间距"文本框用于确定捕捉栅格点在水平和垂直两个方向上的间距
"捕捉类型"选项组	确定捕捉类型和样式。AutoCAD 提供了两种捕捉栅格的方式:"栅格捕捉"和"polarsnap(极轴捕捉)"。"栅格捕捉"是指按正交位置捕捉位置点,"极轴捕捉"则可以根据设置的任意极轴角捕捉位置点。 "栅格捕捉"又分为"矩形捕捉"和"等轴测捕捉"两种方式。在"矩形捕捉"方式下捕捉栅格是标准的矩形,在"等轴测捕捉"方式下捕捉栅格和光标十字线不再互相垂直,而是成绘制等轴测图时的特定角度,这种方式对于绘制等轴测图十分方便
"极轴间距"选项组	该选项组只有在选择"polarsnap"捕捉类型时才可用。可在"极轴距离"文本框中输入距离值,也可以在命令行输入"SNAP",设置捕捉的有关参数

2.8 图块操作

图块也称块,它是由一组图形对象组成的集合,一组对象一旦被定义为图块,它们将成为一个整体,选中图块中任意一个图形对象即可选中构成图块的所有对象。AutoCAD 把一个图块作为一个对象进行编辑修改等操作,用户可根据绘图需要把图块插入图中指定的位置,在插入时还可以指定不同的缩放比例和旋转角度。如果需要对组成图块的单个图形对象进行修改,还可以利用"分解"命令把图块炸开,分解成若干个对象。图块还可以重新定义,一旦被重新定义,整个图中基于该块的对象都将随之改变。

2.8.1 定义图块

1. 执行方式

命令行:BLOCK(快捷命令:B)。
菜单栏:选择菜单栏中的"绘图"→"块"→"创建"命令。
工具栏:单击"绘图"工具栏中的"创建块"按钮 ▭。
功能区:单击"默认"选项卡"块"面板中的"创建"按钮 ▭ 或单击"插入"选项卡"块定义"面板中的"创建块"按钮 ▭。

执行上述命令后,系统打开如图 2-58 所示的"块定义"对话框,利用该对话框可定义图块并为之命名。

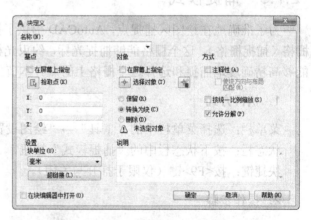

图 2-58 "块定义"对话框

2. 选项说明

各个选项含义如表 2-4 所示。

表 2-4 "块定义"命令各选项含义

选项	含义
"基点"选项组	确定图块的基点，默认值是（0,0,0），也可以在下面的 X、Y、Z 文本框中输入块的基点坐标值。单击"拾取点"按钮，系统临时切换到绘图区，在绘图区选择一点后，返回"块定义"对话框中，把选择的点作为图块的放置基点
"对象"选项组	用于选择制作图块的对象，以及设置图块对象的相关属性。如图 2-59 所示，把图(a)中的正五边形定义为图块，图(b)为点选"删除"单选钮的结果，图(c)为点选"保留"单选钮的结果
"设置"选项组	指定从 AutoCAD 设计中心拖动图块时用于测量图块的单位，以及缩放、分解和超链接等设置
"在块编辑器中打开"复选框	勾选此复选框，可以在块编辑器中定义动态块，后面将详细介绍
"方式"选项组	指定块的行为。"注释性"复选框，指定在图纸空间中块参照的方向与布局方向匹配；"按统一比例缩放"复选框，指定是否阻止块参照不按统一比例缩放；"允许分解"复选框，指定块参照是否可以被分解

图 2-59　设置图块对象

2.8.2 图块的存盘

利用 BLOCK 命令定义的图块保存在其所属的图形当中，该图块只能在该图形中插入，而不能插入其他的图形中。但是有些图块在许多图形中要经常用到，这时可以用 WBLOCK 命令把图块以图形文件的形式（后缀为.dwg）写入磁盘。图形文件可以在任意图形中用 INSERT 命令插入。

1. 执行方式

命令行：WBLOCK（快捷命令：W）。

功能区：单击"插入"选项卡"块定义"面板中的"写块"按钮。

执行上述命令后，系统打开"写块"对话框，如图 2-60 所示，利用此对话框可把图形对象保存为图形文件或把图块转换成图形文件。

2. 选项说明

各个选项含义如表 2-5 所示。

图 2-60　"写块"对话框

表 2-5 "写块"对话框各选项含义

选项	含义
"源"选项组	确定要保存为图形文件的图块或图形对象。点选"块"单选钮，单击右侧的下拉列表框，在其展开的列表中选择一个图块，将其保存为图形文件；点选"整个图形"单选钮，则把当前的整个图形保存为图形文件；点选"对象"单选钮，则把不属于图块的图形对象保存为图形文件。对象的选择通过"对象"选项组来完成
"目标"选项组	用于指定图形文件的名称、保存路径和插入单位

2.8.3 图块的插入

在 AutoCAD 绘图过程中，可根据需要随时把已经定义好的图块或图形文件插入当前图形的任意位置，在插入的同时还可以改变图块的大小、旋转一定角度或把图块炸开等。插入图块的方法有多种，本节将逐一进行介绍。

1. 执行方式

命令行：INSERT（快捷命令：I）。

菜单栏：选择菜单栏中的"插入"→"块"命令。

工具栏：单击"插入"工具栏中的"插入块"按钮 或"绘图"工具栏中的"插入块"按钮。

功能区：单击"默认"选项卡"块"面板中的"插入"按钮 或单击"插入"选项卡"块"面板中的"插入"按钮。

执行上述命令后，系统打开"插入"对话框，如图 2-61 所示，可以指定要插入的图块及插入位置。

图 2-61 "插入"对话框

2. 选项说明

各个选项含义如表 2-6 所示。

表 2-6 "插入"对话框各选项含义

选项	含义
"路径"显示框	显示图块的保存路径
"插入点"选项组	指定插入点，插入图块时该点与图块的基点重合。可以在绘图区指定该点，也可以在下面的文本框中输入坐标值
"比例"选项组	确定插入图块时的缩放比例。图块被插入当前图形中时，可以以任意比例放大或缩小
"旋转"选项组	指定插入图块时的旋转角度。图块被插入当前图形中时，可以绕其基点旋转一定的角度，角度可以是正数（表示沿逆时针方向旋转），也可以是负数（表示沿顺时针方向旋转）。 如果勾选"在屏幕上指定"复选框，系统切换到绘图区，在绘图区选择一点，AutoCAD 自动测量插入点与该点连线和 X 轴正方向之间的夹角，并把它作为块的旋转角。也可以在"角度"文本框中直接输入插入图块时的旋转角度
"分解"复选框	勾选此复选框，则在插入块的同时把其炸开，插入图形中的组成块对象不再是一个整体，可对每个对象单独进行编辑操作

2.9 设计中心

使用 AutoCAD 设计中心可以很容易地组织设计内容，并把它们拖动到自己的图形中。可以使用 AutoCAD 设计中心窗口的内容显示框，来观察用 AutoCAD 设计中心资源管理器所浏览资源的细目，如图 2-62 所示。在该图中，左侧方框为 AutoCAD 设计中心的资源管理器，右侧方框为 AutoCAD 设计中心的内容显示框。其中上面窗口为文件显示框，中间窗口为图形预览显示框，下面窗口为说明文本显示框。

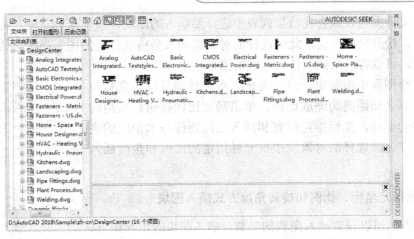

图 2-62　AutoCAD 设计中心的资源管理器和内容显示区

2.9.1　启动设计中心

执行方式

命令行：ADCENTER（快捷命令：ADC）。

菜单栏：选择菜单栏中的"工具"→"选项板"→"设计中心"命令。

工具栏：单击"标准"工具栏中的"设计中心"按钮。

功能区：单击"视图"选项卡"选项板"面板中的"设计中心"按钮。

快捷键：按<Ctrl>＋<2>键。

执行上述命令后，系统打开"设计中心"选项板。第一次启动设计中心时，默认打开的选项卡为"文件夹"选项卡。内容显示区采用大图标显示，左边的资源管理器采用树状显示方式显示系统的树形结构，浏览资源的同时，在内容显示区显示所浏览资源的有关细目或内容。

可以利用鼠标拖动边框的方法来改变 AutoCAD 设计中心资源管理器和内容显示区以及 AutoCAD 绘图区的大小，但内容显示区的最小尺寸应能显示两列大图标。

如果要改变 AutoCAD 设计中心的位置，可以按住鼠标左键拖动它，松开鼠标左键后，AutoCAD 设计中心便处于当前位置，到新位置后，仍可用鼠标改变各窗口的大小。也可以通过设计中心边框左上方的"自动隐藏"按钮来自动隐藏设计中心。

2.9.2　插入图块

在利用 AutoCAD 绘制图形时，可以将图块插入图形当中。将一个图块插入图形中时，块定义就被复制到图形数据库当中。在一个图块被插入图形之后，如果原来的图块被修改，则插入图形当中的图块也随之改变。

当其他命令正在执行时，不能插入图块到图形当中。例如，如果在插入块时，在提示行正在执行一个命令，此时光标变成一个带斜线的圆，提示操作无效。另外，一次只能插入一个图块。AutoCAD 设计中心提供了插入图块的两种方法："利用鼠标指定比例和旋转方式"和"精确指定坐标、比例和旋转角度方式"。

1. 利用鼠标指定比例和旋转方式插入图块

系统根据光标拉出的线段长度、角度确定比例与旋转角度，插入图块的步骤如下。

（1）从文件夹列表或查找结果列表中选择要插入的图块，按住鼠标左键，将其拖动到打开的图形中。松开鼠标左键，此时选择的对象被插入当前被打开的图形当中。利用当前设置的捕捉方式，可以将对象插入任何存在的图形当中。

（2）在绘图区单击指定一点作为插入点，移动鼠标，光标位置点与插入点之间距离为缩放比例，单击确定比例按钮。采用同样的方法移动鼠标，光标指定位置和插入点的连线与水平线的夹角为旋转角度。被选择的对象就根据光标指定的比例和角度插入图形当中。

2．精确指定坐标、比例和旋转角度方式插入图块

利用该方法可以设置插入图块的参数，插入图块的步骤如下。

（1）从文件夹列表或查找结果列表框中选择要插入的对象，拖动对象到打开的图形中。

（2）右击，可以选择快捷菜单中的"缩放"、"旋转"等命令，如图2-63所示。

图2-63 快捷菜单

（3）在相应的命令行提示下输入比例和旋转角度等数值。被选择的对象根据指定的参数插入图形当中。

2.9.3 图形复制

1．在图形之间复制图块

利用AutoCAD设计中心可以浏览和装载需要复制的图块，然后将图块复制到剪贴板中，再利用剪贴板将图块粘贴到图形当中，具体方法如下。

（1）在"设计中心"选项板选择需要复制的图块，右击，选择快捷菜单中的"复制"命令。

（2）将图块复制到剪贴板上，然后通过"粘贴"命令粘贴到当前图形上。

2．在图形之间复制图层

利用AutoCAD设计中心可以将任何一个图形的图层复制到其他图形。如果已经绘制了一个包括设计所需的所有图层的图形，在绘制新图形的时候，可以新建一个图形，并通过AutoCAD设计中心将已有的图层复制到新的图形当中，这样可以节省时间，并保证图形间的一致性。现对图形之间复制图层的两种方法介绍如下。

（1）拖动图层到已打开的图形。确认要复制图层的目标图形文件被打开，并且是当前的图形文件。在"设计中心"选项板中选择要复制的一个或多个图层，按住鼠标左键拖动图层到打开的图形文件，松开鼠标后被选择的图层即被复制到打开的图形当中。

（2）复制或粘贴图层到打开的图形。确认要复制图层的图形文件被打开，并且是当前的图形文件。在"设计中心"选项板中选择要复制的一个或多个图层，右击，选择快捷菜单中的"复制"命令。如果要粘贴图层，确认粘贴的目标图形文件被打开，并为当前文件。

2.10 工具选项板

"工具选项板"中的选项卡提供了组织、共享和放置块及填充图案的有效方法。"工具选项板"还可以包含由第三方开发人员提供的自定义工具。

2.10.1 打开工具选项板

执行方式

命令行：TOOLPALETTES（快捷命令：TP）。

菜单栏：选择菜单栏中的"工具"→"选项板"→"工具选项板"命令。

工具栏：单击"标准"工具栏中的"工具选项板窗口"按钮。

功能区：单击"视图"选项卡"选项板"面板中的"工具选项板"按钮。

快捷键：按<Ctrl>＋<3>键。

执行上述命令后，系统自动打开工具选项板，如图 2-64 所示。

在工具选项板中，系统设置了一些常用图形选项卡，这些常用图形可以方便用户绘图。

图 2-64 工具选项板

注意：在绘图中还可以将常用命令添加到工具选项板中。"自定义"对话框打开后，就可以将工具按钮从工具栏拖到工具选项板中，或将工具从"自定义用户界面（CUI）"编辑器拖到工具选项板中。

2.10.2 新建工具选项板

用户可以创建新的工具选项板，这样有利于个性化作图，也能够满足特殊作图需要。

图 2-65 "自定义"对话框

执行方式

命令行：CUSTOMIZE。

菜单栏：选择菜单栏中的"工具"→"自定义"→"工具选项板"命令。

工具选项板：单击"工具选项板"中的"特性"按钮，在打开的快捷菜单中选择"自定义选项板"（或"新建选项板"）命令。

执行上述命令后，系统打开"自定义"对话框，如图 2-65 所示。在"选项板"列表框中右击，打开快捷菜单，如图 2-66 所示，选择"新建选项板"命令，在"选项板"列表框中出现一个"新建选项板"，可以为新建的工具选项板命名，确定后，工具选项板中就增加了一个新的选项卡，如图 2-67 所示。

图 2-66 快捷菜单

图 2-67 新建选项卡

2.10.3 向工具选项板中添加内容

将图形、块和图案填充从设计中心拖动到工具选项板中。

例如,在 Designcenter 文件夹上右击,系统打开快捷菜单,选择"创建块的工具选项板"命令,如图 2-68(a)所示。设计中心中储存的图元就出现在工具选项板中新建的 Designcenter 选项卡上,如图 2-68(b)所示,这样就可以将设计中心与工具选项板结合起来,创建一个快捷方便的工具选项板。将工具选项板中的图形拖动到另一个图形中时,图形将作为块插入。

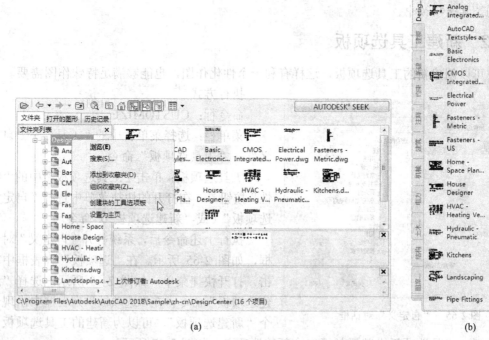

图 2-68 将储存图元创建成"设计中心"工具选项板

Chapter

二维绘图命令

3

二维图形是指在二维平面空间绘制的图形，AutoCAD 提供了大量的绘图工具，可以帮助用户完成二维图形的绘制。用户利用 AutoCAD 提供的二维绘图命令，可以快速方便地完成某些图形的绘制。本章主要介绍直线、圆和圆弧、椭圆与椭圆弧、平面图形和点的绘制。

3.1 直线类命令

直线类命令包括直线段、射线和构造线。这几个命令是 AutoCAD 中最简单的绘图命令。

3.1.1 直线段

1. 执行方式

命令行：LINE（快捷命令：L）。
菜单栏：选择菜单栏中的"绘图"→"直线"命令。
工具栏：单击"绘图"工具栏中的"直线"按钮 ╱。
功能区：单击"默认"选项卡"绘图"面板中的"直线"按钮 ╱。

2. 操作步骤

命令行提示与操作如下。

```
命令：LINE↙
指定第一个点：输入直线段的起点坐标或在绘图区单击指定点
指定下一点或 [放弃(U)]：输入直线段的端点坐标，或利用光标指定一定角度后，直接输入直线的长度
指定下一点或 [放弃(U)]：输入下一直线段的端点，或输入选项"U"表示放弃前面的输入；右击或按<Enter>键，结束命令
指定下一点或 [闭合(C)/放弃(U)]：输入下一直线段的端点，或输入选项"C"使图形闭合，结束命令
```

3. 选项说明

各个选项含义如表 3-1 所示。

表 3-1 "直线"命令各个选项含义

选项	含义
"指定第一个点"提示	若采用按<Enter>键响应"指定第一个点"提示，系统会把上次绘制图线的终点作为本次图线的起始点。若上次操作为绘制圆弧，按<Enter>键响应后绘出通过圆弧终点并与该圆弧相切的直线段，该线段的长度为光标在绘图区指定的一点与切点之间线段的距离
"指定下一点"提示	在"指定下一点"提示下，用户可以指定多个端点，从而绘出多条直线段。但是，每一段直线是一个独立的对象，可以进行单独的编辑操作
若采用输入选项"C"响应"指定下一点"提示	绘制两条以上直线段后，若采用输入选项"C"响应"指定下一点"提示，系统会自动连接起始点和最后一个端点，从而绘出封闭的图形
若采用输入选项"U"响应提示	若采用输入选项"U"响应提示，则删除最近一次绘制的直线段

注意：若设置正交方式（按下状态栏中的"正交模式"按钮），只能绘制水平线段或垂直线段。若设置动态数据输入方式（按下状态栏中的"动态输入"按钮），则可以动态输入坐标或长度值，效果与非动态数据输入方式类似。除了特别需要，以后不再强调，而只按非动态数据输入方式输入相关数据。

3.1.2 实例——绘制电阻符号

绘制图 3-1 所示电阻符号：

 绘制步骤

（1）单击"默认"选项卡"绘图"面板中的"直线"按钮，绘制连续线段，命令行提示与操作如下：

```
命令：_line
指定第一个点：100,100↙
指定下一点或 [放弃(U)]：@100,0↙
指定下一点或 [放弃(U)]：@0,-40↙
指定下一点或 [闭合(C)/放弃(U)]：@-100,0↙
指定下一点或 [闭合(C)/放弃(U)]：c↙（系统自动封闭连续直线并结束命令，结果如图3-2所示）
```

图 3-1 电阻　　　　　　　图 3-2 绘制连续线段

（2）单击"默认"选项卡"绘图"面板中的"直线"按钮，绘制两条线段，命令行提示与操作如下：

```
命令：_line
指定第一个点：100,80↙
指定下一点或 [放弃(U)]：60,80↙
指定下一点或 [放弃(U)]：↙
命令：_line
指定第一个点：200,80↙
```

指定下一点或 [放弃(U)]: @40,0✓
指定下一点或 [放弃(U)]: ✓

最终结果如图 3-1 所示。

 注意：（1）输入坐标时，逗号必须是在西文状态下，否则会出现错误。

（2）一般每个命令有 4 种执行方式，这里只给出了命令行执行方式，其他两种执行方式的操作方法与命令行执行方式相同。

（3）有的读者在输入坐标值时，总是出现系统自动添加@的情况，这是由于没有关闭状态上的"动态输入"按钮。

 动手练一练——绘制探测器符号

利用"直线"绘制如图 3-3 所示的探测器符号。

思路点拨

源文件：源文件\第 3 章\绘制探测器符号.dwg
为了做到准确无误，要求通过坐标值的输入指定直线的相关点，从而使读者灵活掌握直线的绘制方法。

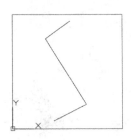

图 3-3 探测器符号

3.1.3 构造线

1. 执行方式

命令行：XLINE（快捷命令：XL）。
菜单栏：选择菜单栏中的"绘图"→"构造线"命令。
工具栏：单击"绘图"工具栏中的"构造线"按钮 。
功能区：单击"默认"选项卡"绘图"面板中的"构造线"按钮 。

2. 操作步骤

命令行提示与操作如下。

命令：XLINE✓
指定点或 [水平(H)/垂直(V)/角度(A)/二等分(B)/偏移(O)]: 指定起点 1
指定通过点：指定通过点 2，绘制一条双向无限长直线
指定通过点：继续指定点，继续绘制直线，如图 3-4(a)所示，按<Enter>键结束命令

3. 选项说明

（1）利用选项中有"指定点"、"水平"、"垂直"、"角度"、"二等分"和"偏移"6 种方式绘制构造线，分别如图 3-4(a)～图 3-4(f)所示。

（2）构造线模拟手工作图中的辅助作图线。构造线用特殊的线型显示，在图形输出时可不作输出。应用构造线作为辅助线绘制机械图中的三视图是构造线的最主要用途，构造线的应用保证了三视图之间"主、俯视图长对正，主、左视图高平齐，俯、左视图宽相等"的对

应关系。图 3-5 所示为应用构造线作为辅助线绘制机械图中三视图的示例。图中细线为构造线，粗线为三视图轮廓线。

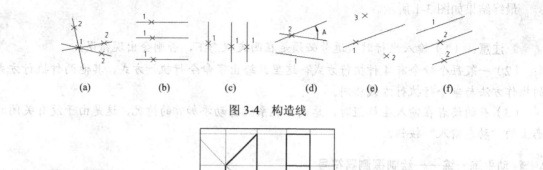

图 3-4 构造线

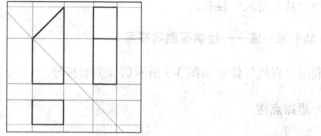

图 3-5 构造线辅助绘制三视图

3.2 圆类命令

圆类命令主要包括"圆"、"圆弧"、"圆环"、"椭圆"及"椭圆弧"命令，这几个命令是 AutoCAD 中最简单的曲线命令。

3.2.1 圆

1. 执行方式

命令行：CIRCLE（快捷命令：C）。
菜单栏：选择菜单栏中的"绘图"→"圆"命令。
工具栏：单击"绘图"工具栏中的"圆"按钮 ⊙。
功能区：单击"默认"选项卡"绘图"面板中的"圆"下拉菜单。

2. 操作步骤

命令行提示与操作如下。

命令：CIRCLE✓
指定圆的圆心或 [三点(3P)/两点(2P)/切点、切点、半径(T)]：指定圆心
指定圆的半径或 [直径(D)]：直接输入半径值或在绘图区单击指定半径长度
指定圆的直径：输入直径值或在绘图区单击指定直径长度

3. 选项说明

各个选项含义如表 3-2 所示。

表 3-2 "圆"命令各个选项含义

选项	含义
三点（3P）	通过指定圆周上三点绘制圆
两点（2P）	通过指定直径的两端点绘制圆
切点、切点、半径（T）	通过先指定两个相切对象，再给出半径的方法绘制圆。如图 3-6(a)～图 3-6(d)所示给出了以"切点、切点、半径"方式绘制圆的各种情形（加粗的圆为最后绘制的圆）

图 3-6 圆与另外两个对象相切

注意：选择菜单栏中的"绘图"→"圆"命令，其子菜单中多了一种"相切、相切、相切"的绘制方法，当选择此方式时（如图 3-7 所示），命令行提示与操作如下：

```
指定圆上的第一个点：_tan 到：选择相切的第一个圆弧
指定圆上的第二个点：_tan 到：选择相切的第二个圆弧
指定圆上的第三个点：_tan 到：选择相切的第三个圆弧
```

3.2.2 实例——绘制传声器符号

本实例利用"直线"、"圆"命令绘制相切圆，从而绘制出传声器符号，如图 3-8 所示。

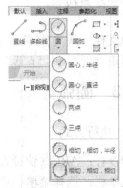

图 3-7 "相切、相切、相切"绘制方法

绘制步骤

（1）单击"默认"选项卡"绘图"面板中的"直线"按钮，竖直向下绘制一条直线，并设置线宽为 0.3，命令行提示与操作如下。

```
命令：_line
指定第一个点：（在屏幕适当位置指定一点）
指定下一点或 [放弃(U)]：（垂直向下在适当位置指定一点）
指定下一点或 [放弃(U)]：↙（按 Enter 键，完成直线绘制）
```

效果如图 3-9 所示。

（2）单击"默认"选项卡"绘图"面板中的"圆"按钮，命令行提示。

```
命令：_circle
指定圆的圆心或 [三点(3P)/两点(2P)/相切、相切、半径(T)]：（在直线左边中间适当位置指定一点）
指定圆的半径或 [直径(D)]：（在直线上大约与圆心垂直的位置指定一点，如图 3-10 所示）
```

绘制效果如图 3-11 所示。

| 图 3-8 绘制传声器符号 | 图 3-9 绘制直线段 | 图 3-10 指定半径 | 图 3-11 传声器 |

 注意：对于圆心的选择，除了直接输入圆心坐标（150,200）之外，还可以利用圆心与中心线的对应关系，利用对象捕捉的方法。单击状态栏中的"对象捕捉"按钮，命令行中会提示"命令:<对象捕捉 开>"。

 动手练一练——绘制射灯

绘制如图 3-12 所示的射灯。

思路点拨

源文件：源文件\第 3 章\射灯.dwg
利用"圆"和"直线"命令绘制射灯。

图 3-12 射灯

3.2.3 圆弧

1．执行方式

命令行：ARC（快捷命令：A）。
菜单栏：选择菜单栏中的"绘图"→"圆弧"命令。
工具栏：单击"绘图"工具栏中的"圆弧"按钮 。
功能区：单击"默认"选项卡"绘图"面板中的"圆弧"下拉菜单。

2．操作步骤

命令行提示与操作如下。

```
命令：ARC↙
指定圆弧的起点或 ［圆心(C)］：指定起点
指定圆弧的第二个点或 ［圆心(C)/端点(E)］：指定第二点
指定圆弧的端点：指定末端点
```

3．选项说明

（1）用命令行方式绘制圆弧时，可以根据系统提示选择不同的选项，具体功能和利用菜单栏中的"绘图"→"圆弧"中子菜单提供的 11 种方式相似。这 11 种方式绘制的圆弧分别如图 3-13(a)～图 3-13（k）所示。

（2）需要强调的是"继续"方式，绘制的圆弧与上一线段圆弧相切。继续绘制圆弧段，只提供端点即可。

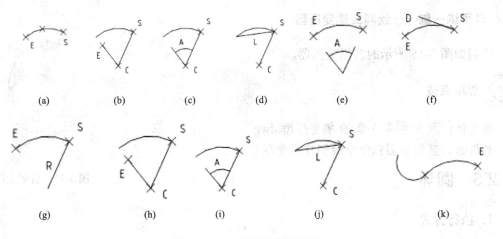

图 3-13　11 种圆弧绘制方法

> **注意**：绘制圆弧时，注意圆弧的曲率是遵循逆时针方向的，所以在选择指定圆弧两个端点和半径模式时，需要注意端点的指定顺序，否则有可能导致圆弧的凹凸形状与预期的相反。

3.2.4　实例——绘制壳体符号

绘制如图 3-14 所示的壳体符号。

绘制步骤

（1）单击"默认"选项卡"绘图"面板中的"直线"按钮，绘制两条直线，端点坐标值为{（100,130）、（150,130）}和{（100,100）、（150,100）}。

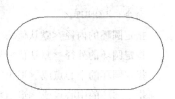

图 3-14　壳体符号

（2）单击"默认"选项卡"绘图"面板中的"圆弧"按钮，绘制圆头部分圆弧，命令行提示与操作如下。

命令：ARC↙
指定圆弧的起点或 [圆心（C）]:100,130↙
指定圆弧的第二个点或 [圆心（C）/端点（E）]:E↙
指定圆弧的端点:100,100↙
指定圆弧的中心点(按住 Ctrl 键以切换方向)或 [角度(A)/方向(D)/半径(R)]:R↙
指定圆弧的半径(按住 Ctrl 键以切换方向):15↙

（3）单击"默认"选项卡"绘图"面板中的"圆弧"按钮，绘制另一段圆弧，命令行提示与操作如下。

命令：ARC↙
指定圆弧的起点或 [圆心（C）]:150,130↙
指定圆弧的第二个点或 [圆心（C）/端点（E）]:E↙
指定圆弧的端点:150,100↙
指定圆弧的中心点(按住 Ctrl 键以切换方向)或 [角度(A)/方向(D)/半径(R)]:A↙
指定夹角(按住 Ctrl 键以切换方向):-180↙

最终结果如图 3-14 所示。

动手练一练——绘制自耦变压器

绘制如图 3-15 所示的自耦变压器。

 思路点拨

源文件：源文件\第 3 章\自耦变压器.dwg
利用圆、直线和圆弧命令绘制自耦变压器。

3.2.5 圆环

图 3-15 自耦变压器

1. 执行方式

命令行：DONUT（快捷命令：DO）。
菜单栏：选择菜单栏中的"绘图"→"圆环"命令。
功能区：单击"默认"选项卡"绘图"面板中的"圆环"按钮◎。

2. 操作步骤

命令行提示与操作如下。

命令：DONUT↙
指定圆环的内径 <默认值>：指定圆环内径
指定圆环的外径 <默认值>：指定圆环外径
指定圆环的中心点 或 <退出>：指定圆环的中心点
指定圆环的中心点 或 <退出>：继续指定圆环的中心点，则继续绘制相同内外径的圆环
按<Enter>、<space>键或右击，结束命令，如图 3-16(a)所示。

3. 选项说明

（1）若指定内径为零，则画出实心填充圆，如图 3-16(b)所示。

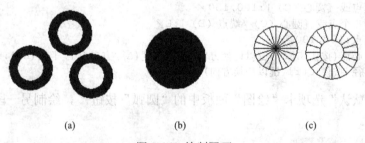

图 3-16 绘制圆环

（2）用命令 FILL 可以控制圆环是否填充，具体方法如下。

命令：FILL↙
输入模式 ［开(ON)/关(OFF)］<开>：（选择"开"表示填充，选择"关"表示不填充，如图 3-16(c)所示）

3.2.6 椭圆与椭圆弧

1. 执行方式

命令行：ELLIPSE（快捷命令：EL）。
菜单栏：选择菜单栏中的"绘图"→"椭圆"→"圆弧"命令。
工具栏：单击"绘图"工具栏中的"椭圆"按钮 或"椭圆弧"按钮 。
功能区：单击"默认"选项卡"绘图"面板中的"椭圆"下拉菜单。

2. 操作步骤

命令行提示与操作如下。

命令：ELLIPSE↙
指定椭圆的轴端点或 [圆弧(A)/中心点(C)]：指定轴端点1，如图3-17(a)所示
指定轴的另一个端点：指定轴端点2，如图3-17(a)所示
指定另一条半轴长度或 [旋转(R)]：

3. 选项说明

各个选项含义如表3-3所示。

表3-3 "椭圆与椭圆弧"命令各个选项含义

选项	含义
指定椭圆的轴端点	根据两个端点定义椭圆的第一条轴，第一条轴的角度确定了整个椭圆的角度。第一条轴既可定义椭圆的长轴，也可定义其短轴
圆弧（A）	用于创建一段椭圆弧，与单击"默认"选项卡"绘图"面板中的"椭圆弧"按钮 功能相同。其中第一条轴的角度确定了椭圆弧的角度。第一条轴既可定义椭圆弧长轴，也可定义其短轴。选择该项，系统命令行中继续提示如下。 指定椭圆弧的轴端点或 [中心点(C)]：指定端点或输入"C"↙ 指定轴的另一个端点:指定另一端点 指定另一条半轴长度或 [旋转(R)]：指定另一条半轴长度或输入"R"↙ 指定起点角度或 [参数(P)]：指定起始角度或输入"P"↙ 指定端点参数或 [角度(A)/夹角(I)]： 其中各选项含义如下
起点角度	指定椭圆弧端点的两种方式之一，光标与椭圆中心点连线的夹角为椭圆端点位置的角度，如图3-17(b)所示。 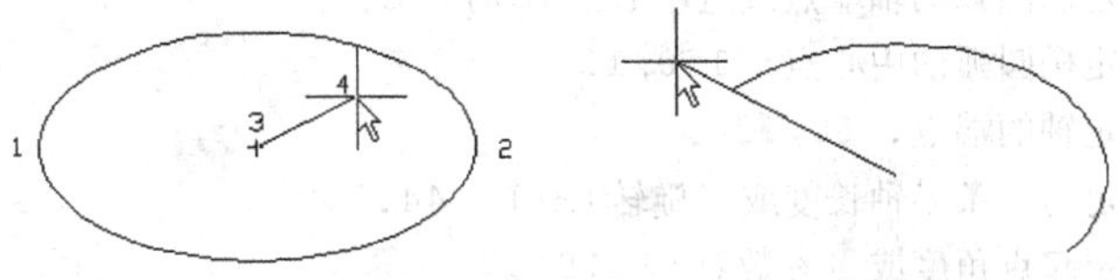  (a)椭圆　　　　　　　(b)椭圆弧 图3-17 椭圆和椭圆弧

续表

选项	含义
参数（P）	指定椭圆弧端点的另一种方式，该方式同样是指定椭圆弧端点的角度，但通过以下矢量参数方程式创建椭圆弧 $$p(u) = c + a\times\cos(u) + b\times\sin(u)$$ 其中，c 是椭圆的中心点，a 和 b 分别是椭圆的长轴和短轴，u 为光标与椭圆中心点连线的夹角
夹角（I）	定义从起始角度开始的夹角
中心点（C）	通过指定的中心点创建椭圆
旋转（R）	通过绕第一条轴旋转圆来创建椭圆。相当于将一个圆绕椭圆轴翻转一个角度后的投影视图

注意：椭圆命令生成的椭圆是以多义线还是以椭圆为实体，是由系统变量 PELLIPSE 决定的，当其为 1 时，生成的椭圆就是以多义线形式存在。

3.2.7 实例——绘制电话机

绘制如图 3-18 所示的电话机。

绘制步骤

（1）单击"默认"选项卡"绘图"面板中的"直线"按钮，绘制一系列的线段，坐标分别为{（100,100）、（@100,0）、（@0,60）、（@-100,0）、c}，{（152,110）、（152,150）}，{（148,120）、（148,140）}，{（148,130）、（110,130）}，{（152,130）、（190,130）}，{（100,150）、（70,150）}，{（200,150）、（230,150）}，结果如图 3-19 所示。

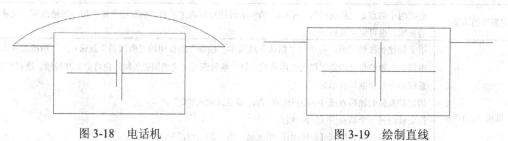

图 3-18　电话机　　　　　　　　　　图 3-19　绘制直线

（2）单击"默认"选项卡"绘图"面板中的"椭圆弧"按钮，绘制椭圆弧。命令行提示与操作如下。

```
命令：_ellipse
指定椭圆的轴端点或 [圆弧(A)/中心点(C)]：_a
指定椭圆弧的轴端点或 [中心点(C)]：c✓
指定椭圆弧的中心点：150,130✓
指定轴的端点：60,130✓
指定另一条半轴长度或 [旋转(R)]：44.5✓
指定起点角度或 [参数(P)]：194✓
指定端点角度或 [参数(P)/夹角(I)]：（指定左侧直线的左端点）✓
```

最终结果如图 3-18 所示。

动手练一练——绘制感应式仪表

绘制如图 3-20 所示的感应式仪表。

 思路点拨

源文件：源文件\第 3 章\感应式仪表.dwg
利用"圆环"、"椭圆"和"直线"命令绘制感应式仪表。

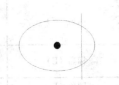

图 3-20　感应式仪表

3.3　平面图形

3.3.1　矩形

1．执行方式

命令行：RECTANG（快捷命令：REC）。
菜单栏：选择菜单栏中的"绘图"→"矩形"命令。
工具栏：单击"绘图"工具栏中的"矩形"按钮□。
功能区：单击"默认"选项卡"绘图"面板中的"矩形"按钮□。

2．操作步骤

命令行提示与操作如下。

```
命令：RECTANG↙
指定第一个角点或 [倒角(C)/标高(E)/圆角(F)/厚度(T)/宽度(W)]：指定角点
指定另一个角点或 [面积(A)/尺寸(D)/旋转(R)]：
```

3．选项说明

各个选项含义如表 3-4 所示。

表 3-4　"矩形"命令选项含义

选项	含义
第一个角点	通过指定两个角点确定矩形，如图 3-21(a)所示

图 3-21　绘制矩形

续表

选项	含义
倒角（C）	指定倒角距离，绘制带倒角的矩形，如图 3-21(b)所示。每一个角点的逆时针和顺时针方向的倒角可以相同，也可以不同，其中第一个倒角距离是指角点逆时针方向倒角距离，第二个倒角距离是指角点顺时针方向倒角距离
标高（E）	指定矩形标高（Z 坐标），即把矩形放置在标高为 Z 并与 XOY 坐标面平行的平面上，并作为后续矩形的标高值
圆角（F）	指定圆角半径，绘制带圆角的矩形，如图 3-21(c)所示
厚度（T）	指定矩形的厚度，如图 3-21(d)所示
宽度（W）	指定线宽，如图 3-21(e)所示
面积（A）	指定面积和长或宽创建矩形。选择该项，命令行提示与操作如下。 输入以当前单位计算的矩形面积 <20.0000>:输入面积值 计算矩形标注时依据 [长度(L)/宽度(W)] <长度>:按<Enter>键或输入 "W" 输入矩形长度 <4.0000>: 指定长度或宽度 指定长度或宽度后，系统自动计算另一个维度，绘制出矩形。如果矩形被倒角或圆角，则长度或面积计算中也会考虑此设置，如图 3-22 所示 倒角距离（1,1） 圆角半径：1.0 面积：20 长度：6 面积：20 长度：6 图 3-22　按面积绘制矩形
尺寸（D）	使用长和宽创建矩形，第二个指定点将矩形定位在与第一角点相关的 4 个位置之一内
旋转（R）	使所绘制的矩形旋转一定角度。选择该项，命令行提示与操作如下。 指定旋转角度或 [拾取点(P)] <135>:指定角度 指定另一个角点或 [面积(A)/尺寸(D)/旋转(R)]: 指定另一个角点或选择其他选项 指定旋转角度后，系统按指定角度创建矩形，如图 3-23 所示 图 3-23　按指定旋转角度绘制矩形

3.3.2　实例——绘制平顶灯

利用矩形命令绘制如图 3-24 所示的平顶灯。

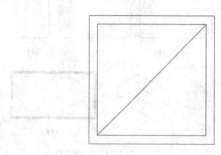

图 3-24　平顶灯

绘制步骤

（1）单击"默认"选项卡"绘图"面板中的"矩形"按钮，以坐标原点为角点，绘制 60×60 的正方形，命令行提示与操作如下。

命令：_rectang
指定第一个角点或 [倒角(C)/标高(E)/圆角(F)/厚度(T)/宽度(W)]：0,0
指定另一个角点或 [面积(A)/尺寸(D)/旋转(R)]：60,60

结果如图 3-25 所示。

图 3-25　作矩形

（2）单击"默认"选项卡"绘图"面板中的"矩形"按钮，绘制 52×52 的正方形，命令行提示与操作如下。

命令：_rectang
指定第一个角点或 [倒角(C)/标高(E)/圆角(F)/厚度(T)/宽度(W)]：4,4
指定另一个角点或 [面积(A)/尺寸(D)/旋转(R)]：@52,52

结果如图 3-26 所示。

图 3-26　作矩形

技巧：这里的正方形可以用多边形命令来绘制，第二个正方形也可以在第一个正方形的基础上利用偏移命令来绘制。

（3）单击"默认"选项卡"绘图"面板中的"直线"按钮，绘制内部矩形的对角线。结果如图 3-24 所示。

动手练一练——绘制非门符号

绘制如图 3-27 所示的非门符号。

 思路点拨

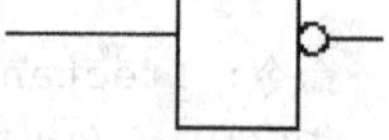

源文件：源文件\第 3 章\非门符号.dwg
（1）利用"矩形"命令绘制外框。
（2）利用"圆"命令绘制圆。
（3）利用"直线"命令绘制两端直线。

图 3-27 非门符号

3.3.3 多边形

1. 执行方式

命令行：POLYGON（快捷命令：POL）。
菜单栏：选择菜单栏中的"绘图"→"多边形"命令。
工具栏：单击"绘图"工具栏中的"多边形"按钮⬠。
功能区：单击"默认"选项卡"绘图"面板中的"多边形"按钮⬠。

2. 操作步骤

命令行提示与操作如下。

命令：POLYGON↙
输入侧面数 <4>：指定多边形的边数，默认值为 4
指定正多边形的中心点或 [边(E)]：指定中心点
输入选项 [内接于圆(I)/外切于圆(C)] <I>：指定是内接于圆或外切于圆
指定圆的半径：指定外接圆或内切圆的半径

3. 选项说明

各个选项含义如表 3-5 所示。

表 3-5 "多边形"选项含义

选项	含义
边（E）	选择该选项，则只要指定多边形的一条边，系统就会按逆时针方向创建该正多边形，如图 3-28(a) 所示
内接于圆（I）	选择该选项，绘制的多边形内接于圆，如图 3-28(b)所示
外切于圆（C）	选择该选项，绘制的多边形内接于圆，如图 3-28(c)所示 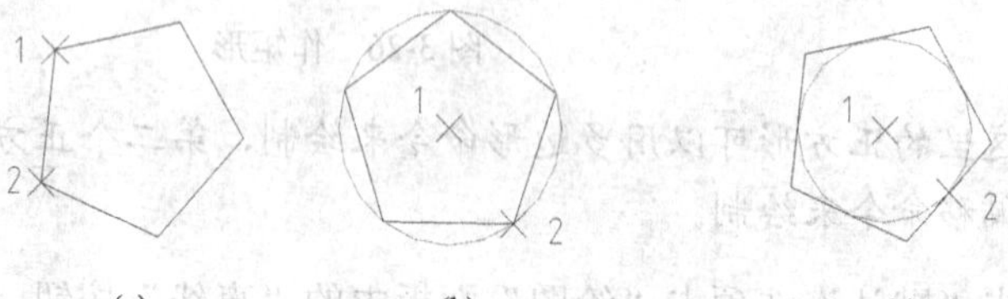

(a)   (b)   (c)

图 3-28 绘制正多边形

3.3.4 实例——绘制灯符号

本例绘制的灯符号如图 3-29 所示。

由于正多边形的绘制顺序不同，本例采用两种方式绘制灯符号。在绘图过程中有时可以采取的方法很多，读者可采用自己最擅长的方法来绘制。

绘制步骤

(1) 单击"默认"选项卡"绘图"面板中的"多边形"按钮⬡，绘制正方形，命令行中的提示与操作如下。

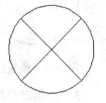

图 3-29 灯符号

```
命令：polygon↙
输入侧面数 <4>：↙（接受默认边数，绘制正方形）
指定正多边形的中心点或 [边(E)]：e↙（选择定义边长的方式）
指定边的第一个端点：100,100↙（输入边第一个端点的绝对坐标）
指定边的第二个端点：200,100↙（输入边第二个端点的绝对坐标）
```

(2) 单击"默认"选项卡"绘图"面板中的"圆"按钮⊙，以正方形的中心为圆心，其到顶点的距离为半径绘制正方形的外接圆，效果如图 3-30 所示。

(3) 单击"默认"选项卡"绘图"面板中的"直线"按钮╱，绘制正方形的对角线，再删除正方形，得到灯符号，绘制结果如图 3-31 所示。

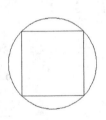

图 3-30 绘制效果

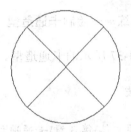

图 3-31 灯符号绘制结果

由于正多边形有两种绘制方法，从而使灯符号有两种顺序不同的绘制方法。

(1) 绘制圆。单击"默认"选项卡"绘图"面板中的"圆"按钮⊙，在绘图区任意拾取一点作为圆心，绘制半径为 50mm 的圆，如图 3-32 所示。

(2) 绘制正多边形。单击"默认"选项卡"绘图"面板中的"多边形"按钮⬡，命令行中的提示与操作如下。

```
命令：_polygon
输入侧面数<4>：↙
指定正多边形的中心点或 [边(E)]：（系统自动捕捉圆心，如图 3-33 所示，选择圆心作为正方形的中心）
输入选项 [内接于圆(I)/外切于圆(C)] <I>：↙（正方形内接于圆）
指定圆的半径：50↙（输入圆的半径为 50）
```

绘制效果如图 3-34 所示。

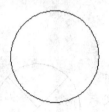 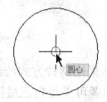 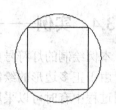

图 3-32　绘制圆　　　　　　图 3-33　捕捉圆心　　　　　图 3-34　绘制内接正方形

（3）绘制对角线。单击"默认"选项卡"绘图"面板中的"直线"按钮，开启"对象捕捉"模式，系统自动捕捉圆上的一点作为正方形的顶点，如图 3-35 所示。绘制对角线后的效果如图 3-36 所示。

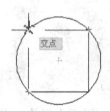 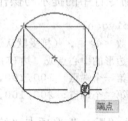

图 3-35　捕捉正方形的顶点　　　　　　　图 3-36　绘制对角线

（4）删除正方形。采用相同的方法绘制另一条对角线。单击"默认"选项卡"修改"面板中的"删除"按钮，选择正方形将其删除，即可得到灯符号，绘制结果如图 3-29 所示。

 动手练一练——绘制卡通造型

绘制如图 3-37 所示的卡通造型。

 思路点拨

源文件：源文件\第 3 章\卡通造型.dwg

本练习图形涉及各种命令，可使读者灵活掌握本章各种图形的绘制方法。

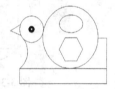

图 3-37　卡通造型

3.4　点类命令

点在 AutoCAD 中有多种不同的表示方式，用户可以根据需要进行设置，也可以设置等分点和测量点。

3.4.1　点

1．执行方式

命令行：POINT（快捷命令：PO）。
菜单栏：选择菜单栏中的"绘图"→"点"命令。
工具栏：单击"绘图"工具栏中的"点"按钮。

功能区：单击"默认"选项卡"绘图"面板中的"多点"按钮。

2. 操作步骤

命令行提示与操作如下。

```
命令：POINT✓
当前点模式：PDMODE=0  PDSIZE=0.0000
指定点：指定点所在的位置。
```

3. 选项说明

（1）通过菜单方法操作时（如图 3-38 所示），"单点"命令表示只输入一个点，"多点"命令表示可输入多个点。

（2）可以按下状态栏中的"对象捕捉"按钮，设置点捕捉模式，帮助用户选择点。

（3）点在图形中的表示样式，共有 20 种。可通过"DDPTYPE"命令或选择菜单栏中的"格式"→"点样式"命令，通过打开的"点样式"对话框来设置，如图 3-39 所示。

图 3-38　"点"的子菜单

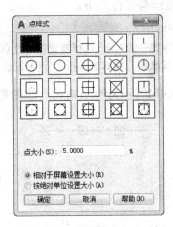

图 3-39　"点样式"对话框

3.4.2　等分点

1. 执行方式

命令行：DIVIDE（快捷命令：DIV）。
菜单栏：选择菜单栏中的"绘图"→"点"→"定数等分"命令。
功能区：单击"默认"选项卡"绘图"面板中的"定数等分"按钮。

2. 操作步骤

命令行提示与操作如下。

```
命令：DIVIDE↵
选择要定数等分的对象：
输入线段数目或 [块(B)]:指定实体的等分数
```

如图 3-40(a)所示为绘制等分点的图形。

3. 选项说明

（1）等分数目范围为 2～32767。

（2）在等分点处，按当前点样式设置画出等分点。

（3）在第二提示行选择"块（B）"选项时，表示在等分点处插入指定的块。

3.4.3 测量点

1. 执行方式

命令行：MEASURE（快捷命令：ME）。

菜单栏：选择菜单栏中的"绘图"→"点"→"定距等分"命令。

功能区：单击"默认"选项卡"绘图"面板中的"定距等分"按钮 。

2. 操作步骤

命令行提示与操作如下。

```
命令：MEASURE↵
选择要定距等分的对象:选择要设置测量点的实体
指定线段长度或 [块(B)]:指定分段长度
```

如图 3-40(b)所示为绘制测量点的图形。

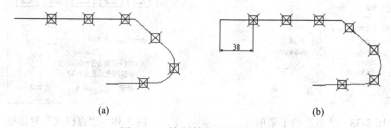

图 3-40　绘制等分点和测量点

3. 选项说明

（1）设置的起点一般是指定线的绘制起点。

（2）在第二提示行选择"块（B）"选项时，表示在测量点处插入指定的块。

（3）在等分点处，按当前点样式设置绘制测量点。

（4）最后一个测量段的长度不一定等于指定分段长度。

3.5　多段线

多段线是一种由线段和圆弧组合而成的，可以有不同线宽的多线。由于多段线组合形式多样,线宽可以变化,弥补了直线或圆弧功能的不足,适合绘制各种复杂的图形轮廓,因而得到了广泛的应用。

3.5.1 绘制多段线

1. 执行方式

命令行:PLINE(快捷命令:PL)。
菜单栏:选择菜单栏中的"绘图"→"多段线"命令。
工具栏:单击"绘图"工具栏中的"多段线"按钮 。
功能区:单击"默认"选项卡"绘图"面板中的"多段线"按钮 。

2. 操作步骤

命令行提示与操作如下。

```
命令:PLINE✓
指定起点:指定多段线的起点
当前线宽为 0.0000
指定下一个点或 [圆弧(A)/半宽(H)/长度(L)/放弃(U)/宽度(W)]:指定多段线的下一个点
```

3. 选项说明

多段线主要由连续且不同宽度的线段或圆弧组成,如果在上述提示中选择"圆弧(A)"选项,则命令行提示如下。

```
指定圆弧的端点(按住 Ctrl 键以切换方向)或[角度(A)/圆心(CE)/闭合(CL)/方向(D)/半宽(H)/直线(L)/半径(R)/第二个点(S)/放弃(U)/宽度(W)]:
```

绘制圆弧的方法与"圆弧"命令相似。

3.5.2 编辑多段线

1. 执行方式

命令行:PEDIT(PE)
菜单:选择菜单栏中的"修改"→"对象"→"多段线"命令。
工具栏:单击"修改 II"工具栏中的"编辑多段线"按钮 。
快捷菜单:选择要编辑的多线段,在绘图区右击,在弹出的快捷菜单中选择"多段线"→"编辑多段线"命令。
功能区:单击"默认"选项卡"修改"面板中的"编辑多段线"按钮 。

2. 操作步骤

```
命令:PEDIT✓
选择多段线或 [多条(M)]:(选择一条要编辑的多段线)
输入选项 [闭合(C)/合并(J)/宽度(W)/编辑顶点(E)/拟合(F)/样条曲线(S)/非曲线化(D)/线型生成(L)/反转(R)/放弃(U)]:j
选择对象:
```

选择对象：
输入选项［打开(O)/合并(J)/宽度(W)/编辑顶点(E)/拟合(F)/样条曲线(S)/非曲线化(D)/线型生成(L)/反转(R)/放弃(U)］：

3. 选项说明

合并（J）：以选中的多段线为主体，合并其他直线段、圆弧和多段线，使其成为一条多段线。能合并的条件是各段端点首尾相连，如图3-41所示。

宽度（W）：修改整条多段线的线宽，使其具有同一线宽，如图3-42所示。

图3-41 合并多段线　　　　　　　图3-42 修改整条多段线的线宽

编辑顶点（E）：选择该项后，在多段线起点处出现一个斜的十字叉"×"，即当前顶点的标记，并在命令行出现进行后续操作的提示：

［下一个(N)/上一个(P)/打断(B)/插入(I)/移动(M)/重生成(R)/拉直(S)/切向(T)/宽度(W)/退出(X)］<N>：

这些选项允许用户进行移动、插入顶点和修改任意两点间的线宽等操作。

拟合（F）：将指定的多段线生成由光滑圆弧连接的圆弧拟合曲线，该曲线经过多段线的各顶点，如图3-43所示。

样条曲线（S）：将指定的多段线以各顶点为控制点生成B样条曲线，如图3-44所示。

图3-43 生成圆弧拟合曲线　　　　　图3-44 生成B样条曲线

非曲线化（D）：将指定的多段线中的圆弧由直线代替。对于选用"拟合（F）"或"样条曲线（S）"选项后生成的圆弧拟合曲线或样条曲线，则删去生成曲线时新插入的顶点，恢复成由直线段组成的多段线。

线型生成（L）：当多段线的线型为点划线时，控制多段线的线型生成方式开关。选择此项，系统提示如下：

输入多段线线型生成选项［开(ON)/关(OFF)］<关>：

选择ON时，将在每个顶点处允许以短划开始和结束生成线型；选择OFF时，将在每个顶点处以长划开始和结束生成线型，如图3-45所示。"线型生成"不能用于带变宽线段的多段线。

图3-45 控制多段线的线型

3.5.3 实例——绘制单极拉线开关

绘制如图 3-46 所示单极拉线开关。

绘制步骤

（1）绘制圆。单击"默认"选项卡"绘图"面板中的"圆"按钮 ⊙，在单极拉线开关的下部绘制一个半径为 1mm 的圆。单击"默认"选项卡"绘图"面板中的"直线"按钮，用鼠标捕捉圆右上角一点作为起点，绘制长度为 5mm，且与水平方向成 60°角的斜线 1，并以斜线 1 的终点为起点，绘制长度为 1.5mm，与斜线成 90°角的斜线 2，如图 3-47(a)所示。

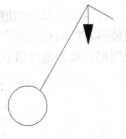

图 3-46 单极拉线开关

（2）绘制多段线。单击"默认"选项卡"绘图"面板中的"多段线"按钮 ⌒，按命令行提示绘制多段线，即可形成单极拉线开关，如图 3-47(b)所示。命令行中的提示与操作如下：

```
命令：_Pline↙
指定起点：（捕捉上步中绘制的两线交点）
当前线宽为：0.0000
指定下一点或 [圆弧(A)/半宽(H)/长度(L)/放弃(U)/宽度(W)]：@0,-1↙
指定下一点或 [圆弧(A)/半宽(H)/长度(L)/放弃(U)/宽度(W)]：W↙
指定起点宽度<0.0000>:0.5↙
指定端点宽度<1.0000>:0↙
指定下一点或 [圆弧(A)/半宽(H)/长度(L)/放弃(U)/宽度(W)]：@0,-1↙
指定下一点或 [圆弧(A)/半宽(H)/长度(L)/放弃(U)/宽度(W)]：↙
```

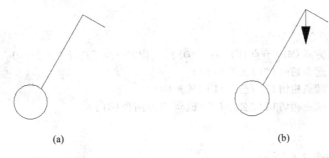

图 3-47 拉线开关

动手练一练——绘制微波隔离器

绘制如图 3-48 所示的微波隔离器。

思路点拨

源文件：源文件\第 3 章\微波隔离器.dwg

利用"矩形"、"直线"和"多段线"命令绘制微波隔离器。

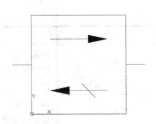

图 3-48 微波隔离器

3.6 样条曲线

在 AutoCAD 中使用的样条曲线为非一致有理 B 样条（NURBS）曲线，使用 NURBS 曲线能够在控制点之间产生一条光滑的曲线，如图 3-49 所示。样条曲线可用于绘制形状不规则的图形，如为地理信息系统（GIS）或汽车设计绘制轮廓线。

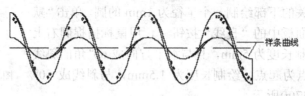

图 3-49 样条曲线

3.6.1 绘制样条曲线

1. 执行方式

命令行：SPLINE（快捷命令：SPL）。
菜单栏：选择菜单栏中的"绘图"→"样条曲线"命令。
工具栏：单击"绘图"工具栏中的"样条曲线"按钮 ~。
功能区：单击"默认"选项卡"绘图"面板中的"样条曲线拟合"按钮 ~ 或"样条曲线控制点"按钮 ~。

2. 操作步骤

命令行提示与操作如下。

```
命令：SPLINE↙
当前设置：方式=拟合  节点=弦
指定第一个点或 [方式(M)/节点(K)/对象(O)]：（指定一点或选择"对象(O)"选项）
输入下一个点或 [起点切向(T)/公差(L)]：
输入下一个点或 [端点相切(T)/公差(L)/放弃(U)]：
输入下一个点或 [端点相切(T)/公差(L)/放弃(U)/闭合(C)]：
```

3. 选项说明

各个选项含义如表 3-6 所示。

表 3-6 "样条曲线"命令选项含义

选项	含义
方式（M）	控制是使用拟合点还是使用控制点来创建样条曲线。选项会因选择的是使用拟合点创建样条曲线的选项还是使用控制点创建样条曲线的选项而异
节点（K）	指定节点参数化，它会影响曲线在通过拟合点时的形状
对象（O）	将二维或三维的二次或三次样条曲线拟合多段线转换为等价的样条曲线，然后（根据 DELOBJ 系统变量的设置）删除该多段线
起点切向（T）/端点切向（T）	定义样条曲线的第一点和最后一点的切向。如果在样条曲线的两端都指定切向，可以输入一个点或使用"切点"和"垂足"对象捕捉模式使样条曲线与已有的对象相切或垂直。如果按<Enter>键，系统将计算默认切向

续表

选项	含义
放弃（U）	停止基于切向创建曲线。可通过指定拟合点继续创建样条曲线
公差（L）	指定距样条曲线必须经过的指定拟合点的距离。公差应用于除起点和端点外的所有拟合点
闭合（C）	将最后一点定义与第一点一致，并使其在连接处相切，以闭合样条曲线。选择该项，命令行提示如下。 指定切向:指定点或按<Enter>键 用户可以指定一点来定义切向矢量，或按下状态栏中的"对象捕捉"按钮，使用"切点"和"垂足"对象捕捉模式使样条曲线与现有对象相切或垂直

3.6.2 编辑样条曲线

1．执行方式

命令行：SPLINEDIT

菜单：选择菜单栏中的"修改"→"对象"→"样条曲线"命令。

工具栏：单击"修改 II"工具栏中的"编辑样条曲线"按钮 。

快捷菜单：选中要编辑的样条曲线，在绘图区右击，在弹出的快捷菜单中选择"样条曲线"下拉菜单中的选项进行编辑。

功能区：单击"默认"选项卡"修改"面板中的"编辑样条曲线"按钮 。

2．操作步骤

命令：SPLINEDIT↙
选择样条曲线：（选择要编辑的样条曲线。若选择的样条曲线是用 SPLINE 命令创建的，其近似点以夹点的颜色显示出来；若选择的样条曲线是用 PLINE 命令创建的，其控制点以夹点的颜色显示出来。）
输入选项 [闭合(C)/合并(J)/拟合数据(F)/编辑顶点(E)/转换为多段线(P)/反转(R)/放弃(U)/退出(X)]：

3．选项说明

拟合数据（F）：编辑近似数据。选择该项后，创建该样条曲线时指定的各点以小方格的形式显示出来。

编辑顶点（E）：精密调整样条曲线定义。

转换为多段线（P）：将样条曲线转换为多段线。

反转（R）：翻转样条曲线的方向。该项操作主要用于应用程序。

3.6.3 实例——绘制整流器框形符号

绘制图 3-50 所示整流器框形符号：

 绘制步骤

（1）单击"默认"选项卡"绘图"面板中的"多边形"按钮，绘制正方形。命令行提示与操作如下。

图 3-50　整流器框形符号

命令：_polygon
输入侧面数<4>：↙

指定正多边形的中心点或 [边(E)]：(在绘图屏幕适当指定一点)
输入选项 [内接于圆(I)/外切于圆(C)] <I>:C✓
指定圆的半径：(适当指定一点作为外接圆半径，使正四边形边大约处于垂直正交位置，如图3-51所示)

(2) 单击"默认"选项卡"绘图"面板中的"直线"按钮，绘制3条直线，并将其中一条直线设置为虚线，如图3-52示。

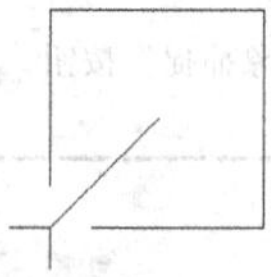

图 3-51　绘制正四边形 　　　　　　　　　图 3-52　绘制直线

(3) 单击"默认"选项卡"绘图"面板中的"样条曲线拟合"按钮，绘制所需曲线，命令行提示与操作如下。

命令：_spline
当前设置：方式=拟合　节点=弦
指定第一个点或 [方式(M)/节点(K)/对象(O)]：指定下一点：(指定一点)
指定下一点或[起点切向(T)/公差(L)]：(适当指定一点)<正交 关>
指定下一点或[端点相切(T)/公差(L)/放弃(U)]：(适当指定一点)
指定下一点或[端点相切(T)/公差(L)/放弃(U)/闭合(C)]：(适当指定一点)
指定下一点或[端点相切(T)/公差(L)/放弃(U)/闭合(C)]：(适当指定一点)
指定下一点或[端点相切(T)/公差(L)/放弃(U)/闭合(C)]：

最终结果如图3-50所示。

 动手练一练——绘制逆变器

绘制如图3-53所示的逆变器。

 思路点拨

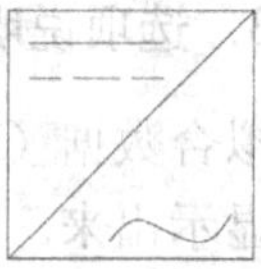

源文件：源文件\第3章\逆变器.dwg
利用"正多边形"、"直线"和"样条曲线"命令绘制逆变器。

图 3-53　逆变器

3.7　多线

多线是一种复合线，由连续的直线段复合组成。多线的突出优点就是能够大大提高绘图效率，保证图线之间的统一性。

3.7.1　绘制多线

1. 执行方式

命令行：MLINE（快捷命令：ML）。
菜单栏：选择菜单栏中的"绘图"→"多线"命令。

2. 操作步骤

命令行提示与操作如下。

命令：MLINE↙
当前设置：对正 = 上，比例 = 20.00，样式 = STANDARD
指定起点或 [对正(J)/比例(S)/样式(ST)]：指定起点
指定下一点：指定下一点
指定下一点或 [放弃(U)]：继续指定下一点绘制线段；输入"U"，则放弃前一段多线的绘制；右击或按<Enter>键，结束命令
指定下一点或 [闭合(C)/放弃(U)]：继续给定下一点绘制线段；输入"C"，则闭合线段，结束命令

3. 选项说明

各个选项含义如表 3-7 所示。

表 3-7　"多线"命令选项含义

选项	含义
对正（J）	该项用于指定绘制多线的基准。共有 3 种对正类型"上"、"无"和"下"。其中，"上"表示以多线上侧的线为基准，其他两项依此类推
比例（S）	选择该项，要求用户设置平行线的间距。输入值为零时，平行线重合；输入值为负时，多线的排列倒置
样式（ST）	用于设置当前使用的多线样式

3.7.2　定义多线样式

1. 执行方式

命令行：MLSTYLE。
菜单：选择菜单栏中的"格式"→"多线样式"命令。

2. 操作步骤

执行上述命令后，系统打开如图 3-54 所示的"多线样式"对话框。在该对话框中，用户可以对多线样式进行定义、保存和加载等操作。下面通过定义一个新的多线样式来介绍该对话框的使用方法。欲定义的多线样式由 3 条平行线组成，两条平行的实线相对于中心轴线上、下各偏移 0.5，其操作步骤如下。

（1）在"多线样式"对话框中单击"新建"按钮，系统打开"创建新的多线样式"对话框，如图 3-55 所示。

（2）在"创建新的多线样式"对话框的"新样式名"文本框中输入"THREE"，单击"继续"按钮。

（3）系统打开"新建多线样式"对话框，如图 3-56 所示。

（4）在"封口"选项组中可以设置多线起点和端点的特性，包括直线、外弧还是内弧封口，以及封口线段或圆弧的角度。

（5）在"填充颜色"下拉列表框中可以选择多线填充的颜色。

图 3-54 "多线样式"对话框

图 3-55 "创建新的多线样式"对话框

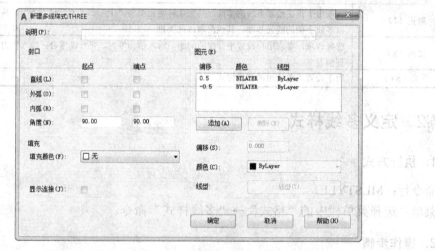

图 3-56 "新建多线样式"对话框

(6) 在"图元"选项组中可以设置组成多线元素的特性。单击"添加"按钮,可以为多线添加元素;反之,单击"删除"按钮,为多线删除元素。在"偏移"文本框中可以设置选中元素的位置偏移值。在"颜色"下拉列表框中可以为选中的元素选择颜色。单击"线型"按钮,系统打开"选择线型"对话框,可以为选中的元素设置线型。

(7) 设置完毕后,单击"确定"按钮,返回到如图 3-54 所示的"多线样式"对话框。在"样式"列表中会显示刚设置的多线样式名,选择该样式,单击"置为当前"按钮,则将刚设置的多线样式设置为当前样式,下面的预览框中会显示所选的多线样式。

图 3-57 绘制的多线

(8) 单击"确定"按钮,完成多线样式设置。

如图 3-57 所示为按设置后的多线样式绘制的多线。

3.7.3 编辑多线

1. 执行方式

命令行：MLEDIT。
菜单栏：选择菜单栏中的"修改"→"对象"→"多线"命令。

2. 操作步骤

执行上述命令后，打开"多线编辑工具"对话框，如图 3-58 所示。

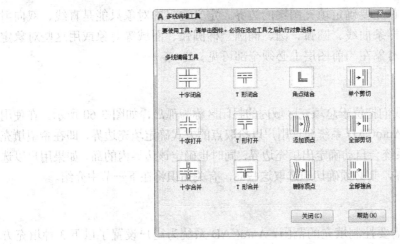

图 3-58　"多线编辑工具"对话框

利用该对话框，可以创建或修改多线的模式。对话框中分 4 列显示示例图形。其中，第一列管理十字交叉形多线，第二列管理 T 形多线，第三列管理拐角接合点和节点，第四列管理多线被剪切或连接的形式。

单击选择某个示例图形，就可以调用该项编辑功能。

下面以"十字打开"为例，介绍多线编辑的方法，把选择的两条多线进行打开交叉。命令行提示与操作如下。

```
选择第一条多线:选择第一条多线
选择第二条多线:选择第二条多线
选择完毕后，第二条多线被第一条多线横断交叉，命令行提示如下。
选择第一条多线或 [放弃(U)]：
```

可以继续选择多线进行操作。选择"放弃"选项会撤销前次操作。执行结果如图 3-59 所示。

选择第一条多线　　　　选择第二条多线　　　　执行结果

图 3-59　十字打开

3.8 图案填充

当用户需要用一个重复的图案（pattern）填充一个区域时，可以使用"BHATCH"命令，创建一个相关联的填充阴影对象，即所谓的图案填充。

3.8.1 基本概念

1．图案边界

当进行图案填充时，首先要确定填充图案的边界。定义边界的对象只能是直线、双向射线、单向射线、多义线、样条曲线、圆弧、圆、椭圆、椭圆弧、面域等对象或用这些对象定义的块，而且作为边界的对象在当前图层上必须全部可见。

2．孤岛

在进行图案填充时，我们把位于总填充区域内的封闭区称为孤岛，如图 3-60 所示。在使用"BHATCH"命令填充时，AutoCAD 系统允许用户以拾取点的方式确定填充边界，即在希望填充的区域内任意拾取一点，系统会自动确定出填充边界，同时也确定该边界内的岛。如果用户以选择对象的方式确定填充边界，则必须确切地选取这些岛，有关知识将在下一节中介绍。

3．填充方式

在进行图案填充时，需要控制填充的范围，AutoCAD 系统为用户设置了以下 3 种填充方式以实现对填充范围的控制。

（1）普通方式。如图 3-61(a)所示，该方式从边界开始，从每条填充线或每个填充符号的两端向里填充，遇到内部对象与之相交时，填充线或符号断开，直到遇到下一次相交时再继续填充。采用这种填充方式时，要避免剖面线或符号与内部对象的相交次数为奇数，该方式为系统内部的缺省方式。

（2）最外层方式。如图 3-61(b)所示，该方式从边界向里填充，只要在边界内部与对象相交，剖面符号就会断开，而不再继续填充。

（3）忽略方式。如图 3-61(c)所示，该方式忽略边界内的对象，所有内部结构都被剖面符号覆盖。

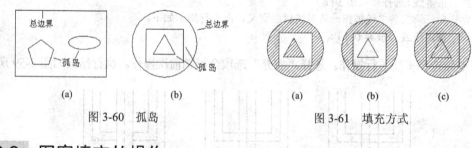

图 3-60　孤岛　　　　　　　　　图 3-61　填充方式

3.8.2 图案填充的操作

1．执行方式

命令行：BHATCH（快捷命令：H）。

菜单栏：选择菜单栏中的"绘图"→"图案填充"或"渐变色"命令。
工具栏：单击"绘图"工具栏中的"图案填充"按钮 或"渐变色"按钮 。
功能区：单击"默认"选项卡"绘图"面板中的"图案填充"按钮 。

2．操作步骤

执行上述命令后，系统打开如图 3-62 所示的"图案填充创建"选项卡。

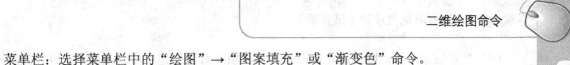

图 3-62 "图案填充创建"选项卡

各面板功能说明如下。

1．"边界"面板

（1）拾取点：通过选择由一个或多个对象形成的封闭区域内的点，确定图案填充边界（如图 3-63 所示）。指定内部点时，可以随时在绘图区域中单击鼠标右键以显示包含多个选项的快捷菜单。

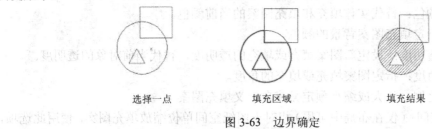

图 3-63 边界确定

（2）选择边界对象：指定基于选定对象的图案填充边界。使用该选项时，不会自动检测内部对象，必须选择选定边界内的对象，以按照当前孤岛检测样式填充这些对象（如图 3-64 所示）。

图 3-64 选取边界对象

（3）删除边界对象：从边界定义中删除之前添加的任何对象（如图 3-65 所示）。

图 3-65 删除"岛"后的边界

（4）重新创建边界：围绕选定的图案填充或填充对象创建多段线或面域，并使其与图案填充对象相关联（可选）。

（5）显示边界对象：选择构成选定关联图案填充对象的边界的对象，使用显示的夹点可修改图案填充边界。

（6）保留边界对象。

指定如何处理图案填充边界对象，选项包括如下。

① 不保留边界：（仅在图案填充创建期间可用）不创建独立的图案填充边界对象。

② 保留边界 - 多段线：（仅在图案填充创建期间可用）创建封闭图案填充对象的多段线。

③ 保留边界 - 面域：（仅在图案填充创建期间可用）创建封闭图案填充对象的面域对象。

④ 选择新边界集：指定对象的有限集（称为边界集），以便通过创建图案填充时的拾取点进行计算。

2. "图案"面板

显示所有预定义和自定义图案的预览图像。

3. "特性"面板

（1）图案填充类型：指定是使用纯色、渐变色、图案还是用户定义的填充。

（2）图案填充颜色：替代实体填充和填充图案的当前颜色。

（3）背景色：指定填充图案背景的颜色。

（4）图案填充透明度：设定新图案填充或填充的透明度，替代当前对象的透明度。

（5）图案填充角度：指定图案填充或填充的角度。

（6）填充图案比例：放大或缩小预定义或自定义填充图案。

（7）相对图纸空间：（仅在布局中可用）相对于图纸空间单位缩放填充图案。使用此选项，可很容易地做到以适合于布局的比例显示填充图案。

（8）双向：（仅当"图案填充类型"设定为"用户定义"时可用）将绘制第二组直线，与原始直线成 90 度角，从而构成交叉线。

（9）ISO 笔宽：（仅对于预定义的 ISO 图案可用）基于选定的笔宽缩放 ISO 图案。

4. "原点"面板

（1）设定原点：直接指定新的图案填充原点。

（2）左下：将图案填充原点设定在图案填充边界矩形范围的左下角。

（3）右下：将图案填充原点设定在图案填充边界矩形范围的右下角。

（4）左上：将图案填充原点设定在图案填充边界矩形范围的左上角。

（5）右上：将图案填充原点设定在图案填充边界矩形范围的右上角。

（6）中心：将图案填充原点设定在图案填充边界矩形范围的中心。

（7）使用当前原点：将图案填充原点设定在 HPORIGIN 系统变量中存储的默认位置。

（8）存储为默认原点：将新图案填充原点的值存储在 HPORIGIN 系统变量中。

5. "选项"面板

（1）关联：指定图案填充或填充为关联图案填充。关联的图案填充或填充在用户修改其边界对象时将会更新。

(2)注释性:指定图案填充为注释性。此特性会自动完成缩放注释过程,从而使注释能够以正确的大小在图纸上打印或显示。

(3)特性匹配

① 使用当前原点:使用选定图案填充对象(除图案填充原点外)设定图案填充的特性。

② 使用源图案填充的原点:使用选定图案填充对象(包括图案填充原点)设定图案填充的特性。

(4)允许的间隙:设定将对象用作图案填充边界时可以忽略的最大间隙。默认值为 0,此值指定对象必须封闭区域而没有间隙。

(5)创建独立的图案填充:控制当指定了几个单独的闭合边界时,是创建单个图案填充对象,还是创建多个图案填充对象。

(6)孤岛检测

① 普通孤岛检测:从外部边界向内填充。如果遇到内部孤岛,填充将关闭,直到遇到孤岛中的另一个孤岛。

② 外部孤岛检测:从外部边界向内填充。此选项仅填充指定的区域,不会影响内部孤岛。

③ 忽略孤岛检测:忽略所有内部的对象,填充图案时将通过这些对象。

(7)绘图次序:为图案填充或填充指定绘图次序。选项包括不更改、后置、前置、置于边界之后和置于边界之前。

6. "关闭"面板

关闭"图案填充创建":退出 HATCH 并关闭上下文选项卡。也可以按 Enter 键或 Esc 键退出 HATCH。

3.8.3 编辑填充的图案

利用 HATCHEDIT 命令可以编辑已经填充的图案。

(1)执行方式。

命令行:HATCHEDIT(快捷命令:HE)。

菜单栏:选择菜单栏中的"修改"→"对象"→"图案填充"命令。

工具栏:单击"修改 II"工具栏中的"编辑图案填充"按钮。

功能区:单击"默认"选项卡"修改"面板中的"编辑图案填充"按钮。

快捷菜单:选中填充的图案右击,在打开的快捷菜单中选择"图案填充编辑"命令。

(2)执行上述命令后,直接选择填充的图案,打开"图案填充编辑器"选项卡,如图 3-66 所示。

图 3-66 "图案填充编辑器"选项卡

3.8.4 实例——绘制暗装插座符号

绘制如图 3-67 所示的暗装插座符号。

绘制步骤

(1) 单击"默认"选项卡"绘图"面板中的"圆弧"按钮，绘制一段圆弧，命令行提示与操作如下。

```
命令：ARC↙
指定圆弧的起点或 [圆心(C)]：（指定起点）
指定圆弧的第二点或 [圆心(C)/端点(E)]：（指定第二点）
指定圆弧的端点：（指定端点）
```

如图 3-68 所示。

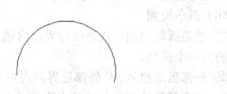

图 3-67 暗装插座符号   图 3-68 绘制圆弧

(2) 单击"默认"选项卡"绘图"面板中的"直线"按钮，在圆弧内绘制一条直线，作为填充区域。命令行提示与操作如下。

```
命令：_line
指定第一个点：（圆弧左侧）
指定下一点或 [放弃(U)]：（圆弧右侧）
```

(3) 单击"默认"选项卡"绘图"面板中的"图案填充"按钮，打开"图案填充创建"选项卡，如图 3-69 所示，选择"SOLID"图案，对图形进行填充，结果如图 3-70 所示。

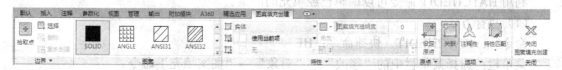

图 3-69 "图案填充创建"选项卡

(4) 单击"默认"选项卡"绘图"面板中的"直线"按钮，在圆弧上端点绘制相互垂直的两条线段，命令行提示与操作如下。

```
命令：_line
指定第一个点：<正交 开>（指定圆弧左侧一点）
指定下一点或 [放弃(U)]：（指定圆弧右侧一点）
指定下一点或 [放弃(U)]：
命令：_line
指定第一个点：（指定圆弧中点）
指定下一点或 [放弃(U)]：（指定圆弧上一点）
指定下一点或 [放弃(U)]：
```

结果如图 3-67 所示。

动手练一练——绘制配电箱

绘制如图 3-71 所示的配电箱。

图 3-70　绘制直线图

图 3-71　配电箱

 思路点拨

源文件：源文件\第 3 章\配电箱.dwg
（1）利用"矩形"命令绘制外框。
（2）利用"直线"命令绘制矩形的对角线。
（3）利用"图案填充"命令填充图案。

3.9　综合实例——绘制发电机

绘制如图 3-72 所示的励磁发电机。

 绘制步骤

（1）单击"默认"选项卡"图层"面板中的"图层特性"按钮，打开"图层特性管理器"对话框，创建一个新的图层，把该层的名字由默认的"图层 1"改为"实线"，如图 3-73 所示。

（2）单击"实线"层对应的"线宽"项，打开"线宽"对话框，选择 0.09mm 线宽，如图 3-74 所示。单击"确定"按钮退出。

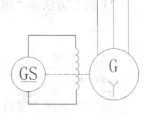

图 3-72　励磁发电机图形

（3）单击"新建"按钮创建一个新层，把该层的名字命名为"虚线"。

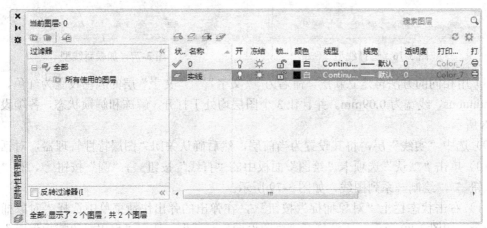

图 3-73　更改图层名

（4）单击"虚线"层对应的"颜色"项，打开"选择颜色"对话框，选择蓝色为该层颜色，如图3-75所示。确认返回"图层特性管理器"对话框。

（5）单击"虚线"层对应"线型"项，打开"选择线型"对话框，如图3-76所示。

图3-74 选择线宽

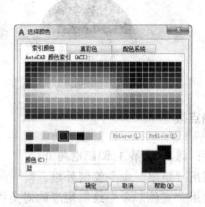

图3-75 选择颜色

（6）在"选择线型"对话框中，单击"加载"按钮，系统打开"加载或重载线型"对话框，选择ACAD_ISO02W100线型，如图3-77所示。确认退出。

在"选择线型"对话框中选择ACAD_ISO02W100为该层线型，确认返回"图层特性管理器"对话框。

（7）同样方法将"虚线"层的线宽设置为0.09mm。

图3-76 选择线型

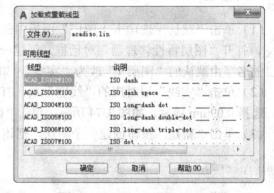

图3-77 加载新线型

（8）用相同的方法再建立新层，命名为"文字"。"文字"层的颜色设置为红色，线型为Continuous，线宽为0.09mm。并且让3个图层均处于打开、解冻和解锁状态，各项设置如图3-78所示。

（9）选中"实线"层，将其设置为当前层，然后确认关闭"图层特性管理器"对话框。

（10）单击"默认"选项卡"绘图"面板中的"直线"按钮 ╱、"圆"按钮 ⊙、和"多段线"按钮 ⌐⊃，绘制一系列图线，如图3-79所示。

（11）右击状态栏上"对象捕捉"按钮 □，在弹出的弹出快捷菜单中选择"对象捕捉设置"命令，如图3-80所示，系统打开"草图设置"对话框，选用"启用对象捕捉追踪"复选框，单击"全部选择"按钮，将所有特殊位置点设置为可捕捉状态，如图3-81所示。单击"极轴追踪"选项卡，选用"启用极轴追踪"复选框，在"增量角"下拉列表框中选择 45，单击"用所有极轴角设置追踪"单选按钮，如图 3-82 所示。

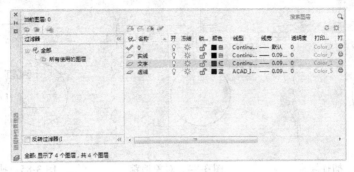

图 3-78　设置图层

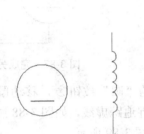

图 3-79　绘制初步图形

图 3-80　快捷菜单

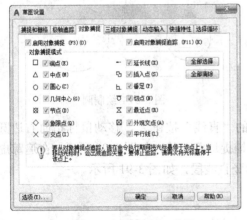

图 3-81　"对象捕捉"设置

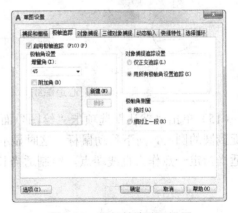

图 3-82　"极轴追踪"设置

（12）单击状态上的 、 和 按钮。单击"默认"选项卡"绘图"面板中的"直线"按钮 ，将鼠标移向表示电感的多段线顶端，系统自动捕捉该端点为直线起点，单击鼠标左键确认，如图 3-83 所示。继续移动鼠标指向左边圆，捕捉到圆的圆心或象限点，向上移动鼠标，这时显示对象捕捉追踪虚线和水平线垂直交点，如图 3-84 所示，在显示的交点处单击鼠标左键确认，完成水平线段绘制，继续想下移动鼠标，捕捉圆的上象限点，如图 3-85 所示，单击鼠标左键确认，最后回车，结果如图 3-86 所示。

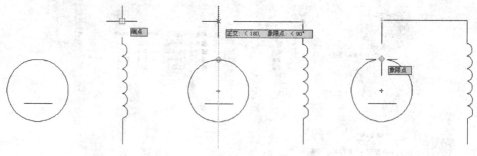

图 3-83　捕捉端点　　　　图 3-84　对象追踪　　　　图 3-85　捕捉象限点

（13）同样方法绘制下面的导线，如图 3-87 所示。

 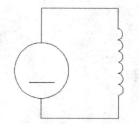

图 3-86　完成垂直直线绘制　　　　　　图 3-87　完成另一导线绘制

（14）单击"默认"选项卡"绘图"面板中的"圆"按钮，移动鼠标指向左边圆，捕捉到圆的圆心，向右移动鼠标，这时显示对象捕捉追踪虚线，如图 3-88 所示，在追踪虚线上适当指定一点作为圆心，绘制适当大小的圆，如图 3-89 所示。

图 3-88　圆心追踪线　　　　　　　　图 3-89　绘制圆

（15）单击"默认"选项卡"绘图"面板中的"直线"按钮，移动鼠标指向右边圆，捕捉到圆的圆心，向下移动鼠标，这时显示对象捕捉追踪虚线，如图 3-90 所示，在追踪虚线上适当指定一点作为直线端点，绘制适当长度的竖直线段，如图 3-91 所示。

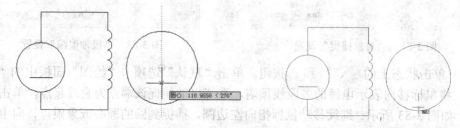

图 3-90　圆心追踪线　　　　　　　　图 3-91　绘制竖直线段

注意：在指定竖直下端点时，可以利用"实时缩放"功能将图形局部适当放大，这样可以避免系统自动捕捉到圆象限点作为端点。

（16）单击状态上的按钮，关闭正交功能。单击"默认"选项卡"绘图"面板中的"直线"按钮，捕捉刚绘制的线段的上端点为起点，绘制两条倾斜线段，利用"极轴追踪"功能，捕捉倾斜角度为±45°，结果如图 3-92 所示。

（17）单击状态上的按钮，打开正交功能。单击"默认"选项卡"绘图"面板中的"直线"按钮，捕捉右边圆上象限点为起点，绘制一条适当长度竖直线段。再次执行"直线"命令，在圆弧上适当位置捕捉一个"最近点"作为直线起点，如图 3-93 所示，绘制一条与刚绘制竖直线段顶端平齐的线段。同样方法，绘制另一条竖直线段，如图 3-94 所示。

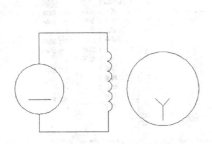

图 3-92　绘制斜线

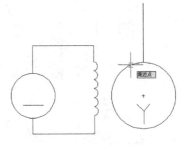

图 3-93　指定线段起点

注意：这里是利用"对象捕捉追踪"功能捕捉线段的终点，保证竖直线段顶端平齐。

（18）单击"默认"选项卡"图层"面板中的"图层特性"下拉列表框处的"虚线"图层，将其设置为当前层。

（19）将"虚线"层设置为当前层，单击"默认"选项卡"绘图"面板中的"直线"按钮，捕捉左边圆右象限点为起点（如图 3-95 所示），右边圆左象限点为起点，绘制一条适当长度水平线段，如图 3-96 所示。

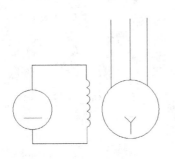

图 3-94　绘制竖直线段

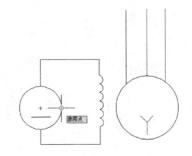

图 3-95　指定线段起点

（20）将当前层设置为"文字"层，并在"文字"层上绘制文字。

注意：有时绘制出的虚线在计算机屏幕上显示仍然是实线，这是由于显示比例过小所致，放大图形后可以显示出虚线。如果要在当前图形大小下明确显示出虚线，可以单击鼠标左键选择该虚线，这时，该虚线显示被选中状态，再次双击鼠标，系统打开"特性"工具板，该工具板中包含对象的各种参数，可以将其中的"线形比例"参数设置成比较大的数值，如图 3-97 所示。这样就可以在正常图形显示状态下可以清晰地看见虚线的细线段和间隔。

"特性"工具板非常方便，注意灵活使用。

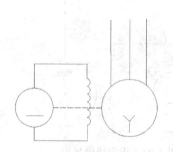

图 3-96　绘制虚线

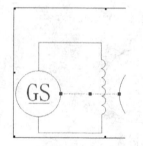

图 3-97　修改虚线参数

Chapter 4

编辑命令

二维图形编辑操作配合绘图命令的使用可以进一步完成复杂图形的绘制工作，并可使用户合理安排和组织图形，保证作图准确，减少重复，对编辑命令的熟练掌握和使用有助于提高设计和绘图的效率。本章主要介绍复制类命令、改变位置类命令、删除及恢复类命令、改变几何特性类命令和对象编辑命令。

4.1 选择对象

AutoCAD 2018 提供以下几种方法选择对象。

（1）先选择一个编辑命令，然后选择对象，按<Enter>键结束操作。

（2）使用 SELECT 命令。在命令行输入"SELECT"，按<Enter>键，按提示选择对象，按<Enter>键结束。

（3）利用定点设备选择对象，然后调用编辑命令。

（4）定义对象组。无论使用哪种方法，AutoCAD 2018 都将提示用户选择对象，并且光标的形状由十字光标变为拾取框。下面结合 SELECT 命令说明选择对象的方法。

SELECT 命令可以单独使用，也可以在执行其他编辑命令时被自动调用。在命令行输入"SELECT"，按<Enter>键，命令行提示如下。

选择对象：

等待用户以某种方式选择对象作为回答。AutoCAD 2018 提供多种选择方式，可以输入"？"，查看这些选择方式。选择选项后，出现如下提示。

需要点或窗口(W)/上一个(L)/窗交(C)/框(BOX)/全部(ALL)/栏选(F)/圈围(WP)/圈交(CP)/编组(G)/添加(A)/删除(R)/多个(M)/上一个(P)/放弃(U)/自动(AU)/单个(SI)/子对象(SU)/对象(O)

选择对象：

其中，部分选项含义如下。

（1）点：表示直接通过点取的方式选择对象。利用鼠标或键盘移动拾取框，使其框住要选择的对象，然后单击，被选中的对象就会高亮显示。

（2）窗口（W）：用由两个对角顶点确定的矩形窗口选择位于其范围内部的所有图形，与边界相交的对象不会被选中。指定对角顶点时应该按照从左向右的顺序，执行结果如图4-1所示。

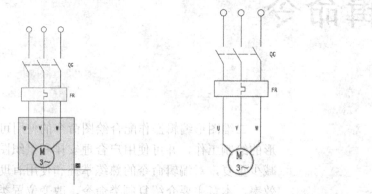

(a)图中阴影覆盖为选择框　　　　　　(b)选择后的图形

图4-1　"窗口"对象选择方式

（3）上一个（L）：在"选择对象"提示下输入"L"，按<Enter>键，系统自动选择最后绘出的一个对象。

（4）窗交（C）：该方式与"窗口"方式类似，其区别在于它不但选中矩形窗口内部的对象，也选中与矩形窗口边界相交的对象，执行结果如图4-2所示。

（5）框（BOX）：使用框时，系统根据用户在绘图区指定的两个对角点的位置而自动引用"窗口"或"窗交"选择方式。若从左向右指定对角点，为"窗口"方式；反之，为"窗交"方式。

（6）全部（ALL）：选择绘图区所有对象。

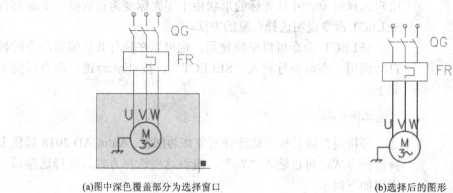

(a)图中深色覆盖部分为选择窗口　　　　　　(b)选择后的图形

图4-2　"窗交"对象选择方式

（7）栏选（F）：用户临时绘制一些直线，这些直线不必构成封闭图形，凡是与这些直线相交的对象均被选中，执行结果如图4-3所示。

（8）圈围（WP）：使用一个不规则的多边形来选择对象。根据提示，用户依次输入构成多边形所有顶点的坐标，直到最后按<Enter>键结束操作，系统将自动连接第一个顶点与最后一个顶点，形成封闭的多边形。凡是被多边形围住的对象均被选中（不包括边界），执行结果如图 4-4 所示。

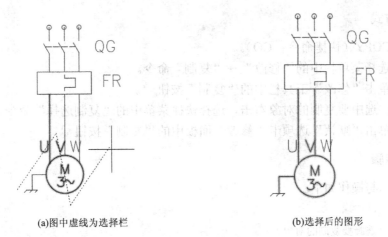

(a)图中虚线为选择栏　　　　　　　　　　(b)选择后的图形

图 4-3　"栏选"对象选择方式

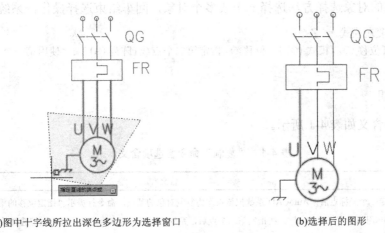

(a)图中十字线所拉出深色多边形为选择窗口　　(b)选择后的图形

图 4-4　"圈围"对象选择方式

（9）圈交（CP）：类似于"圈围"方式，在提示后输入"CP"，按<Enter>键，后续操作与圈围方式相同。区别在于，执行此命令后与多边形边界相交的对象也被选中。

其他几个选项的含义与上面选项含义类似，这里不再赘述。

注意：若矩形框从左向右定义，即第一个选择的对角点为左侧的对角点，矩形框内部的对象被选中，框外部及与矩形框边界相交的对象不会被选中；若矩形框从右向左定义，矩形框内部及与矩形框边界相交的对象都会被选中。

4.2　复制类命令

本节详细介绍 AutoCAD 2018 的复制类命令，利用这些编辑功能，可以方便地编辑绘制的图形。

4.2.1 复制命令

1. 执行方式

命令行：COPY（快捷命令：CO）。
菜单栏：选择菜单栏中的"修改"→"复制"命令。
工具栏：单击"修改"工具栏中的"复制"按钮 ❀。
快捷菜单：选中要复制的对象右击，选择快捷菜单中的"复制选择"命令。
功能区：单击"默认"选项卡"修改"面板中的"复制"按钮 ❀。

2. 操作步骤

命令行提示与操作如下。

命令：COPY↙
选择对象：（选择要复制的对象）

用前面介绍的对象选择方法选择一个或多个对象，回车结束选择操作。系统继续提示：

当前设置：复制模式 = 多个
指定基点或 [位移(D)/模式(O)] <位移>：指定第二个点或[阵列(A)] <使用第一个点作为位移>：（指定基点或位移）

3. 选项说明

各个选项的含义如表 4-1 所示。

表 4-1 "复制"命令各选项含义

选项	含义
指定基点	指定一个坐标点后，AutoCAD 系统把该点作为复制对象的基点，命令行提示"指定位移的第二点或 [阵列(A)]<用第一点作位移>:"。在指定第二个点后，系统将根据这两点确定的位移矢量把选择的对象复制到第二点处。如果此时直接按<Enter>键，即选择默认的"用第一点作位移"，则第一个点被当作相对于 X、Y、Z 的位移。例如，如果指定基点为（2,4），并在下一个提示下按<Enter>键，则该对象从它当前的位置开始在 X 方向上移动 2 个单位，在 Y 方向上移动 4 个单位。复制完成后，命令行提示"指定位移的第二点:"。这时，可以不断指定新的第二点，从而实现多重复制
位移（D）	直接输入位移值，表示以选择对象时的拾取点为基准，以拾取点坐标为移动方向，按纵横比移动指定位移后确定的点为基点。例如，选择对象时拾取点坐标为（2,4），输入位移为 5，则表示以（2,4）为基准，沿纵横比为 4:2 的方向移动 5 个单位所确定的点为基点
模式（O）	控制是否自动重复该命令，该设置由 COPYMODE 系统变量控制

4.2.2 实例——绘制三相变压器符号

本实例利用"圆"、"直线"命令绘制一侧的图形，再利用"复制"命令创建另一侧的图形，最后利用"直线"命令将图形补充完整，三相变压器符号如图 4-5 所示。

绘制步骤

（1）单击"默认"选项卡"绘图"面板中的"圆"按钮 ⊙ 和"直线"按钮 ，绘制一个

圆和 3 条共端点的直线，尺寸适当指定。利用"对象捕捉"功能捕捉 3 条直线的共同端点为圆心，如图 4-6 所示。

（2）单击"默认"选项卡"修改"面板中的"复制"按钮 ，复制上步绘制的圆和直线。命令行操作如下。

```
命令：_copy
选择对象：（选择刚绘制的图形）
选择对象：✓
当前设置：  复制模式 = 多个
指定基点或 [位移(D)/模式(O)] <位移>：指定第二个点或 <使用第一个点作为位移>：（适当指定一点）
指定第二个点或 [阵列(A)] <使用第一个点作为位移>：（在正下方适当位置指定一点，如图 4-7 所示）
指定第二个点或 [阵列(A)/退出(E)/放弃(U)] <退出>：✓
```

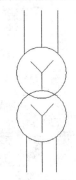
图 4-5　绘制三相变压器符号

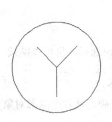
图 4-6　绘制圆和直线

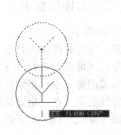
图 4-7　指定第二点

效果如图 4-8 所示。

（3）结合"正交"和"对象捕捉"功能，单击"默认"选项卡"绘图"面板中的"直线"按钮 ，绘制 6 条竖直直线。最终效果如图 4-9 所示。

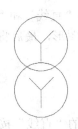
图 4-8　复制对象

图 4-9　三相变压器符号

动手练一练——绘制电阻符号

绘制如图 4-10 所示的电阻符号。

图 4-10　电阻符号

思路点拨

源文件：源文件\第 4 章\电阻符号.dwg
（1）利用"矩形"命令绘制电阻。

(2)利用"直线"命令绘制左边引线。

(3)利用"复制"命令将左边引线复制到右边。

4.2.3 镜像命令

镜像命令是指把选择的对象以一条镜像线为轴作对称复制。镜像操作完成后,可以保留原对象,也可以将其删除。

1. 执行方式

命令行:MIRROR(快捷命令:MI)。
菜单栏:选择菜单栏中的"修改"→"镜像"命令。
工具栏:单击"修改"工具栏中的"镜像"按钮 ⚊。
功能区:单击"默认"选项卡"修改"面板中的"镜像"按钮 ⚊。

2. 操作步骤

命令行提示与操作如下。

```
命令:MIRROR↙
选择对象:选择要镜像的对象
选择对象:(可以按 Enter 键或空格键结束选择,也可以继续)
指定镜像线的第一点:指定镜像线的第一个点
指定镜像线的第二点:指定镜像线的第二个点
要删除源对象吗?[是(Y)/否(N)] <N>:确定是否删除源对象
```

选择的两点确定一条镜像线,被选择的对象以该直线为对称轴进行镜像。包含该线的镜像平面与用户坐标系统的 XY 平面垂直,即镜像操作在与用户坐标系统的 XY 平面平行的平面上。

4.2.4 实例——绘制二极管符号

本例绘制的二极管符号如图 4-11 所示。本例主要利用"直线"和"多段线"命令绘制二极管的上半部分,然后利用"镜像"命令生成整个二极管图形,最后将所绘图形创建为块,以备后用。

绘制步骤

(1)绘制直线。单击"默认"选项卡"绘图"面板中的"直线"按钮 ╱,采用相对或者绝对输入方式,绘制一条起点为(100,100),长度为150mm 的直线。

(2)绘制多段线。单击"默认"选项卡"绘图"面板中的"多段线"按钮 ⤴,绘制二极管的上半部分,命令行中的提示与操作如下。

```
命令:_pline
指定起点:200,120↙ (指定多段线起点在直线段的左上方,输入其绝对坐标为(200,120))
当前线宽为 0.0000 (按<Enter>键默认系统线宽)
指定下一个点或 [圆弧(A)/半宽(H)/长度(L)/放弃(U)/宽度(W)]:_per 到 (按住<Shift>键并右击,在弹出的快捷菜单中单击"垂足"命令,捕捉刚指定的起点到水平直线的垂足)
指定下一点或 [圆弧(A)/闭合(C)/半宽(H)/长度(L)/放弃(U)/宽度(W)]:@40<150↙ (用极坐
```

标输入法，绘制长度为 40，与 X 轴正方向成 150°夹角的直线）

指定下一点或 [圆弧(A)/闭合(C)/半宽(H)/长度(L)/放弃(U)/宽度(W)]：_per 到 （捕捉到水平直线的垂足）

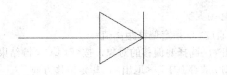

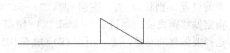

图 4-11 二极管符号　　　　　　　　图 4-12 多段线效果

绘制的多段线效果如图 4-12 所示。

（3）镜像图形。单击"默认"选项卡"修改"面板中的"镜像"按钮 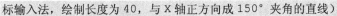，将绘制的多段线，以水平直线为轴进行镜像，生成二极管符号。

命令：_mirror
选择对象：选择多段线
选择对象：
指定镜像线的第一点：选取水平直线端点
指定镜像线的第二点：选取水平直线端点
要删除源对象吗？[是(Y)/否(N)] <N>：

结果如图 4-11 所示。

 动手练一练——绘制桥式全波整流器

绘制如图 4-13 所示的桥式全波整流器。

 思路点拨

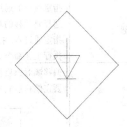

源文件：源文件\第 4 章\桥式全波整流器.dwg
（1）利用"多边形"命令，绘制一个正方形。
（2）利用"旋转"命令，将正方形旋转 45°。

图 4-13 桥式全波整流器

（3）利用"多边形"命令，绘制一个三角形。
（4）利用"直线"命令，打开状态栏上的"对象追踪"按钮，过三角形绘制两条直线，完成二极管符号的绘制。

4.2.5 偏移命令

偏移命令是指保持选择对象的形状、在不同的位置以不同尺寸大小新建一个对象。

1. 执行方式

命令行：OFFSET（快捷命令：O）。
菜单栏：选择菜单栏中的"修改"→"偏移"命令。
工具栏：单击"修改"工具栏中的"偏移"按钮 。
功能区：单击"默认"选项卡"修改"面板中的"偏移"按钮 。

2. 操作步骤

命令行提示与操作如下。

```
命令: OFFSET↙
当前设置: 删除源=否  图层=源  OFFSETGAPTYPE=0
指定偏移距离或 [通过(T)/删除(E)/图层(L)] <通过>: 指定偏移距离值
选择要偏移的对象, 或 [退出(E)/放弃(U)] <退出>: 选择要偏移的对象, 按<Enter>键结束操作
指定要偏移的那一侧上的点, 或 [退出(E)/多个(M)/放弃(U)] <退出>: 指定偏移方向
选择要偏移的对象, 或 [退出(E)/放弃(U)] <退出>:
```

3. 选项说明

各个选项的含义如表 4-2 所示。

表 4-2 "偏移"命令各选项含义

选项	含义
指定偏移距离	输入一个距离值, 或按<Enter>键使用当前的距离值, 系统把该距离值作为偏移的距离, 如图 4-14(a)所示 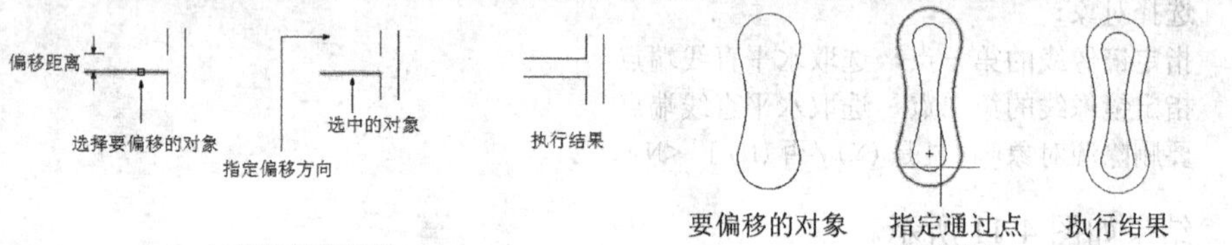 (a)指定偏移距离　(b)通过点 图 4-14　偏移选项说明 1
通过 (T)	指定偏移的通过点, 选择该选项后, 命令行提示如下。 选择要偏移的对象或 <退出>: 选择要偏移的对象, 按<Enter>键结束操作 指定通过点: 指定偏移对象的一个通过点 执行上述命令后, 系统会根据指定的通过点绘制出偏移对象, 如图 4-14(b)所示
删除 (E)	偏移源对象后将其删除, 如图 4-15(a)所示, 选择该选项后命令行提示如下。 要在偏移后删除源对象吗? [是(Y)/否(N)] <当前>: (a)删除源对象　(b)偏移对象的图层为当前层 图 4-15　偏移选项说明 2
图层 (L)	确定将偏移对象创建在当前图层上还是原对象所在的图层上, 这样就可以在不同图层上偏移对象, 选择该项后, 命令行提示如下。 输入偏移对象的图层选项 [当前(C)/源(S)] <当前>: 如果偏移对象的图层选择为当前层, 则偏移对象的图层特性与当前图层相同, 如图 4-15(b)所示
多个 (M)	使用当前偏移距离重复进行偏移操作, 并接受附加的通过点, 执行结果如图 4-16 所示 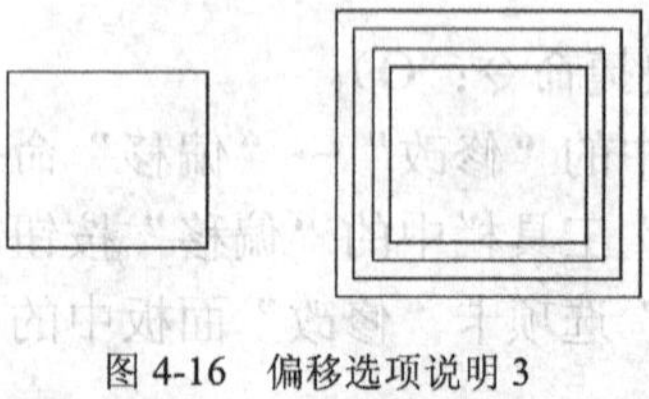 图 4-16　偏移选项说明 3

注意：在 AutoCAD 2018 中，可以使用"偏移"命令，对指定的直线、圆弧、圆等对象作定距离偏移复制操作。在实际应用中，常利用"偏移"命令的特性创建平行线或等距离分布图形，效果与"阵列"相同。默认情况下，需要先指定偏移距离，再选择要偏移复制的对象，然后指定偏移方向，以复制出需要的对象。

4.2.6 实例——绘制手动三级开关符号

本实例利用"直线"命令绘制一级开关，再利用"偏移"、"复制"命令创建二、三级开关，最后利用"直线"命令将开关补充完整，如图4-17所示。

绘制步骤

（1）设置两个图层："实线"层和"虚线"层。具体方法如下：

① 单击"默认"选项卡"图层"面板中的"图层特性"按钮，打开"图层特性管理器"对话框，如图4-18所示。在该对话框中单击"新建"按钮，在图层列表框中出现一个默认名为"图层1"的新图层，如图4-19所示，用鼠标单击该图层名，将图层名改为虚线，如图4-20所示。

图 4-17 绘制手动三级开关符号

图 4-18 "图层特性管理器"选项板

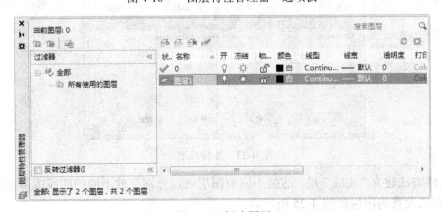

图 4-19 新建图层

图 4-20　更改图层名

② 在"图层特性管理器"对话框中单击虚线图层"线型"标签下的线型选项，AutoCAD 打开"选择线型"对话框，如图 4-21 所示，单击"加载"按钮，打开"加载或重载线型"对话框，如图 4-22 所示。在该对话框中选择 ACAD_ISO02W100 线型，单击"确定"按钮。系统回到"选择线型"对话框，这时在"已加载的线型"列表框中就出现了 ACAD_ISOO2W100 线型，如图 4-23 所示，选择其作为加载线型，单击"确定"按钮，在"图层特性管理器"选项板中可以发现虚线图层的线型变成了 ACAD_ISO02W100 线型，如图 4-24 所示。

图 4-21　"选择线型"对话框

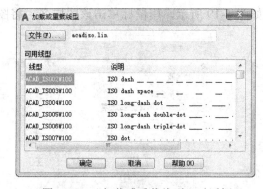

图 4-22　"加载或重载线型"对话框

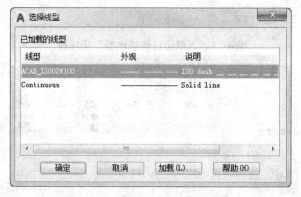

图 4-23　加载线型

③ 同样方法建立"实线"层，这些不同的图层可以分别存放不同的图线或图形的不同部分。最后完成设置的图层如图 4-25 所示。

编辑命令

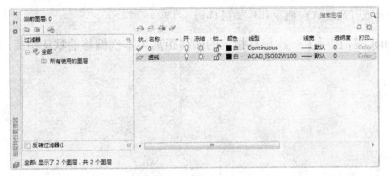

图 4-24　更改线型

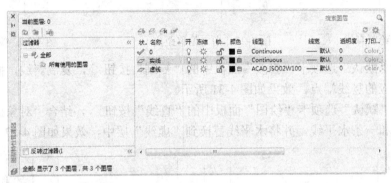

图 4-25　图层设置

（2）将当前图层设置为"实线"层。结合"正交"和"对象追踪"功能，单击"默认"选项卡"绘图"面板中的"直线"按钮，绘制 3 条直线，完成第一级开关的绘制，如图 4-26 所示。

（3）单击"默认"选项卡"修改"面板中的"偏移"按钮，将上步绘制的两条竖直线向右偏移，命令行提示与操作如下。

```
命令：_offset
当前设置：删除源=否　图层=源　OFFSETGAPTYPE=0
指定偏移距离或 [通过(T)/删除(E)/图层(L)] <通过>:（在适当位置指定一点，如图 4-27 所示点 1）
指定第二点：（水平向右适当距离指定一点，如图 4-19 所示点 2）
选择要偏移的对象，或 [退出(E)/放弃(U)] <退出>:（选择一条竖直直线）
指定要偏移的那一侧上的点，或 [退出(E)/多个(M)/放弃(U)] <退出>:（向右指定一点）
选择要偏移的对象，或 [退出(E)/放弃(U)] <退出>:（指定另一条竖线）
指定要偏移的那一侧上的点，或 [退出(E)/多个(M)/放弃(U)] <退出>:（向右指定一点）
选择要偏移的对象，或 [退出(E)/放弃(U)] <退出>:↙
```

效果如图 4-28 所示。

注意： 偏移是将对象按指定的距离沿对象的垂直或法向方向进行复制，在本实例中，如果采用上面设置相同的距离将斜线进行偏移，就会得到如图 4-29 所示的结果，与我们设想的结果不一样，这是初学者应该注意的地方。

（4）单击"默认"选项卡"修改"面板中的"偏移"按钮，绘制第三级开关的竖线，具体操作方法与上面相同，只是在系统提示如下。

103

指定偏移距离或［通过(T)/删除(E)/图层(L)］<190.4771>：

直接按 Enter 键，接受上一次偏移指定的偏移距离为本次偏移的默认距离，效果如图 4-30 所示。

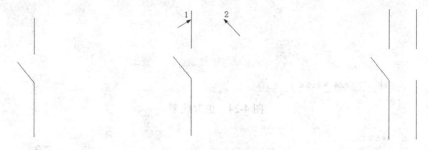

图 4-26　绘制直线　　　　　图 4-27　指定偏移距离　　　　　图 4-28　偏移结果

（5）单击"默认"选项卡"修改"面板中的"复制"按钮，复制斜线，捕捉基点和目标点分别为对应的竖线端点，效果如图 4-31 所示。

（6）单击"默认"选项卡"绘图"面板中的"直线"按钮，结合"对象捕捉"功能绘制一条竖直线和一条水平线，并将水平线替换到"虚线"层中，效果如图 4-17 所示。

图 4-29　偏移斜线　　　　　图 4-30　完成偏移　　　　　图 4-31　复制斜线

动手练一练——绘制排风扇

绘制如图 4-32 所示的排风扇。

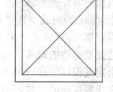

思路点拨

源文件：源文件\第 4 章\排风扇.dwg

（1）利用"正多边形"命令绘制外框。

（2）利用"偏移"命令绘制内框。

（3）利用"直线"命令绘制交叉线。

图 4-32　排风扇

4.2.7　阵列命令

阵列是指多重复制选择对象并把这些副本按矩形、路径或环形排列。把副本按矩形排列称为建立矩形阵列，把副本按路径排列称为建立路径阵列，把副本按环形排列称为建立极阵列。

AutoCAD 2018 提供"ARRAY"命令创建阵列，用该命令可以创建矩形阵列、环形阵列和旋转的矩形阵列。

1. 执行方式

命令行：ARRAY（快捷命令：AR）。

菜单栏：选择菜单栏中的"修改"→"阵列"命令。

工具栏：单击"修改"工具栏中的"矩形阵列"按钮，"路径阵列"按钮和"环形阵列"按钮。

功能区：单击"默认"选项卡"修改"面板中的"矩形阵列"按钮/"路径阵列"按钮/"环形阵列"按钮。

2. 操作步骤

命令：ARRAY✓
选择对象：（使用对象选择方法）
输入阵列类型[矩形（R）/路径（PA）/极轴（PO）]<矩形>：

3. 选项说明

（1）矩形（R）

将选定对象的副本分布到行数、列数和层数的任意组合。选择该选项后出现如下提示：

选择夹点以编辑阵列或 ［关联(AS)/基点(B)/计数(COU)/间距(S)/列数(COL)/行数(R)/层数(L)/退出(X)］<退出>：（通过夹点，调整阵列间距，列数，行数和层数；也可以分别选择各选项输入数值）

（2）路径（PA）

沿路径或部分路径均匀分布选定对象的副本。选择该选项后出现如下提示：

选择路径曲线：（选择一条曲线作为阵列路径）
选择夹点以编辑阵列或 ［关联(AS)/方法(M)/基点(B)/切向(T)/项目(I)/行(R)/层(L)/对齐项目(A)/Z 方向(Z)/退出(X)］<退出>：（通过夹点，调整阵行数和层数；也可以分别选择各选项输入数值）

（3）极轴（PO）

在绕中心点或旋转轴的环形阵列中均匀分布对象副本。选择该选项后出现如下提示：

指定阵列的中心点或 ［基点(B)/旋转轴(A)］：（选择中心点、基点或旋转轴）
选择夹点以编辑阵列或 ［关联(AS)/基点(B)/项目(I)/项目间角度(A)/填充角度(F)/行(ROW)/层(L)/旋转项目(ROT)/退出(X)］<退出>：（通过夹点，调整角度，填充角度；也可以分别选择各选项输入数值）

注意：阵列在平面作图时有三种方式，可以在矩形、路径或环形（圆形）阵列中创建对象的副本。对于矩形阵列，可以控制行和列的数目以及它们之间的距离。对于路径阵列，可以沿整个路径或部分路径平均分布对象副本。对于环形阵列，可以控制对象副本的数目并决定是否旋转副本。

4.2.8 实例——绘制软波管

本例绘制软波管如图 4-33 所示的软波管。

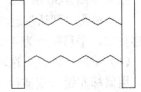

图 4-33 软波管

绘制步骤

（1）单击"默认"选项卡"绘图"面板中的"直线"按钮，在"正交"绘图方式下，绘制一条长度为 20 的水平直线，如图 4-34(a)所示。

（2）关闭"正交"绘图方式，在"对象捕捉"和"极轴追踪"绘图方式下，单击"默认"选项卡"绘图"面板中的"直线"按钮，捕捉直线 1 的左端点，以其为起点，绘制一条长度为 15，与水平方向成 40 度角的直线 2；捕捉直线 1 的右端点，以其为起点，绘制一条长度为 15，与水平方向成 40 度角的直线 4，如图 4-34(b)所示。

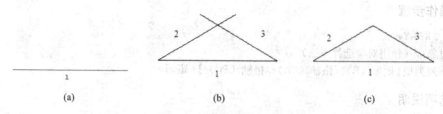

图 4-34 绘制等腰三角形

（3）单击"默认"选项卡"修改"面板中的"删除"按钮，将图形修改为图 4-34(c)状态，同时将直线 1 删除，得到一段折线，如图 4-35 所示。

图 4-35 删除底边

（4）单击"默认"选项卡"修改"面板中的"矩形阵列"按钮，将折线进行阵列。

```
命令：_arrayrect
选择对象：找到 1 个
选择对象：
类型 = 矩形  关联 = 否
选择夹点以编辑阵列或 ［关联(AS)/基点(B)/计数(COU)/间距(S)/列数(COL)/行数(R)/层数(L)/退出(X)］<退出>: col
输入列数数或 ［表达式(E)］<4>:4
指定 列数 之间的距离或 ［总计(T)/表达式(E)］<249.7744>: 20
选择夹点以编辑阵列或 ［关联(AS)/基点(B)/计数(COU)/间距(S)/列数(COL)/行数(R)/层数(L)/退出（X)］<退出>: r
输入行数数或 ［表达式(E)］<3>: 1
指定 行数 之间的距离或 ［总计(T)/表达式(E)］<12.5865>:✓
指定 行数 之间的标高增量或 ［表达式(E)］<0>:✓
选择夹点以编辑阵列或 ［关联(AS)/基点(B)/计数(COU)/间距(S)/列数(COL)/行数(R)/层数(L)/退出(X)］<退出>：
```

结果如图 4-36 所示。

（5）单击"默认"选项卡"修改"面板中的"复制"按钮，将图 4-36 所示的折线向下平移复制，平移距离为 40，结果如图 4-37 所示。

（6）单击"默认"选项卡"绘图"面板中的"直线"按钮，在"对象捕捉"绘图方式下，用鼠标左键分别捕捉两条折线的左端点，绘制竖直直线 4，如图 4-38 所示。

（7）单击"默认"选项卡"修改"面板中的"拉长"按钮，将直线分别向上和向下拉长 20，如图 4-39 所示。

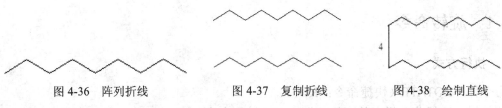

| 图 4-36 阵列折线 | 图 4-37 复制折线 | 图 4-38 绘制直线 |

（8）单击"默认"选项卡"修改"面板中的"偏移"按钮 ，将直线 4 向左偏移 10mm 得到竖直直线 5，如图 4-40 所示。

| 图 4-39 拉长直线 | 图 4-40 偏移直线 |

（9）单击"默认"选项卡"绘图"面板中的"直线"按钮 ，在"对象捕捉"绘图方式下，用鼠标左键分别捕捉直线 4 和直线 5 的上端点，绘制一条水平直线；捕捉直线 4 和直线 5 的下端点，绘制另外一条水平直线，这两条水平直线和直线 4、5 构成了一个矩形，如图 4-41 所示。

（10）采用相同的方法，在折线的右端绘制另外一个矩形，结果如图 4-42 所示，完成软波管的绘制。

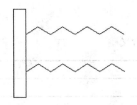 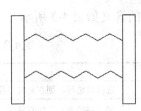

| 图 4-41 绘制水平直线 | 图 4-42 绘制矩形 |

 动手练一练——绘制防水防尘灯

绘制如图 4-43 所示的防水防尘灯。

 思路点拨

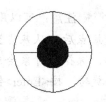

源文件：源文件\第 4 章\防水防尘灯.dwg
（1）利用"圆"和"偏移"命令绘制外形。
（2）利用"直线"和"环形阵列"命令绘制直线。
（3）利用"图案填充"命令填充中心。

图 4-43 防水防尘灯

4.3 改变位置类命令

改变位置类编辑命令是指按照指定要求改变当前图形或图形中某部分的位置。主要包括移动、旋转和缩放命令。

4.3.1 旋转命令

1. 执行方式

命令行：ROTATE（快捷命令：RO）。
菜单栏：选择菜单栏中的"修改"→"旋转"命令。
工具栏：单击"修改"工具栏中的"旋转"按钮○。
快捷菜单：选择要旋转的对象，在绘图区右击，选择快捷菜单中的"旋转"命令。
功能区：单击"默认"选项卡"修改"面板中的"旋转"按钮○。

2. 操作步骤

命令行提示与操作如下。

```
命令：ROTATE↙
UCS 当前的正角方向： ANGDIR=逆时针  ANGBASE=0
选择对象：选择要旋转的对象
选择对象：（可以按 Enter 键或空格键结束选择，也可以继续）
指定基点：指定旋转基点，在对象内部指定一个坐标点
指定旋转角度，或 [复制(C)/参照(R)] <0>：指定旋转角度或其他选项
```

3. 选项说明

各个选项的含义如表 4-3 所示。

表 4-3 "旋转"命令各选项含义

选项	含义
复制（C）	选择该选项，则在旋转对象的同时，保留原对象
参照（R）	采用参照方式旋转对象时，命令行提示与操作如下。 指定参照角 <0>：指定要参照的角度，默认值为 0 指定新角度：输入旋转后的角度值 操作完毕后，对象被旋转至指定的角度位置

注意：可以用拖动鼠标的方法旋转对象。选择对象并指定基点后，从基点到当前光标位置会出现一条连线，拖动鼠标，选择的对象会动态地随着该连线与水平方向夹角的变化而旋转，按<Enter>键确认旋转操作，如图 4-44 所示。

4.3.2 实例——绘制稳压二极管

本例绘制稳压二极管如图 4-45 所示。

绘制步骤

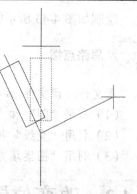

图 4-44 拖动鼠标旋转对象

（1）绘制水平直线。单击"默认"选项卡"绘图"面板中的"直线"按钮╱，绘制长度为 10 的水平直线，如图 4-46(a)所示。

(2) 旋转直线。单击"默认"选项卡"修改"面板中的"旋转"按钮○，选择"复制"模式，将上步绘制的水平直线绕直线左端点旋转 40º，命令行中的提示与操作如下。

```
命令：_rotate
UCS 当前的正角方向：    ANGDIR=逆时针   ANGBASE=0
选择对象：（选择上步绘制的直线）
选择对象：✓
指定基点：（选择直线左端点）
指定旋转角度 或[复制（C）参照（F）] <90>：C✓
指定旋转角度 或[复制（C）参照（F）] <90>：60✓
```

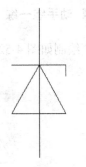

图 4-45　稳压二极管

旋转后的效果如图 4-46(b)所示。重复"旋转"命令，选择"复制"模式，将水平直线绕其右端点旋转−60º，旋转后的效果如图 4-46(c)所示。

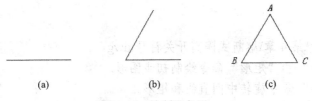

图 4-46　绘制三角形

(3) 绘制竖直直线。单击"默认"选项卡"绘图"面板中的"直线"按钮，在"正交"和"对象捕捉"绘图方式下，捕捉等边三角形最上面的顶点 A，以其为起点，向上绘制一条长度为 10 的竖直直线，如图 4-47 所示。

(4) 拉长直线。单击"默认"选项卡"修改"面板中的"拉长"按钮，将上步绘制的直线向下拉长 18，结果如图 4-48 所示。

(5) 绘制水平直线。单击"默认"选项卡"绘图"面板中的"直线"按钮，在"正交"和"对象捕捉"绘图方式下，捕捉点 A，向左绘制一条长度为 5 的水平直线 1，如图 4-49 所示。

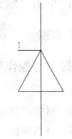

图 4-47　绘制竖直直线 1　　图 4-48　拉长直线　　图 4-49　绘制水平直线

(6) 镜像水平直线。单击"默认"选项卡"修改"面板中的"镜像"按钮，选择上步绘制的水平直线 1 作为镜像对象，以竖直直线为镜像线进行镜像操作，得到如图 4-50 所示的图形。

(7) 绘制竖直直线。单击"默认"选项卡"绘图"面板中的"直线"按钮，以镜像得到的直线的右端点为起点，竖直向下绘制长度为 2 的直线，如图 4-51 所示，完成稳压二极管符号的绘制。

动手练一练——绘制熔断式隔离开关符号

绘制如图 4-52 所示的熔断式隔离开关符号。

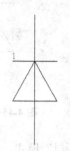 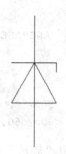 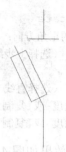

图 4-50 镜像水平直线   图 4-51 绘制竖直直线 2   图 4-52 熔断式隔离开关符号

 思路点拨

源文件：源文件\第 4 章\熔断式隔离开关符号.dwg
（1）利用"直线"和"矩形"命令绘制初步图形。
（2）利用"旋转"命令旋转中间直线和矩形。

4.3.3 移动命令

1. 执行方式

命令行：MOVE（快捷命令：M）。
菜单栏：选择菜单栏中的"修改"→"移动"命令。
工具栏：单击"修改"工具栏中的"移动"按钮 ✥。
快捷菜单：选择要复制的对象，在绘图区右击，选择快捷菜单中的"移动"命令。
功能区：单击"默认"选项卡"修改"面板中的"移动"按钮 ✥。

2. 操作步骤

命令行提示与操作如下。

命令：MOVE↙
选择对象：（指定移动对象）
选择对象：（可以按 Enter 键或空格键结束选择，也可以继续）
指定基点或[位移(D)] <位移>：
指定第二个点或 <使用第一个点作为位移>：
移动命令选项功能与"复制"命令类似。

4.3.4 实例——绘制热继电器动断触点

绘制如图 4-53 所示热继电器动断触点。

绘制步骤

(1) 绘制如图 4-54(a)所示的动断（常闭）触点，将文件另存为"热继电器动断触点.dwg"。

(2) 绘制虚线 2。单击"默认"选项卡"绘图"面板中的"直线"按钮，以图 4-54(a)中直线 1 上端点为起始点水平向右绘制长为 2.5mm 的直线，并将绘制的直线线性改为虚线，结果如图 4-54(b)所示。

图 4-53 热继电器动断触点

(3) 平移虚线 2。单击"默认"选项卡"修改"面板中的"移动"按钮，将虚线 2 向左上方平移，命令行中的提示与操作如下。

```
命令：_move
选择对象：找到 1 个（选择虚线 2）
选择对象：✓
指定基点或 [位移(D)] <位移>：（单击虚线 2 的右端点）
指定第二个点或 <使用第一个点作为位移>：（单击斜线中点）
```

结果如图 4-54(c)所示。

(4) 绘制连续直线。新建实线层将当前图层切换至"实线层"，单击"默认"选项卡"绘图"面板中的"直线"按钮，在"对象捕捉"和"正交"绘图方式下，依次绘制直线 3，4，5。绘制方法如下：用鼠标捕捉虚线 2 的右端点，以其为起点，向上绘制长度为 2mm 的竖直直线 3；用鼠标捕捉直线 3 的上端点，以其为起点，向左绘制长度为 1.5mm 的水平直线 4；用鼠标捕捉直线 4 的右端点，向上绘制长度为 1.5mm 的竖直直线 5，结果如图 4-54(d)所示。

(5) 镜像直线。单击"默认"选项卡"修改"面板中的"镜像"按钮，以虚线 2 为镜像线，对直线 3、4、5 做镜像操作，命令行中的提示与操作如下：

```
命令：_mirror
选择对象：找到 3 个（选择直线 3，4，5）
选择对象：✓
指定镜像线的第一点：（单击虚线 2 的左端点）
指定镜像线的第二点：（单击虚线 2 的右端点）
要删除源对象吗？[是(Y)/否(N)] <N>：✓
```

结果如图 4-54(e)所示。

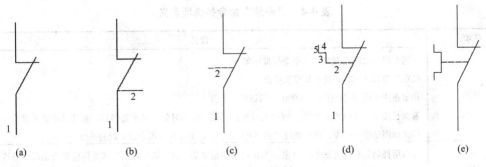

图 4-54 完成绘制

动手练一练——绘制电极探头

绘制如图 4-55 所示的电极探头。

 思路点拨

源文件：源文件\第 4 章\电极探头.dwg
（1）利用"直线"命令绘制三角形。
（2）利用"直线"、"移动"命令绘制竖直线，并修改线型。
（3）利用"直线"、"镜像"和"偏移"命令绘制方框。
（4）利用"旋转"命令绘制旋转复制另一侧的图形。
（5）利用"圆"和"图案填充"命令绘制

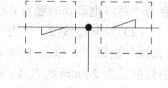

图 4-55　电极探头

4.3.5　缩放命令

1．执行方式

命令行：SCALE（快捷命令：SC）。
菜单栏：选择菜单栏中的"修改"→"缩放"命令。
工具栏：单击"修改"工具栏中的"缩放"按钮 □。
快捷菜单：选择要缩放的对象，在绘图区右击，选择快捷菜单中的"缩放"命令。
功能区：单击"默认"选项卡"修改"面板中的"缩放"按钮 □。

2．操作步骤

命令行提示与操作如下。

命令：SCALE↙
选择对象：选择要缩放的对象
指定基点：指定缩放基点
指定比例因子或 [复制（C）/参照(R)]：

3．选项说明

各个选项的含义如表 4-4 所示。

表 4-4　"缩放"命令各选项含义

选项	含义
参照	采用参照方向缩放对象时，命令行提示如下。 指定参照长度 <1>: 指定参照长度值 指定新的长度或 [点(P)] <1.0000>: 指定新长度值 若新长度值大于参照长度值，则放大对象；否则，缩小对象。操作完毕后，系统以指定的基点按指定的比例因子缩放对象。如果选择"点（P）"选项，则选择两点来定义新的长度
缩放	可以用拖动鼠标的方法缩放对象。选择对象并指定基点后，从基点到当前光标位置会出现一条连线，线段的长度即比例大小。拖动鼠标，选择对象会动态地随着该连线长度的变化而缩放，按<Enter>键确认缩放操作

112

续表

选项	含义
复制	选择"复制（C）"选项时，可以复制缩放对象，即缩放对象时，保留原对象，如图 4-56 所示。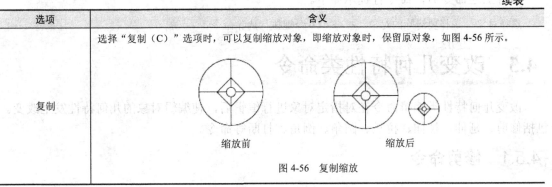 缩放前　　　　　　缩放后 图 4-56　复制缩放

4.4　删除及恢复类命令

删除及恢复类命令主要用于删除图形某部分或对已被删除的部分进行恢复。包括删除、恢复、重做、清除等命令。

4.4.1　删除命令

如果所绘制的图形不符合要求或不小心错绘了图形，可以使用删除命令"ERASE"把其删除。

执行方式

命令行：ERASE（快捷命令：E）。

菜单栏：选择菜单栏中的"修改"→"删除"命令。

工具栏：单击"修改"工具栏中的"删除"按钮 ✎。

快捷菜单：选择要删除的对象，在绘图区右击，选择快捷菜单中的"删除"命令。

功能区：单击"默认"选项卡"修改"面板中的"删除"按钮 ✎。

可以先选择对象后再调用删除命令，也可以先调用删除命令后再选择对象。选择对象时可以使用前面介绍的对象选择的各种方法。

当选择多个对象时，多个对象都被删除；若选择的对象属于某个对象组，则该对象组中的所有对象都被删除。

注意：在绘图过程中，如果出现了绘制错误或绘制了不满意的图形，需要删除时，可以单击"标准"工具栏中的"放弃"按钮 ⤺，也可以按<Delete>键，命令行提示"_.erase"。删除命令可以一次删除一个或多个图形，如果删除错误，可以利用"放弃"按钮 ⤺ 来补救。

4.4.2　清除命令

此命令与删除命令功能完全相同。

执行方式

菜单栏：选择菜单栏中的"编辑"→"删除"命令。

快捷键：按<Delete>键。

执行上述命令后，命令行提示如下。

选择对象：选择要清除的对象，按<Enter>键执行清除命令。

4.5 改变几何特性类命令

改变几何特性类编辑命令在对指定对象进行编辑后，使编辑对象的几何特性发生改变。包括修剪、延伸、拉伸、拉长、圆角、倒角、打断等命令。

4.5.1 修剪命令

1．执行方式

命令行：TRIM（快捷命令：TR）。
菜单栏：选择菜单栏中的"修改"→"修剪"命令。
工具栏：单击"修改"工具栏中的"修剪"按钮 -/--。
功能区：单击"默认"选项卡"修改"面板中的"修剪"按钮 -/--。

2．操作步骤

命令行提示与操作如下。

```
命令：TRIM↙
当前设置：投影=UCS，边=无
选择剪切边...
选择对象或 <全部选择>：选择用作修剪边界的对象，按<Enter>键结束对象选择
选择要修剪的对象，或按住 Shift 键选择要延伸的对象，或[栏选(F)/窗交(C)/投影(P)/边(E)/
删除(R)/放弃(U)]：
```

3．选项说明

各个选项含义如表 4-5 所示。

表 4-5 "修剪"命令各选项含义

选项	含义
延伸	在选择对象时，如果按住<Shift>键，系统就会自动将"修剪"命令转换成"延伸"命令，"延伸"命令将在下节介绍
栏选（F）	选择"栏选（F）"选项时，系统以栏选的方式选择被修剪的对象。如图 4-57 所示 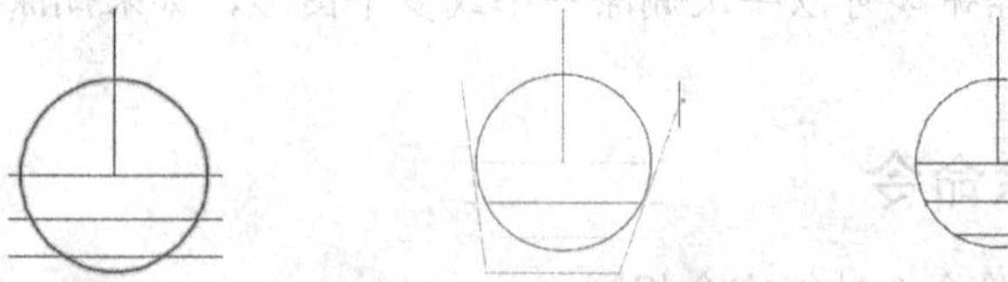

图 4-57 "栏选"修剪对象

续表

选项	含义
窗交（C）	选择"窗交（C）"选项时，系统以窗交的方式选择被修剪的对象。如图4-58所示 使用窗交选定剪切边　　选定要修剪的对象　　结果 图4-58 "窗交"修剪对象
边（E）	选择"边（E）"选项时，可以选择对象的修剪方式 1）延伸（E）：延伸边界进行修剪。在此方式下，如果剪切边没有与要修剪的对象相交，系统会延伸剪切边直至与对象相交，然后再修剪，如图4-59所示 选择剪切边　　选择要修剪的对象　　修剪后的结果 图4-59 "延伸"修剪对象 2）不延伸（N）：不延伸边界修剪对象，只修剪与剪切边相交的对象
边界和被修剪对象	被选择的对象可以互为边界和被修剪对象，此时系统会在选择的对象中自动判断边界

注意：在使用修剪命令选择修剪对象时，我们通常是逐个点击选择的，有时显得效率低，要比较快的实现修剪过程，可以先输入修剪命令"TR"或"TRIM"，然后按<Space>或<Enter>键，命令行中就会提示选择修剪的对象，这时可以不选择对象，继续按<Space>或<Enter>键，系统默认选择全部，这样做就可以很快地完成修剪过程。

4.5.2 实例——绘制电抗器

绘制如图4-60所示电抗器。

绘制步骤

（1）绘制圆。单击"默认"选项卡"绘图"面板中的"圆"按钮⊙，在屏幕中适当位置绘制一个半径为3.5mm的圆，结果如图4-61(a)所示。

（2）绘制竖直直线。单击"默认"选项卡"绘图"面板中的"直线"按钮／，在"对象捕捉"和"正交"绘图方式下，用鼠标捕捉圆心作为起点，分别向上和向下绘制长度为7mm的线段，结果如图4-61(b)所示。

（3）绘制水平直线。单击"默认"选项卡"绘图"面板中的"直线"按钮／，在"对象捕捉"和"正交"绘图方式下，用鼠标捕捉绘制过圆心水平线段，结果如图4-61(c)所示。

图4-60 电抗器

（4）修剪图形。单击"默认"选项卡"修改"面板中的"修剪"按钮，修剪掉多余的直线与圆弧，命令行提示与操作如下。

```
命令：_trim
当前设置:投影=UCS，边=无
选择剪切边...
选择对象或 <全部选择>：指定对角点：找到 3 个（选择所有的图形）
选择对象：（按 Enter 键）
选择要修剪的对象，或按住 Shift 键选择要延伸的对象，或[栏选(F)/窗交(C)/投影(P)/边(E)/删除(R)/放弃(U)]：（选择圆内水平直线的右半部分）
选择要修剪的对象，或按住 Shift 键选择要延伸的对象，或[栏选(F)/窗交(C)/投影(P)/边(E)/删除(R)/放弃(U)]：（选择圆内竖直直线的下半部分）
选择要修剪的对象，或按住 Shift 键选择要延伸的对象，或[栏选(F)/窗交(C)/投影(P)/边(E)/删除(R)/放弃(U)]：（选择左下角处的圆弧）
选择要修剪的对象，或按住 Shift 键选择要延伸的对象，或[栏选(F)/窗交(C)/投影(P)/边(E)/删除(R)/放弃(U)]：
```

修剪后的结果如图 4-61(d)所示，即绘制完成的电抗器的图形符号。

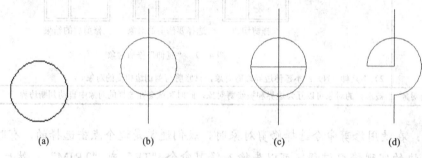

图 4-61　电抗器符号

 动手练一练——绘制桥式电路

绘制如图 4-62 所示的桥式电路。

 思路点拨

源文件：源文件\第 4 章\桥式电路.dwg

（1）利用"直线"、"矩形"和"复制"命令绘制基本图形。
（2）利用"修剪"命令完成绘制。

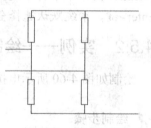

图 4-62　桥式电路

4.5.3　延伸命令

延伸命令是指延伸对象直到另一个对象的边界线，如图 4-63 所示。

1. 执行方式

命令行：EXTEND（快捷命令：EX）。
菜单栏：选择菜单栏中的"修改"→"延伸"命令。
工具栏：单击"修改"工具栏中的"延伸"按钮。

功能区：单击"默认"选项卡"修改"面板中的"延伸"按钮 --/。

选择边界　　　　　　选择要延伸的对象　　　　　　执行结果

图 4-63　延伸对象 1

2. 操作步骤

命令行提示与操作如下。

```
命令：EXTEND↙
当前设置:投影=UCS，边=无
选择边界的边...
选择对象或 <全部选择>：选择边界对象
```

此时可以选择对象来定义边界，若直接按<Enter>键，则选择所有对象作为可能的边界对象。

系统规定可以用作边界对象的对象有：直线段、射线、双向无限长线、圆弧、圆、椭圆、二维/三维多义线、样条曲线、文本、浮动的视口、区域。如果选择二维多义线作为边界对象，系统会忽略其宽度而把对象延伸至多义线的中心线。

选择边界对象后，命令行提示如下。

```
选择要延伸的对象，或按住 Shift 键选择要修剪的对象，或[栏选(F)/窗交(C)/投影(P)/边(E)/
放弃(U)]：
```

3. 选项说明

（1）如果要延伸的对象是适配样条多义线，则延伸后会在多义线的控制框上增加新节点；如果要延伸的对象是锥形的多义线，系统会修正延伸端的宽度，使多义线从起始端平滑地延伸至新终止端；如果延伸操作导致终止端宽度可能为负值，则取宽度值为 0，操作提示如图 4-64 所示。

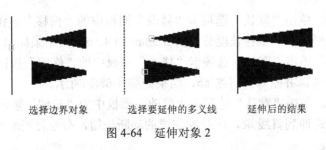

选择边界对象　　　　　选择要延伸的多义线　　　　　延伸后的结果

图 4-64　延伸对象 2

（2）选择对象时，如果按住<Shift>键，系统就会自动将"延伸"命令转换成"修剪"命令。

4.5.4 实例——绘制动断按钮

绘制如图 4-65 所示动断按钮。

(1) 设置图层。设置两个图层：实线层和虚线层，线型分别设置为 Continuous 和 ACAD_ISO02W100。其他属性按默认设置。

(2) 绘制基本图形。单击"默认"选项卡"绘图"面板中的"直线"按钮 ，绘制基本图形。如图 4-66(a)所示。

(3) 绘制竖直直线。单击"默认"选项卡"绘图"面板中的"直线"按钮 ，分别以图 4-66(a)中 a 点和 b 点为起点，竖直向下绘制长为 4.5mm 的直线，结果如图 4-66(b)所示。

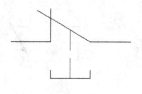

图 4-65 动断按钮

(4) 绘制水平直线。单击"默认"选项卡"绘图"面板中的"直线"按钮 ，分别以图 4-66(b)中 a 点为起点，b 点为终点，绘制直线 ab，结果如图 4-67(a)所示。

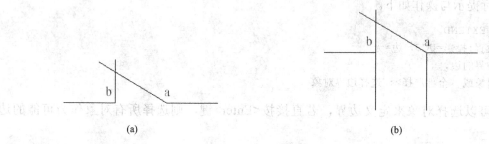

图 4-66 绘制直线

(5) 绘制竖直直线。单击"默认"选项卡"绘图"面板中的"直线"按钮 ，捕捉直线 ab 的中点，以其为起点，竖直向下绘制长度为 4.5mm 的直线，并将其图形属性更改为"虚线层"，结果如图 4-67(b)所示。

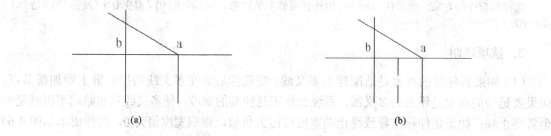

图 4-67 绘制直线

(6) 偏移直线。单击"默认"选项卡"修改"面板中的"偏移"按钮 ，以直线 ab 为起始，绘制两条水平直线，偏移长度分别为 3.5mm 和 4.5mm，结果如图 4-68(a)所示。

(7) 修剪图形。单击"默认"选项卡"修改"面板中的"修剪"按钮 和"删除"按钮 ，对图形进行修剪，并删除掉直线 ab，结果如图 4-68(b)所示。

(8) 延伸直线。单击"默认"选项卡"修改"面板中的"延伸"按钮 ，选择虚线作为延伸的对象，将其延伸到斜线 ac，即绘制完成的动断按钮，命令行提示与操作如下。

命令：_extend↙
当前设置：投影=UCS，边=无

选择边界的边...
选择对象或 <全部选择>：（选取 ac 斜边）
选择对象：✓
选择要延伸的对象，或按住 Shift 键选择要修剪的对象，或[栏选(F)/窗交(C)/投影(P)/边(E)/放弃(U)]：（选取虚线）
选择要延伸的对象，或按住 Shift 键选择要修剪的对象，或[栏选(F)/窗交(C)/投影(P)/边(E)/放弃(U)]：✓

结果如图 4-69 所示。

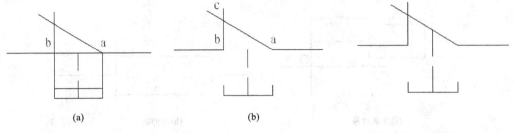

图 4-68 修剪图形　　　　　　　图 4-69 绘制完成

 动手练一练——绘制暗装插座

绘制如图 4-70 所示的暗装插座。

 思路点拨

源文件：源文件\第 4 章\暗装插座.dwg
（1）利用"直线"、"镜像"和"圆弧"命令绘制基本图形。
（2）利用"偏移"和"延伸"命令绘制中间竖直线。
（3）利用"图案填充"命令完成绘制。

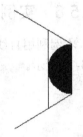

图 4-70 暗装插座

4.5.5 拉伸命令

拉伸命令是指拖拉选择的对象，且使对象的形状发生改变。拉伸对象时应指定拉伸的基点和移置点。利用一些辅助工具如捕捉、钳夹功能及相对坐标等，可以提高拉伸的精度。

1．执行方式

命令行：STRETCH（快捷命令：S）。
菜单栏：选择菜单栏中的"修改"→"拉伸"命令。
工具栏：单击"修改"工具栏中的"拉伸"按钮 。
功能区：单击"默认"选项卡"修改"面板中的"拉伸"按钮 。

2．操作步骤

命令行提示与操作如下。

命令：STRETCH✓
以交叉窗口或交叉多边形选择要拉伸的对象...

> 选择对象：C✓
> 指定第一个角点：指定对角点：找到 2 个：采用交叉窗口的方式选择要拉伸的对象
> 指定基点或［位移(D)］<位移>：指定拉伸的基点
> 指定第二个点或 <使用第一个点作为位移>：指定拉伸的移至点

此时，若指定第二个点，系统将根据这两点决定矢量拉伸的对象；若直接按<Enter>键，系统会把第一个点作为 X 和 Y 轴的分量值。

拉伸命令将使完全包含在交叉窗口内的对象不被拉伸，部分包含在交叉选择窗口内的对象被拉伸，如图 4-71 所示。

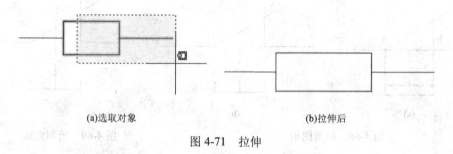

图 4-71　拉伸

4.5.6　实例——绘制管式混合器

本例利用直线和多段线绘制管式混合器符号的基本轮廓，再利用拉伸命令细化图形，如图 4-72 所示。

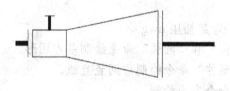

图 4-72　管式混合器

绘制步骤

（1）单击"默认"选项卡"绘图"面板中的"直线"按钮 ，在图形空白位置绘制连续直线，如图 4-73 所示。

（2）单击"默认"选项卡"绘图"面板中的"直线"按钮 ，在上步绘制图形左右两侧分别绘制两段竖直直线，如图 4-74 所示。

图 4-73　绘制连续直线　　　　　　图 4-74　绘制竖直直线

（3）单击"默认"选项卡"绘图"面板中的"多段线"按钮 和"直线"按钮 ，绘制如图 4-75 所示的图形。

（4）单击"默认"选项卡"修改"面板中的"拉伸"按钮，选择右侧多段线为拉伸对象并对其进行拉伸操作。命令行提示与操作如下：

```
命令：_stretch
以交叉窗口或交叉多边形选择要拉伸的对象...
选择对象：框选右侧的水平多段线
指定基点或 [位移(D)] <位移>：后选择右侧竖直直线上任意一点
指定第二个点或 <使用第一个点作为位移>：✓
```

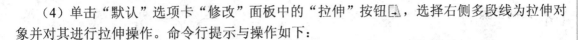

图 4-75　绘制多段线和竖直直线

结果如图 4-72 所示。

技巧：拉伸操作仅移动位于交叉选择内的顶点和端点，不更改那些位于交叉选择外的顶点和端点。部分包含在交叉选择窗口内的对象将被拉伸。

4.5.7　拉长命令

1. 执行方式

命令行：LENGTHEN（快捷命令：LEN）。

菜单栏：选择菜单栏中的"修改"→"拉长"命令。

功能区：单击"默认"选项卡"修改"面板中的"拉伸"按钮。

2. 操作步骤

命令行提示与操作如下。

```
命令：LENGTHEN✓
选择对象或 [增量(DE)/百分数(P)/全部(T)/动态(DY)]：选择要拉长的对象
当前长度：40.5001（给出选定对象的长度，如果选择圆弧，还将给出圆弧的包含角）
选择对象或 [增量(DE)/百分数(P)/全部(T)/动态(DY)]：DE✓（选择拉长或缩短的方式为增量方式）
输入长度增量或 [角度(A)] <0.0000>：10✓（在此输入长度增量数值。如果选择圆弧段，则可输入选项"A"，给定角度增量）
选择要修改的对象或 [放弃(U)]：选定要修改的对象，进行拉长操作
选择要修改的对象或 [放弃(U)]：继续选择，或按<Enter>键结束命令
```

3. 选项说明

各个选项含义如表 4-6 所示。

表 4-6　"拉长"命令各选项含义

选项	含义
增量（DE）	用指定增加量的方法改变对象的长度或角度
百分数（P）	用指定占总长度百分比的方法改变圆弧或直线段的长度
全部（T）	用指定新总长度或总角度值的方法改变对象的长度或角度
动态（DY）	在此模式下，可以使用拖拉鼠标的方法来动态地改变对象的长度或角度

4.5.8　实例——绘制变压器符号

本例绘制如图 4-76 所示变压器符号。

绘制步骤

(1) 绘制圆。单击"默认"选项卡"绘图"面板中的"圆"按钮⊙,在屏幕中的适当位置绘制一个半径为 4 的圆,如图 4-77 所示。

(2) 复制圆。单击"默认"选项卡"修改"面板中的"复制"按钮,将上步绘制的圆复制一份,命令行中的提示与操作如下。

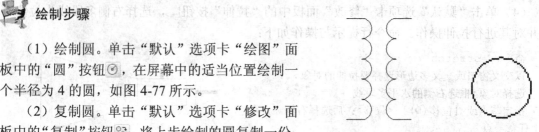

图 4-76 变压器符号   图 4-77 绘制圆

```
命令：_copy
选择对象：(选择上步绘制的圆)
选择对象：↙
当前设置：  复制模式 = 多个
指定基点或 [位移(D)/模式(O)] <位移>：(捕捉圆的上象限点)
指定第二个点或 <使用第一个点作为位移>：(捕捉圆的下象限点,完成第二个圆的复制)
指定第二个点或 [退出(E)/放弃(U)] <退出>：(继续捕捉第二个圆的下象限点,完成第三个圆的复制)
```

连续选择最下方圆的下象限点,向下平移复制圆,最后按<Enter>键,结束复制操作,结果如图 4-78 所示。

(3) 绘制竖直直线。单击"默认"选项卡"绘图"面板中的"直线"按钮,在"对象捕捉"绘图方式下,用鼠标左键分别捕捉最上端和最下端两个圆的圆心,绘制竖直直线 AB,如图 4-79 所示。

(4) 拉长直线。单击"默认"选项卡"修改"面板中的"拉长"按钮,将直线 AB 拉长,命令行中的提示与操作如下。

```
命令：_lengthen
选择对象或 [增量(DE)/百分数(P)/全部(T)/动态(DY)]：DE↙
输入长度增量或[角度(A)]<0.0000>：4↙
选择要修改的对象或[放弃(U)]：(选择直线 AB)
选择要修改的对象或[放弃(U)]：↙
```

结果如图 4-80 所示。

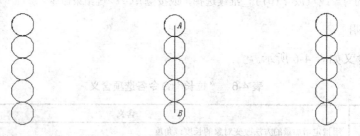

图 4-78 复制圆   图 4-79 绘制竖直直线   图 4-80 拉长直线

(5) 修剪图形。单击"默认"选项卡"修改"面板中的"修剪"按钮,以竖直直线为剪切边,对圆进行修剪,命令行中的提示与操作如下。

```
命令：_trim
当前设置:投影=UCS,边=无
选择剪切边...
```

选择对象或 <全部选择>: 找到 1 个（选择竖直直线作为剪切边）
选择对象：✓
选择要修剪的对象，或按住 Shift 键选择要延伸的对象，或[栏选(F)/窗交(C)/投影(P)/边(E)/删除(R)/放弃(U)]：（从直线左侧选择所有的圆，即选择圆的左半部分）
选择要修剪的对象，或按住 Shift 键选择要延伸的对象，或[栏选(F)/窗交(C)/投影(P)/边(E)/删除(R)/放弃(U)]：✓

修剪结果如图 4-81 所示。

（6）平移直线。单击"默认"选项卡"修改"面板中的"移动"按钮 ✥，将直线向右平移 7mm，平移结果如图 4-82 所示。

（7）镜像图形。单击"默认"选项卡"修改"面板中的"镜像"按钮 ⚏，选择 5 段半圆弧作为镜像对象，以竖直直线作为镜像线，进行镜像操作，得到竖直直线右边的一组半圆弧，如图 4-83 所示。

（8）删除直线。单击"默认"选项卡"修改"面板中的"删除"按钮 ✎，删除竖直直线，命令行中的提示与操作如下。

命令：_erase
选择对象：（选择竖直直线）
选择对象：✓

结果如图 4-84 所示。

 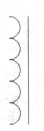 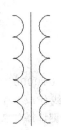 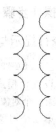

图 4-81　修剪图形　　　图 4-82　平移直线　　　图 4-83　镜像图形　　　图 4-84　删除直线

（9）绘制连接线。单击"默认"选项卡"绘图"面板中的"直线"按钮 ╱，在"对象捕捉"和"正交"绘图方式下，捕捉 C 点为起点，向左绘制一条长度为 12 的水平直线。重复上面的操作，以 D 为起点，向左绘制长度为 12 的水平直线；分别以 E 点和 F 点为起点，向右绘制长度为 12 的水平直线，作为变压器的输入输出连接线，如图 4-85 所示。

动手练一练——绘制蓄电池符号

绘制如图 4-86 所示的蓄电池符号。

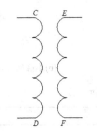 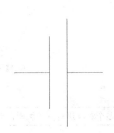

图 4-85　绘制连接线　　　　　图 4-86　蓄电池符号

思路点拨

源文件：源文件\第4章\蓄电池符号.dwg
（1）利用"直线"、"偏移"命令绘制初步图形。
（2）利用"修剪"、"拉长"命令进行处理。
（3）利用"镜像"命令完成绘制。

4.5.9 圆角命令

圆角命令是指用一条指定半径的圆弧平滑连接两个对象。可以平滑连接一对直线段、非圆弧的多义线段、样条曲线、双向无限长线、射线、圆、圆弧和椭圆，并且可以在任何时候平滑连接多义线的每个节点。

1. 执行方式

命令行：FILLET（快捷命令：F）。
菜单栏：选择菜单栏中的"修改"→"圆角"命令。
工具栏：单击"修改"工具栏中的"圆角"按钮◯。
功能区：单击"默认"选项卡"修改"面板中的"圆角"按钮◯。

2. 操作步骤

命令行提示与操作如下。

```
命令：FILLET↙
当前设置：模式 = 修剪，半径 = 0.0000
选择第一个对象或 [放弃(U)/多段线(P)/半径(R)/修剪(T)/多个(M)]：选择第一个对象或别的选项
选择第二个对象，或按住 Shift 键选择对象以应用角点或 [半径(R)]：选择第二个对象
```

3. 选项说明

各个选项含义如表4-7所示。

表4-7 "圆角"命令各选项含义

选项	含义
多段线（P）	在一条二维多段线两段直线段的节点处插入圆弧。选择多段线后系统会根据指定的圆弧半径把多段线各顶点用圆弧平滑连接起来
修剪（T）	决定在平滑连接两条边时，是否修剪这两条边，如图4-87所示 (a)修剪方式　　　(b)不修剪方式 图4-87 圆角连接
多个（M）	同时对多个对象进行圆角编辑，而不必重新起用命令
按住<Shift>键并选择两条直线	按住<Shift>键并选择两条直线，可以快速创建零距离倒角或零半径圆角

4.5.10 实例——绘制变压器

绘制如图 4-88 所示的变压器。

绘制步骤

（1）绘制矩形及中心线。

① 单击"默认"选项卡"绘图"面板中的"矩形"按钮 ▭，绘制一个长为 630mm，宽为 455mm 的矩形。

② 单击"默认"选项卡"修改"面板中的"分解"按钮 ᇛ，将绘制的矩形分解为直线 1、2、3、4，如图 4-89 所示。

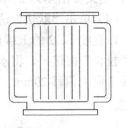

图 4-88　变压器

③ 单击"默认"选项卡"修改"面板中的"偏移"按钮 ⊜，将直线 1 向下偏移 227.5mm，将直线 4 向右偏移 315mm，得到两条中心线。选定偏移得到的两条中心线，单击"默认"选项卡"图层"面板中的"图层特性"下拉列表框处的"中心线层"，将其图层属性设置为"中心线层"，单击结束。单击"默认"选项卡"修改"面板中的"拉长"按钮 ⁄，将两条中心线向端点方向分别拉长 50mm，结果如图 4-90 所示。

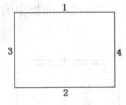

图 4-89　绘制矩形

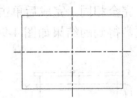

图 4-90　绘制中心线

（2）修剪直线。

① 单击"默认"选项卡"修改"面板中的"偏移"按钮 ⊜，将直线 1 向下偏移 35mm，将直线 2 向上偏移 35mm，将直线 4 向右偏移 35mm，将直线 4 向左偏移 35mm。然后单击"默认"选项卡"修改"面板中的"修剪"按钮 ⁄，修剪掉多余的直线，得到的结果如图 4-91 所示。

② 单击"默认"选项卡"修改"面板中的"圆角"按钮 ▢，命令行提示与操作如下。

```
命令：FILLET↵
当前设置：模式 = 修剪，半径 = 0.0000
选择第一个对象或 [放弃(U)/多段线(P)/半径(R)/修剪(T)/多个(M)]：r↵
指定圆角半径 <0.0000>：35↵
选择第一个对象或 [放弃(U)/多段线(P)/半径(R)/修剪(T)/多个(M)]：（选择矩形的一个边）
选择第二个对象，或按住 Shift 键选择对象以应用角点或 [半径(R)]：（选择相临边）
```

结果如图 4-92 所示。

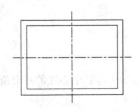

图 4-91　偏移修剪直线

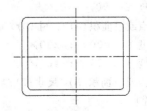

图 4-92　圆角处理

（3）单击"默认"选项卡"修改"面板中的"偏移"按钮，将竖直中心线分别向左和向右分别偏移 230mm。用前述的方法将偏移得到的两竖直线的图层属性设置为"实体符号层"，结果如图 4-93 所示。

（4）单击"默认"选项卡"绘图"面板中的"直线"按钮，在"对象追踪"绘图方式下，以直线 1、2 的上端点为两端点绘制水平直线 3，并单击"默认"选项卡"修改"面板中的"拉长"按钮，将水平直线向两端分别拉长 35mm，结果如图 4-94 所示。将图中的水平直线 3 向上偏移 20mm，得到直线 4，分别连接直线 3 和 4 的左右端点，如图 4-95 所示。

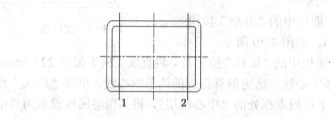
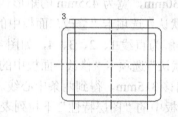

图 4-93　偏移中心线　　　　　图 4-94　绘制水平线

（5）用和前面相同的方法绘制下半部分，下半部分两水平直线的距离是 35mm，其它操作与绘制上半部分完全相同，完成后单击"默认"选项卡"修改"面板中的"修剪"按钮，修剪掉多余的直线，得到的结果如图 4-96 所示。

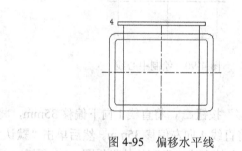
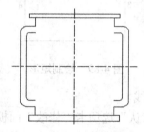

图 4-95　偏移水平线　　　　　图 4-96　绘制下半部分

（6）单击"默认"选项卡"绘图"面板中的"矩形"按钮，以两中心线交点为中心绘制一个带圆角的矩形，矩形的长为 380、宽为 460，圆角的半径为 35。命令行提示与操作如下。

```
命令: _rectang
当前矩形模式：　圆角=0.0000
指定第一个角点或 [倒角(C)/标高(E)/圆角(F)/厚度(T)/宽度(W)]: f↙
指定矩形的圆角半径 <0.0000>: 35↙
指定第一个角点或 [倒角(C)/标高(E)/圆角(F)/厚度(T)/宽度(W)]: from↙
基点: <偏移>: @-190,-240↙
指定另一个角点或 [面积(A)/尺寸(D)/旋转(R)]: d↙
指定矩形的长度 <0.0000>: 380↙
指定矩形的宽度 <0.0000>: 460↙
指定另一个角点或 [面积(A)/尺寸(D)/旋转(R)]: （移动鼠标到中心线的右上角，单击鼠标左键确定另一个角点的位置）
```

注意：采取上面这种已知一个角点位置及长度和宽度方式绘制矩形时，另一个矩形的角点的位置有四种可能位置，通过移动鼠标指向大体位置方向可以确定具体的另一个角点位置。

（7）单击"默认"选项卡"修改"面板中的"移动"按钮，将绘制好的带圆角的矩形移动至中心线交点处。结果如图 4-97 所示。

（8）单击"默认"选项卡"绘图"面板中的"直线"按钮，以竖直中心线为对称轴，绘制六条竖直直线，长度均为 420，直线间的距离为 55，结果如图 4-88 所示。至此，变压器图形绘制完毕。

动手练一练——绘制配套连接器

绘制如图 4-98 所示的配套连接器。

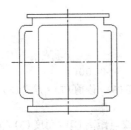
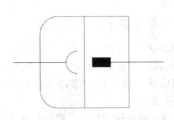

图 4-97　插入矩形　　　　　图 4-98　配套连接器

思路点拨

源文件：源文件\第 4 章\配套连接器.dwg
（1）利用"直线"、"矩形"和"圆弧"命令绘制初步图形。
（2）利用"圆角"命令进行处理。
（3）利用"图案填充"命令完成绘制。

4.5.11 倒角命令

倒角命令即斜角命令，是用斜线连接两个不平行的线型对象。可以用斜线连接直线段、双向无限长线、射线和多义线。

系统采用两种方法确定连接两个对象的斜线：指定两个斜线距离，指定斜线角度和一个斜线距离。下面分别介绍这两种方法的使用。

1. 指定两个斜线距离

斜线距离是指从被连接对象与斜线的交点到被连接的两对象交点之间的距离，如图 4-99 所示。

2. 指定斜线角度和一个斜距离连接选择的对象

采用这种方法连接对象时，需要输入两个参数：斜线与一个对象的斜线距离和斜线与该对象的夹角，如图 4-100 所示。

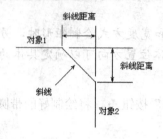
图 4-99 斜线距离

图 4-100 斜线距离与夹角

（1）执行方式

命令行：CHAMFER（快捷命令：CHA）。

菜单：选择菜单栏中的"修改"→"倒角"命令。

工具栏：单击"修改"工具栏中的"倒角"按钮◯。

功能区：单击"默认"选项卡"修改"面板中的"倒角"按钮◯。

（2）操作步骤

命令行提示与操作如下。

```
命令：CHAMFER↙
（"不修剪"模式）当前倒角距离 1 = 0.0000，距离 2 = 0.0000
选择第一条直线或 [放弃(U)/多段线(P)/距离(D)/角度(A)/修剪(T)/方式(E)/多个(M)]：选择第一条直线或别的选项
选择第二条直线，或按住 Shift 键选择直线以应用角点或 [距离(D)/角度(A)/方法(M)]：选择第二条直线
```

（4）选项说明

各个选项含义如表 4-8 所示。

表 4-8 "倒角"命令各选项含义

选项	含义
多段线（P）	对多段线的各个交叉点倒斜角。为了得到最好的连接效果，一般设置斜线是相等的值，系统根据指定的斜线距离把多段线的每个交叉点都作斜线连接，连接的斜线成为多段线新的构成部分，如图 4-101 所示 (a)选择多段线　　(b)倒斜角结果 图 4-101 斜线连接多段线
距离（D）	选择倒角的两个斜线距离。这两个斜线距离可以相同也可以不相同，若二者均为 0，则系统不绘制连接的斜线，而是把两个对象延伸至相交并修剪超出的部分
角度（A）	选择第一条直线的斜线距离和第一条直线的倒角角度
修剪（T）	与圆角连接命令"FILLET"相同，该选项决定连接对象后是否剪切源对象
方式（E）	决定采用"距离"方式还是"角度"方式来倒斜角
多个（M）	同时对多个对象进行倒斜角编辑

4.5.12 打断命令

1. 执行方式

命令行：BREAK（快捷命令：BR）。
菜单栏：选择菜单栏中的"修改"→"打断"命令。
工具栏：单击"修改"工具栏中的"打断"按钮 。
功能区：单击"默认"选项卡"修改"面板中的"打断"按钮 。

2. 操作步骤

命令行提示与操作如下。

命令：BREAK↙
选择对象：选择要打断的对象
指定第二个打断点 或 [第一点(F)]：指定第二个断开点或输入"F"↙

3. 选项说明

如果选择"第一点（F）"选项，系统将放弃前面选择的第一个点，重新提示用户指定两个断开点。

4.5.13 实例——绘制弯灯符号绘制

绘制如图 4-102 所示的弯灯符号。操作步骤如下：

绘制步骤

（1）绘制直线和圆。单击"默认"选项卡"绘图"面板中的"直线"按钮 ，绘制一条水平直线。单击"默认"选项卡"绘图"面板中的"圆"按钮 ，以直线的端点为圆心，绘制半径为 10mm 的圆，如图 4-103 所示。

（2）偏移圆。单击"默认"选项卡"修改"面板中的"偏移"按钮 ，将圆向外偏移 3mm，如图 4-104 所示。

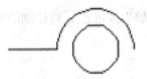
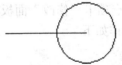
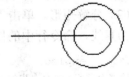

图 4-102　弯灯符号　　　图 4-103　绘制直线和圆　　　图 4-104　偏移圆

（3）打断曲线。单击"默认"选项卡"修改"面板中的"打断"按钮 ，命令行提示与操作如下。

命令：_break
选择对象：（选择外圆的左侧象限点）
指定第二个打断点 或 [第一点(F)]：（选择外圆的右侧象限点）

举一反三

捕捉第二点（右侧象限点）时，与"正交"模式的设置无关。

打断后的图形如图 4-105 所示。

（4）修剪曲线。单击"默认"选项卡"修改"面板中的"修剪"按钮 ，将圆内部分多余的线段剪切掉，得到的图形如图 4-102 所示。

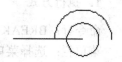

图 4-105　打断曲线

4.5.14　分解命令

1. 执行方式

命令行：EXPLODE（快捷命令：X）。
菜单栏：选择菜单栏中的"修改"→"分解"命令。
工具栏：单击"修改"工具栏中的"分解"按钮 。
功能区：单击"默认"选项卡"修改"面板中的"分解"按钮 。

2. 操作步骤

```
命令：EXPLODE↙
选择对象：选择要分解的对象
选择一个对象后，该对象会被分解，系统继续提示该行信息，允许分解多个对象。
```

> **注意**：分解命令是将一个合成图形分解为其部件的工具。例如，一个矩形被分解后就会变成 4 条直线，且一个有宽度的直线分解后就会失去其宽度属性。

4.5.15　实例——绘制热继电器

绘制如图 4-106 所示的热继电器。

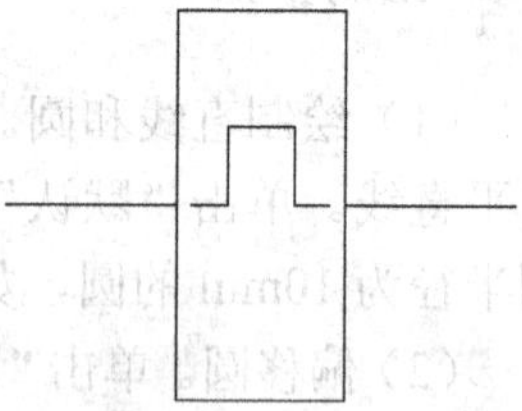

绘制步骤

（1）绘制矩形。单击"默认"选项卡"绘图"面板中的"矩形"按钮 ，绘制一个长为 5、宽为 10 的矩形。

图 4-106　热继电器

（2）分解矩形。单击"默认"选项卡"修改"面板中的"分解"按钮 ，将绘制的矩形分解为直线，命令行中的提示与操作如下。

```
命令：_explode
选择对象：（选取上步绘制的矩形）
选择对象：↙
```

效果如图 4-107(a)所示。

（3）偏移直线。单击"默认"选项卡"修改"面板中的"偏移"按钮 ，将直线 1 向下偏移，偏移距离为 2.5，命令行中的提示与操作如下。

```
命令：_offset
当前设置：删除源=否　图层=源　OFFSETGAPTYPE=0
指定偏移距离或 [通过(T)/删除(E)/图层(L)] <通过>：2.5↙
```

选择要偏移的对象，或 [退出(E)/放弃(U)] <退出>:（选择直线1）
指定要偏移的那一侧上的点，或 [退出(E)/多个(M)/放弃(U)] <退出>:（在直线1的下侧单击）
选择要偏移的对象，或 [退出(E)/放弃(U)] <退出>:↙

重复"偏移"命令，将直线1再向下偏移5，然后将直线2向右偏移，偏移距离分别为1.5和3.5，结果如图4-107(b)所示。

（4）修剪和打断图形。单击"默认"选项卡"修改"面板中的"修剪"按钮，修剪多余的线段。单击"默认"选项卡"修改"面板中的"打断"按钮，打断直线，命令行中的提示与操作如下。

命令：_break
选择对象：（选择与直线2和直线4相交的中间的水平直线）
指定第二个打断点或[第一点(F)]：F↙
指定第一个打断点：（捕捉交点）
指定第二个打断点：（在适当位置单击）

重复上述步骤打断另一侧直线，结果如图4-107(c)所示。

（5）绘制水平直线。单击"默认"选项卡"绘图"面板中的"直线"按钮，在"对象捕捉"和"正交"绘图方式下，捕捉如图4-107(c)所示直线2的中点，以其为起点，向左绘制长度为5的水平直线；用相同的方法捕捉直线4的中点，以其为起点，向右绘制长度为5的水平直线，完成热继电器的绘制，结果如图4-107(d)所示。

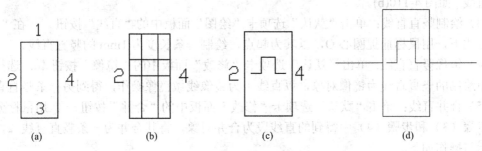

图 4-107 绘制热继电器

4.5.16 合并命令

可以将直线、圆、椭圆弧和样条曲线等独立的图线合并为一个对象，如图4-108所示。

1. 执行方式

命令行：JOIN。
菜单：选择菜单栏中的"修改"→"合并"命令。
工具栏：单击"修改"工具栏中的"合并"按钮。
功能区：单击"默认"选项卡"修改"面板中的"合并"按钮。

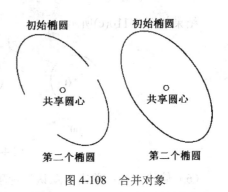

图 4-108 合并对象

2. 操作步骤

命令行提示与操作如下。

```
命令：JOIN↙
选择源对象或要一次合并的多个对象：（选择一个对象）
找到 1 个
选择要合并的对象：（选择另一个对象）
找到 1 个，总计 2 个 ↙
选择要合并的对象：↙
```

2 条椭圆弧线已合并为 1 条椭圆。

4.5.17 实例——绘制电流互感器

本例绘制电流互感器，如图 4-109 所示。

绘制步骤

本例图形的绘制主要用到的命令为直线、圆、偏移和镜像。重点时使用合并的命令。

图 4-109 电流互感器

（1）绘制圆：单击"默认"选项卡"绘图"面板中的"圆"按钮⊙，绘制一个半径为 4mm 的圆 O，如图 4-110(a)。

（2）绘制水平直线：单击"默认"选项卡"绘图"面板中的"直线"按钮╱，并启动"正交"和"对象追踪"功能，用鼠标捕捉圆 O 的圆心，以其为起点，绘制一条长度为 8mm 的水平直线，如图 4-110(b)。

（3）绘制竖直直线：单击"默认"选项卡"绘图"面板中的"直线"按钮╱，在"正交"绘图方式下，用鼠标捕捉圆心 O，以其为起点，绘制一条长度为 1mm 的竖直直线。

（4）镜像竖直直线：单击"默认"选项卡"修改"面板中的"镜像"按钮⚠，选择在步骤 3 中绘制的竖直直线为镜像对象，以直线 1 为镜像线做镜像操作，得到另一条竖直直线。

（5）合并直线：单击"默认"选项卡"修改"面板中的"合并"按钮⊁⊬，用鼠标分别选择在步骤（3）和步骤（4）中得到的直线段为合并对象，将其合并为一条竖直直线 2，命令行提示与操作如下。

```
命令:JOIN
选择源对象或要一次合并的多个对象：（选择（4）绘制的直线）
选择要合并的对象：（选择（4）绘制的直线）
```

结果如图 4-110(c)所示。

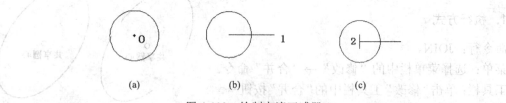

图 4-110 绘制电流互感器 1

（6）偏移直线：单击"默认"选项卡"修改"面板中的"偏移"按钮⊂，以直线 2 为起始，分别绘制直线 3 和 4，偏移量分别为 5mm、1mm，结果如图 4-111(a)所示。

（7）修剪、删除直线：用鼠标选择直线 2，单击"默认"选项卡"修改"面板中的"删除"按钮，或者直接单击<Delete>键，删除直线 2；并单击"默认"选项卡"修改"面板中的"修剪"按钮，修剪掉多余部分，得到图 4-111(b)所示结果，即绘制完成的电流互感器的图形符。

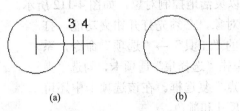

图 4-111　绘制电流互感器 2

4.5.18　光顺曲线

在两条选定直线或曲线之间的间隙中创建样条曲线。

1. 执行方式

命令行：BLEND。
菜单：选择菜单栏中的"修改"→"光顺曲线"命令。
工具栏：单击"修改"工具栏中的"光顺曲线"按钮。
功能区：单击"默认"选项卡"修改"面板中的"光顺曲线"按钮。

2. 操作步骤

命令：BLEND✓
连续性=相切
选择第一个对象或[连续性（CON）]：CON
输入连续性[相切（T）/平滑（S）]<切线>：
选择第一个对象或[连续性（CON）]：
选择第二个点：

3. 选项说明

各个选项含义如表 4-9 所示。

表 4-9　"光顺曲线"命令各选项含义

选项	含义
连续性（CON）	在两种过渡类型中指定一种
相切（T）	创建一条 4 阶样条曲线，在选定对象的端点处具有相切（G1）连续性
平滑（S）	创建一条 5 阶样条曲线，在选定对象的端点处具有曲率（G2）连续性。如果使用"平滑"选项，请勿将显示从控制点切换为拟合点。此操作将样条曲线更改为 4 阶，这会改变样条曲线的形状

4.6　对象编辑命令

在对图形进行编辑时，还可以对图形对象本身的某些特性进行编辑，从而方便地进行图形绘制。

4.6.1 钳夹功能

利用钳夹功能可以快速方便地编辑对象。AutoCAD 在图形对象上定义了一些特殊点,称为夹持点。利用夹持点可以灵活地控制对象,如图 4-112 所示。

要使用钳夹功能编辑对象,必须先打开钳夹功能,打开方法是：选择菜单栏中的"工具"→"选项"命令,系统打开"选项"对话框。单击"选择集"选项卡,勾选"夹点"选项组中的"显示夹点"复选框。在该选项卡中还可以设置代表夹点的小方格尺寸和颜色。

也可以通过 GRIPS 系统变量控制是否打开钳夹功能,1 代表打开,0 代表关闭。

打开了钳夹功能后,应该在编辑对象之前先选择对象。夹点表示对象的控制位置。

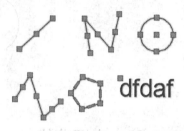

图 4-112 夹持点

使用夹点编辑对象,要选择一个夹点作为基点,称为基准夹点。然后,选择一种编辑操作：删除、移动、复制选择、旋转和缩放。可以用按<Space>或<Enter>键循环选择这些功能。

下面就其中的拉伸对象操作为例进行讲解,其他操作类似。

在图形上选择一个夹点,该夹点改变颜色,此点为夹点编辑的基准点,此时命令行提示如下。

```
** 拉伸 **
指定拉伸点或 [基点(B)/复制(C)/放弃(U)/退出(X)]:
```

在上述拉伸编辑提示下,输入"缩放"命令或右击,选择快捷菜单中的"缩放"命令,系统就会转换为"缩放"操作,其他操作类似。

4.6.2 修改对象属性

执行方式

命令行：DDMODIFY 或 PROPERTIES。

菜单栏：选择菜单栏中的"修改"→"特性"命令。

工具栏：单击"标准"工具栏中的"特性"按钮 。

功能区：单击"视图"选项卡"选项板"面板中的"特性"按钮 或单击"默认"选项卡"特性"面板中的"对话框启动器"按钮 。

执行上述命令后,系统打开"特性"选项板,如图 4-113 所示。利用它可以方便地设置或修改对象的各种属性。不同的对象属性种类和值不同,修改属性值,对象改变为新的属性。

4.6.3 实例——绘制有外屏蔽的管壳

绘制如图 4-114 所示的有外屏蔽的管壳。

图 4-113 "特性"选项板

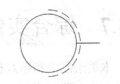

图 4-114 有外屏蔽的管壳

绘制步骤

（1）单击"默认"选项卡"图层"面板中的"图层特性"按钮，打开"图层特性管理器"对话框，新建实线层和虚线层，并将"实线层"设置为当前层，如图 4-115 所示。

（2）单击"默认"选项卡"绘图"面板中的"圆"按钮，绘制一个适当大小的圆，如图 4-116 所示。

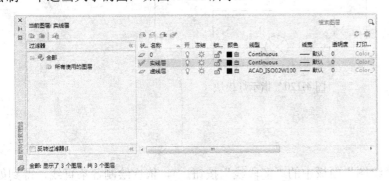

图 4-115 "图层特性管理器"对话框

图 4-116 绘制圆

（3）单击"默认"选项卡"绘图"面板中的"直线"按钮，以圆右侧象限点作为起点，绘制一条水平直线，得到管壳图形，如图 4-117 所示。

（4）将"虚线层"设置为当前层，单击"默认"选项卡"绘图"面板中的"圆弧"按钮，绘制外屏蔽，如图 4-118 所示。

（5）单击"视图"选项卡"选项板"面板中的"特性"按钮，打开"特性"选项板，如图 4-119 所示，选择圆弧，修改线型比例，结果如图 4-114 所示。

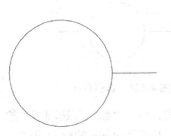

图 4-117 绘制直线

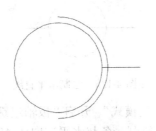

图 4-118 绘制外屏蔽

图 4-119 "特性"选项板

4.7 综合实例——指示灯模块

本例绘制的指示灯模块如图 4-120 所示。本例绘制的是一个包括指示灯的电路图，在绘制过程中主要运用到了"拉伸"命令。在绘图过程中要注意视图的比例及布置。

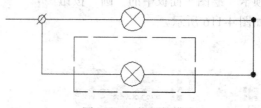

图 4-120　指示灯模块

 绘制步骤

（1）绘制导线。

单击"默认"选项卡"绘图"面板中的"多段线"按钮 ⤴，依次绘制各条直线，得到如图 4-121 所示的图形，图中各直线的长度分别如下：AB=54mm，BC=14mm，CD=54mm，AD=14mm。

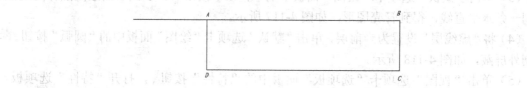

图 4-121　绘制导线

（2）绘制灯泡。

① 绘制圆。单击"默认"选项卡"绘图"面板中的"圆"按钮 ⊙，绘制一个半径为 4mm 的圆，如图 4-122 所示。

② 绘制水平直线。单击"默认"选项卡"绘图"面板中的"直线"按钮 ╱，开启"对象捕捉"和"正交模式"，以圆心为起点，分别向左和向右绘制两条长度均为 8mm 的直线，如图 4-123 所示。

③ 修剪直线。单击"默认"选项卡"修改"面板中的"修剪"按钮 ⊁，以圆弧为剪切边，对水平直线进行修剪操作，修剪结果如图 4-124 所示。

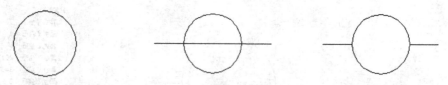

图 4-122　绘制圆 1　　　图 4-123　绘制水平直线　　　图 4-124　修剪直线

④ 绘制倾斜直线。关闭"正交模式"，开启"极轴追踪"模式，单击"默认"选项卡"绘图"面板中的"直线"按钮 ╱，绘制一条与水平方向成 45° 角，长度为 4mm 的倾斜直线，如图 4-125 所示。

⑤ 阵列倾斜直线。单击"默认"选项卡"修改"面板中的"环形阵列"按钮，以圆心为中心，将倾斜直线进行环形阵列，结果如图 4-126 所示。

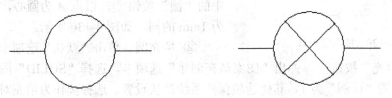

图 4-125　绘制倾斜直线　　　　图 4-126　阵列倾斜直线

⑥ 存储为块。单击"默认"选项卡"块"面板中的"创建"按钮，弹出"块定义"对话框。在"名称"文本框中输入"指示灯"；单击"拾取点"按钮，捕捉圆心作为基点；选择整个指示灯为对象；设置"块单位"为"毫米"；勾选"按统一比例缩放"复选框，如图 4-127 所示，然后单击"确定"按钮。

图 4-127　"块定义"对话框

⑦ 插入指示灯。单击"默认"选项卡"块"面板中的"插入"按钮，弹出"插入"对话框。在"名称"下拉列表中选择刚刚保存的"指示灯"，在"插入点"选项组中勾选"在屏幕上指定"复选框，在"缩放比例"选项组中勾选"在屏幕上指定"和"统一比例"复选框，如图 4-128 所示，在绘制的导线上选择相应的点作为插入点，插入指示灯后并修剪直线，结果如图 4-129 所示。

图 4-128　"插入"对话框

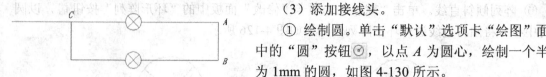

图 4-129 插入指示灯

(3) 添加接线头。

① 绘制圆。单击"默认"选项卡"绘图"面板中的"圆"按钮⊙，以点 A 为圆心，绘制一个半径为 1mm 的圆，如图 4-130 所示。

② 填充圆。单击"默认"选项卡"绘图"面板中的"图案填充"按钮 ，弹出"图案填充创建"选项卡，选择"SOLID"图案，设置"角度"为 0，设置"比例"为 1，其他选项保持系统默认设置。选择圆作为填充对象，完成圆的填充，结果如图 4-131 所示。

③ 采用同样的方法，以点 B 为圆心绘制一个半径为 1mm 的圆，并用上步介绍的方法进行填充。

④ 绘制圆。单击"默认"选项卡"绘图"面板中的"圆"按钮⊙，以点 C 为圆心，绘制一个半径为 2mm 的圆，如图 4-132 所示。

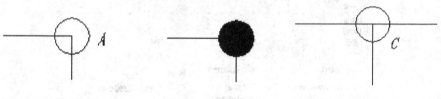

图 4-130 绘制圆 2　　图 4-131 填充圆　　图 4-132 绘制圆 4

⑤ 修剪图形。单击"默认"选项卡"修改"面板中的"修剪"按钮 ，以圆弧为剪切边，对三条直线进行修剪，修剪结果如图 4-133 所示。

⑥ 绘制直线。单击"默认"选项卡"绘图"面板中的"直线"按钮 ，开启"对象捕捉"和"极轴追踪"模式，以点 C 为起点，绘制一条与水平方向成 45°角、长度为 4mm 的直线，如图 4-134 所示。

⑦ 拉长直线。单击"默认"选项卡"修改"面板中的"拉长"按钮 ，将直线 1 向下拉长 4mm，结果如图 4-135 所示。

图 4-133 修剪图形　　图 4-134 绘制直线　　图 4-135 拉长直线

(4) 添加虚线框。

① 切换图层。新建一个"虚线层"，线型为虚线。将当前图层切换为"虚线层"。

② 绘制矩形。单击"默认"选项卡"绘图"面板中的"矩形"按钮□，绘制一个长为 30mm，宽为 14mm 的矩形。

③ 平移矩形。单击"默认"选项卡"修改"面板中的"移动"按钮 ，将上步绘制的矩形平移到适当的位置，添加的虚线框如图 4-120 所示。

Chapter 5

文字、表格和尺寸标注

文字注释是绘制图形过程中很重要的内容，进行各种设计时，不仅要绘制出图形，还要在图形中标注一些注释性的文字，如技术要求、注释说明等，对图形对象加以解释。AutoCAD 提供了多种在图形中输入文字的方法，本章会详细介绍文本的注释和编辑功能。图表在 AutoCAD 图形中也有大量的应用，如名细表、参数表和标题栏等。本章主要介绍文字与图表的使用方法。

5.1 文本标注

在绘制图形的过程中，文字传递了很多设计信息，它可能是一个很复杂的说明，也可能是一个简短的文字信息。当需要文字标注的文本不太长时，可以利用 TEXT 命令创建单行文本；当需要标注很长、很复杂的文字信息时，可以利用 MTEXT 命令创建多行文本。

5.1.1 文本样式

所有 AutoCAD 图形中的文字都有与其相对应的文本样式。当输入文字对象时，AutoCAD 使用当前设置的文本样式。文本样式是用来控制文字基本形状的一组设置。AutoCAD 2018 提供了"文字样式"对话框，通过这个对话框可以方便直观地设置需要的文本样式，或是对已有样式进行修改。

1. 执行方式

命令行：STYLE（快捷命令：ST）或 DDSTYLE。
菜单栏：选择菜单栏中的"格式"→"文字样式"命令。
工具栏：单击"文字"工具栏中的"文字样式"按钮 A 。
功能区：单击"默认"选项卡"注释"面板中的"文字样式"按钮 A 或单击"注释"选项卡"文字"面板上的"文字样式"下拉菜单中的"管理文字样式"按钮或单击"注释"选项卡"文字"面板中"对话框启动器"按钮 执行上述命令后，系统打开"文字样式"对话框，如图 5-1 所示。

图 5-1 "文字样式"对话框

2. 选项说明

各个选项含义如表 5-1 所示。

表 5-1 "文字样式"对话框各选项含义

选项	含义
"样式"列表框	列出所有已设定的文字样式名或对已有样式名进行相关操作。单击"新建"按钮,系统打开如图 5-2 所示的"新建文字样式"对话框。在该对话框中可以为新建的文字样式输入名称。从"样式"列表框中选中要改名的文本样式右击,选择快捷菜单中的"重命名"命令,如图 5-3 所示,可以为所选文本样式输入新的名称
	图 5-2 "新建文字样式"对话框　　图 5-3 快捷菜单
"字体"选项组	用于确定字体样式。文字的字体确定字符的形状,在 AutoCAD 中,除了它固有的 SHX 形状字体文件外,还可以使用 TrueType 字体(如宋体、楷体、italley 等)。一种字体可以设置不同的效果,从而被多种文本样式使用,如图 5-4 所示就是同一种字体(宋体)的不同样式
	图 5-4 同一字体的不同样式
"大小"选项组	用于确定文本样式使用的字体文件、字体风格及字高。"高度"文本框用来设置创建文字时的固定字高,在用 TEXT 命令输入文字时,AutoCAD 不再提示输入字高参数。如果在此文本框中设置字高为 0,系统会在每一次创建文字时提示输入字高,所以,如果不想固定字高,就可以把"高度"文本框中的数值设置为 0

续表

选项		含义
"效果"选项组	"颠倒"复选框	勾选该复选框，表示将文本文字倒置标注，如图 5-5 所示 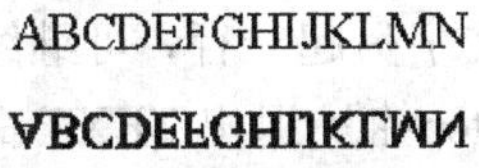 ABCDEFGHIJKLMN ABCDEFGHIJKLMN（倒置） 图 5-5　文字倒置标注
	"反向"复选框	确定是否将文本文字反向标注，如图 5-6 所示的标注效果 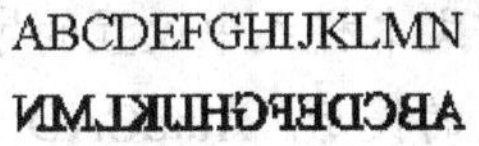 ABCDEFGHIJKLMN ABCDEFGHIJKLMN（反向） 图 5-6　文字反向标注
	"垂直"复选框	确定文本是水平标注还是垂直标注。勾选该复选框时为垂直标注，否则为水平标注，垂直标注如图 5-7 所示 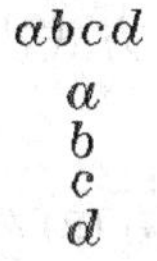 abcd a b c d 图 5-7　垂直标注
"宽度因子"文本框		设置宽度系数，确定文本字符的宽高比。当比例系数为 1 时，表示将按字体文件中定义的宽高比标注文字。当此系数小于 1 时，字会变窄，反之变宽。如图 5-4 所示，是在不同比例系数下标注的文本文字
"倾斜角度"文本框		用于确定文字的倾斜角度。角度为 0 时不倾斜，为正数时向右倾斜，为负数时向左倾斜，效果如图 5-4 所示
"应用"按钮		确认对文字样式的设置。当创建新的文字样式或对现有文字样式的某些特征进行修改后，都需要单击此按钮，系统才会确认所做的改动

5.1.2　单行文本标注

1．执行方式

命令行：TEXT。

菜单：选择菜单栏中的"绘图"→"文字"→"单行文字"命令。

工具栏：单击"文字"工具栏中的"单行文字"按钮 A。

功能区：单击"注释"选项卡"文字"面板中的"单行文字"按钮 A 或单击"默认"选项卡"注释"面板中的"单行文字"按钮 A。

2．操作步骤

命令行提示与操作如下。

```
命令: TEXT↙
当前文字样式: "Standard"  文字高度: 2.5000  注释性: 否  对正: 左
指定文字的起点或 [对正(J)/样式(S)]:
```

3．选项说明

（1）指定文字的起点：在此提示下直接在绘图区选择一点作为输入文本的起始点，命令行提示如下。

指定高度 <0.2000>：确定文字高度

指定文字的旋转角度 <0>：确定文本行的倾斜角度

执行上述命令后，即可在指定位置输入文本文字，输入后按<Enter>键，文本文字另起一行，可继续输入文字，待全部输入完后按两次<Enter>键，退出 TEXT 命令。可见，TEXT 命令也可创建多行文本，只是这种多行文本每一行是一个对象，不能对多行文本同时进行操作。

图 5-8　文本行倾斜排列的效果

注意：只有当前文本样式中设置的字符高度为 0，在使用 TEXT 命令时，系统才出现要求用户确定字符高度的提示。AutoCAD 允许将文本行倾斜排列，如图 5-8 所示为倾斜角度分别是 0°、45°和-45°时的排列效果。在"指定文字的旋转角度 <0>"提示下输入文本行的倾斜角度或在绘图区拉出一条直线来指定倾斜角度。

（2）对正（J）：在"指定文字的起点或 [对正（J）/样式（S）]"提示下输入"J"，用来确定文本的对齐方式，对齐方式决定文本的哪部分与所选插入点对齐。执行此选项，命令行提示如下：

输入选项 [左(L)/居中(C)/右(R)/对齐(A)/中间(M)/布满(F)/左上(TL)/中上(TC)/右上(TR)/左中(ML)/正中(MC)/右中(MR)/左下(BL)/中下(BC)/右下(BR)]：

在此提示下选择一个选项作为文本的对齐方式。当文本文字水平排列时，AutoCAD 为标注文本的文字定义了如图 5-9 所示的顶线、中线、基线和底线，各种对齐方式如图 5-10 所示，图中大写字母对应上述提示中各命令。

图 5-9　文本行的底线、基线、中线和顶线

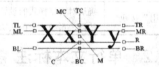

图 5-10　文本的对齐方式

实际绘图时，有时需要标注一些特殊字符，例如直径符号、上划线或下划线、温度符号等，由于这些符号不能直接从键盘上输入，AutoCAD 提供了一些控制码，用来实现这些要求。控制码用两个百分号（%%）加一个字符构成，常用的控制码及功能如表 5-2 所示。

表 5-2　AutoCAD 常用控制码

控制码	标注的特殊字符	控制码	标注的特殊字符
%%O	上划线	\u+0258	电相位
%%U	下划线	\u+E101	流线
%%D	"度"符号（°）	\u+2261	标识
%%P	正负符号（±）	\u+E102	界碑线
%%C	直径符号（Φ）	\u+2260	不相等（≠）
%%%	百分号（%）	\u+2126	欧姆（Ω）
\u+2248	约等于（≈）	\u+03A9	欧米加（Ω）
\u+2220	角度（∠）	\u+214A	低界线
\u+E100	边界线	\u+2082	下标 2
\u+2104	中心线	\u+00B2	上标 2
\u+0394	差值		

其中，%%O 和 %%U 分别是上划线和下划线的开关，第一次出现此符号开始画上划线和下划线，第二次出现此符号，上划线和下划线终止。例如输入"I want to %%U go to Beijing%%U."，则得到如图 5-11(a) 所示的文本行，输入"50%%D+%%C75%%P12"，则得到如图 5-11(b)所示的文本行。

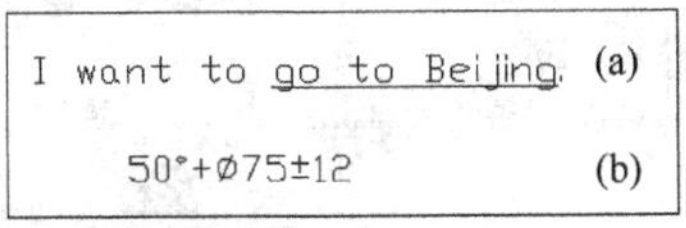

图 5-11　文本行

利用 TEXT 命令可以创建一个或若干个单行文本，即此命令可以标注多行文本。在"输入文字"提示下输入一行文本文字后按<Enter>键，命令行继续提示"输入文字"，用户可输入第二行文本文字，依此类推，直到文本文字全部输写完毕，再在此提示下按两次<Enter>键，结束文本输入命令。每一次按<Enter>键就结束一个单行文本的输入，每一个单行文本是一个对象，可以单独修改其文本样式、字高、旋转角度、对齐方式等。

用 TEXT 命令创建文本时，在命令行输入的文字同时显示在绘图区，而且在创建过程中可以随时改变文本的位置，只要移动光标到新的位置单击，则当前行结束，随后输入的文字在新的文本位置出现，用这种方法可以把多行文本标注到绘图区的不同位置。

5.1.3　多行文本标注

1．执行方式

命令行：MTEXT（快捷命令：T 或 MT）。

菜单栏：选择菜单栏中的"绘图"→"文字"→"多行文字"命令。

工具栏：单击"绘图"工具栏中的"多行文字"按钮 A 或单击"文字"工具栏中的"多行文字"按钮 A。

功能区：单击"默认"选项卡"注释"面板中的"多行文字"按钮 A 或单击"注释"选项卡"文字"面板中的"多行文字"按钮 A。

2．操作步骤

命令行提示与操作如下。

```
命令:MTEXT↙
当前文字样式:"Standard"　　当前文字高度:1.9122　　注释性：否
指定第一角点：指定矩形框的第一个角点
指定对角点或 [高度(H)/对正(J)/行距(L)/旋转(R)/样式(S)/宽度(W)/栏(C)]：
```

3．选项说明

（1）指定对角点：在绘图区选择两个点作为矩形框的两个角点，AutoCAD 以这两个点为对角点构成一个矩形区域，其宽度作为将来要标注的多行文本的宽度，第一个点作为第一行文本顶线的起点。响应后 AutoCAD 打开如图 5-12 所示的"文字编辑器"选项卡和"多行文字编辑器"，可利用此编辑器输入多行文本文字并对其格式进行设置。关于该对话框中各项的含义及编辑器功能，稍后再详细介绍。

（2）对正（J）：用于确定所标注文本的对齐方式。选择此选项，命令行提示如下。

输入对正方式 [左上(TL)/中上(TC)/右上(TR)/左中(ML)/正中(MC)/右中(MR)/左下(BL)/中下(BC)/右下(BR)] <左上(TL)>：

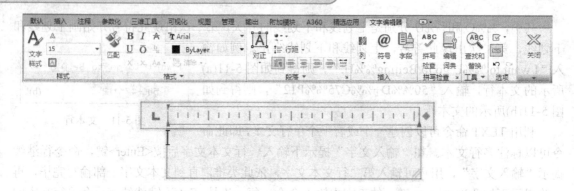

图 5-12 "文字编辑器"选项卡和多行文字编辑器

这些对齐方式与 TEXT 命令中的各对齐方式相同。选择一种对齐方式后按<Enter>键，系统回到上一级提示。

（3）行距（L）：用于确定多行文本的行间距。这里所说的行间距是指相邻两文本行基线之间的垂直距离。选择此选项，命令行提示如下：

输入行距类型 [至少(A)/精确(E)] <至少(A)>：

在此提示下有"至少"和"精确"两种方式确定行间距。在"至少"方式下，系统根据每行文本中最大的字符自动调整行间距；在"精确"方式下，系统为多行文本赋予一个固定的行间距，可以直接输入一个确切的间距值，也可以输入"nx"的形式，其中 n 是一个具体数，表示行间距设置为单行文本高度的 n 倍，而单行文本高度是本行文本字符高度的 1.66 倍。

（4）旋转（R）：用于确定文本行的倾斜角度。选择此选项，命令行提示如下：

指定旋转角度 <0>：

输入角度值后按<Enter>键，系统返回到"指定对角点或 [高度（H）/对正（J）/行距（L）/旋转（R）/样式（S）/宽度（W）]："的提示。

（5）样式（S）：用于确定当前的文本文字样式。

（6）宽度（W）：用于指定多行文本的宽度。可在绘图区选择一点，与前面确定的第一个角点组成一个矩形框的宽作为多行文本的宽度；也可以输入一个数值，精确设置多行文本的宽度。

（7）高度（H）：用于指定多行文本的高度。可在绘图区选择一点，与前面确定的第一个角点组成一个矩形框的高作为多行文本的高度；也可以输入一个数值，精确设置多行文本的高度。

在创建多行文本时，只要指定文本行的起始点和宽度后，系统就会打开如图 5-63 所示的多行文字编辑器，该编辑器包含一个"文字格式"对话框和一个快捷菜单。用户可以在编辑器中输入和编辑多行文本，包括设置字高、文本样式以及倾斜角度等。该编辑器与 Microsoft Word 编辑器界面相似，事实上该编辑器与 Word 编辑器在某些功能上趋于一致。这样既增强了多行文字的编辑功能，又能使用户更熟悉和方便地使用。

（8）栏（C）：根据栏宽、栏间距宽度和栏高组成矩形框，打开如图 5-12 所示的"文字编辑器"选项卡和"多行文字编辑器"。

（9）"文字编辑器"选项卡：用来控制文本文字的显示特性。可以在输入文本文字前设置

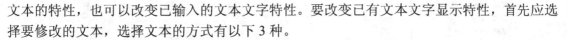

文本的特性，也可以改变已输入的文本文字特性。要改变已有文本文字显示特性，首先应选择要修改的文本，选择文本的方式有以下 3 种。

① 将光标定位到文本文字开始处，按住鼠标左键，拖到文本末尾。
② 双击某个文字，则该文字被选中。
③ 3 次单击鼠标，则选中全部内容。

下面介绍选项卡中部分选项的功能：

① "高度"下拉列表框：确定文本的字符高度，可在文本编辑框中直接输入新的字符高度，也可从下拉列表中选择已设定过的高度。

② "B"和"I"按钮：设置黑体或斜体效果，只对 TrueType 字体有效。

③ "删除线"按钮：用于在文字上添加水平删除线。

④ "下划线" U 与"上划线" O 按钮：设置或取消上（下）划线。

⑤ "堆叠"按钮：即层叠/非层叠文本按钮，用于层叠所选的文本，也就是创建分数形式。当文本中某处出现"/"、"^"或"#"这 3 种层叠符号之一时可层叠文本，方法是选中需层叠的文字，然后单击此按钮，则符号左边的文字作为分子，右边的文字作为分母。

AutoCAD 提供了 3 种分数形式。

- 如果选中"abcd/efgh"后单击此按钮，得到如图 5-13(a)所示的分数形式。
- 如果选中"abcd^efgh"后单击此按钮，则得到如图 5-13(b)所示的形式，此形式多用于标注极限偏差。
- 如果选中"abcd # efgh"后单击此按钮，则创建斜排的分数形式，如图 5-13(c)所示。如果选中已经层叠的文本对象后单击此按钮，则恢复到非层叠形式。

⑥ "倾斜角度"下拉列表框：设置文字的倾斜角度，如图 5-14 所示。

> **技巧荟萃**
>
> 倾斜角度与斜体效果是两个不同的概念，前者可以设置任意倾斜角度，后者是在任意倾斜角度的基础上设置斜体效果，如图 5-14 所示。第一行倾斜角度为 0°，非斜体效果；第二行倾斜角度为 12°，非斜体效果；第三行倾斜角度为 12°，斜体效果。

图 5-13　文本层叠　　　　　　　　图 5-14　倾斜角度与斜体效果

⑦ "符号"按钮：用于输入各种符号。单击该按钮，系统打开符号列表，如图 5-15 所示，可以从中选择符号输入到文本中。

⑧ "插入字段"按钮：插入一些常用或预设字段。单击该命令，系统打开"字段"对话框，如图 5-16 所示，用户可以从中选择字段插入标注文本中。

⑨ "追踪"按钮：增大或减小选定字符之间的空隙。

⑩ "宽度因子"按钮：扩展或收缩选定字符。

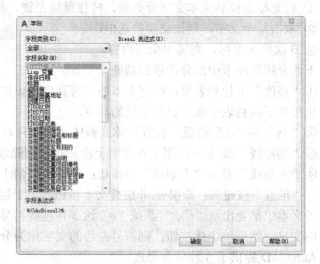

图 5-15 符号列表　　　　　　　　　　图 5-16 "字段"对话框

⑪ "上标" × 按钮：将选定文字转换为上标，即在键入线的上方设置稍小的文字。

⑫ "下标" × 按钮：将选定文字转换为下标，即在键入线的下方设置稍小的文字。

⑬ "清除格式"下拉列表：删除选定字符的字符格式，或删除选定段落的段落格式，或删除选定段落中的所有格式。

⑭ "项目符号和编号"下拉列表：添加段落文字前面的项目符号和编号。

- 关闭：如果选则此选项，将从应用了列表格式的选定文字中删除字母、数字和项目符号。不更改缩进状态。
- 以数字标记：应用将带有句点的数字用于列表中的项的列表格式。
- 以字母标记：应用将带有句点的字母用于列表中的项的列表格式。如果列表含有的项多于字母中含有的字母，可以使用双字母继续序列。
- 以项目符号标记：应用将项目符号用于列表中的项的列表格式。
- 启点：在列表格式中启动新的字母或数字序列。如果选定的项位于列表中间，则选定项下面的未选中的项也将成为新列表的一部分。
- 连续：将选定的段落添加到上面最后一个列表然后继续序列。如果选择了列表项而非段落，选定项下面的未选中的项将继续序列。
- 允许自动项目符号和编号：在键入时应用列表格式。以下字符可以用作字母和数字后的标点并不能用作项目符号：句点（.）、逗号（,）、右括号（)）、右尖括号（>）、右方括号（]）和右花括号（}）。
- 允许项目符号和列表：如果选择此选项，列表格式将应用到外观类似列表的多行文字对象中的所有纯文本。

⑮ 拼写检查：确定键入时拼写检查处于打开还是关闭状态。

⑯ 编辑词典：显示"词典"对话框，从中可添加或删除在拼写检查过程中使用的自定义词典。

⑰ 标尺：在编辑器顶部显示标尺。拖动标尺末尾的箭头可更改文字对象的宽度。列模式处于活动状态时，还显示高度和列夹点。

⑱ 段落：为段落和段落的第一行设置缩进。指定制表位和缩进，控制段落对齐方式、段落间距和段落行距如图 5-17 所示。

⑲ 输入文字：选择此项，系统打开"选择文件"对话框，如图 5-18 所示。选择任意 ASCII 或 RTF 格式的文件。输入的文字保留原始字符格式和样式特性，但可以在多行文字编辑器中编辑和格式化输入的文字。选择要输入的文本文件后，可以替换选定的文字或全部文字，或在文字边界内将插入的文字附加到选定的文字中。输入文字的文件必须小于 32K。

图 5-17 "段落"对话框

图 5-18 "选择文件"对话框

注意：多行文字是由任意数目的文字行或段落组成的，布满指定的宽度，还可以沿垂直方向无限延伸。多行文字中，无论行数是多少，单个编辑任务中创建的每个段落集将构成单个对象；用户可对其进行移动、旋转、删除、复制、镜像或缩放操作。

5.1.4 实例——绘制电动机符号

本例绘制如图 5-19 所示的电动机符号。

绘制步骤

（1）绘制整圆。单击"默认"选项卡"绘图"面板中的"圆"按钮 ，在屏幕上的合适位置选择一点作为圆心，绘制一个半径为 25 的圆，命令行中的提示与操作如下。

图 5-19 绘制电动机符号

命令：_circle

指定圆的圆心或 ［三点(3P)/两点(2P)/切点、切点、半径(T)］：（选择一点）
指定圆的半径或 ［直径(D)］：25✓

绘制的圆如图 5-20 所示。

（2）添加文字。单击"默认"选项卡"注释"面板中的"多行文字"按钮A，在图中的适当位置指定两对角点后，弹出"文字编辑器"选项卡，如图 5-21 所示。在圆的旁边撰写元件的符号，输入大写字母"M"后按<Enter>键，输入数字"3"，接着单击"插入"面板中的"符号"按钮@，弹出的下拉菜单如图 5-22 所示。单击"其他"按钮，弹出"字符映射表"对话框，如图 5-23 所示，选择"Fixedys"字体，单击所需的符号，符号就会放大显示在对话框内，单击"选择"按钮，然后单击"复制"按钮，关闭"字符映射表"对话框，按<Ctrl>+<V>键将波浪符号插入文字。添加完成后，选中文字并按住鼠标左键将文字拖动到适当的位置。添加注释文字后的图形如图 5-19 所示。

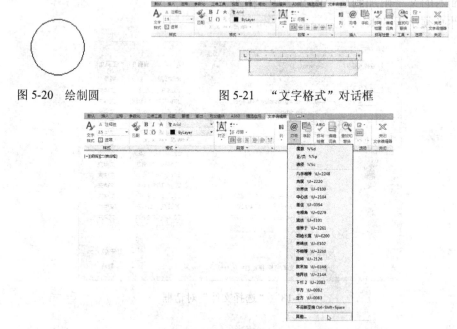

图 5-20　绘制圆　　　　　　　图 5-21　"文字格式"对话框

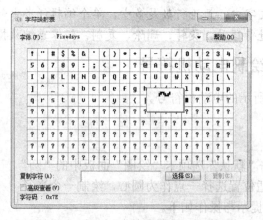

图 5-22　"符号"按钮下拉菜单

图 5-23　打开"字符映射表"对话框

动手练一练——绘制带燃油泵电机

绘制如图 5-24 所示的带燃油泵电机。

 思路点拨

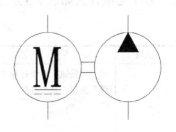

源文件：源文件\第 5 章\带燃油泵电机.dwg
（1）利用"圆"和"直线"命令绘制一侧图形。
（2）利用"复制"命令绘制另一侧图形。
（3）利用"直线"、"偏移"、"修剪"命令绘制线段。

图 5-24 带燃油泵电机

（4）利用"正多边形"和"图案填充"命令绘制三角形。
（5）利用"多行文字"和"直线"按钮绘制文字并在文字下方绘制水平直线。

5.2 表格

在以前的 AutoCAD 版本中，要绘制表格必须采用绘制图线或结合偏移、复制等编辑命令来完成，这样的操作过程烦琐而复杂，不利于提高绘图效率。有了表格功能，创建表格就变得非常容易，用户可以直接插入设置好样式的表格，而不用绘制由单独图线组成的表格。

5.2.1 定义表格样式

和文字样式一样，所有 AutoCAD 图形中的表格都有与其相对应的表格样式。当插入表格对象时，系统使用当前设置的表格样式。表格样式是用来控制表格基本形状和间距的一组设置。模板文件 ACAD.DWT 和 ACADISO.DWT 中定义了名为"Standard"的默认表格样式。

1. 执行方式

命令行：TABLESTYLE。
菜单栏：选择菜单栏中的"格式"→"表格样式"命令。
工具栏：单击"样式"工具栏中的"表格样式"按钮 。
功能区：单击"默认"选项卡"注释"面板中的"表格样式"按钮 或单击"注释"选项卡"表格"面板上的"表格样式"下拉菜单中的"管理表格样式"按钮或单击"注释"选项卡"表格"面板中"对话框启动器"按钮 。

执行上述命令后，系统打开"表格样式"对话框，如图 5-25 所示。

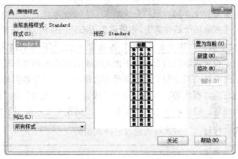

图 5-25 "表格样式"对话框

2. 选项说明

各个选项含义如表 5-3 所示。

表 5-3 "表格样式"对话框各选项含义

选项	含义
"新建"按钮	单击该按钮，系统打开"创建新的表格样式"对话框，如图 5-26 所示。输入新的表格样式名后，单击"继续"按钮，系统打开"新建表格样式"对话框，如图 5-27 所示，从中可以定义新的表格样式。 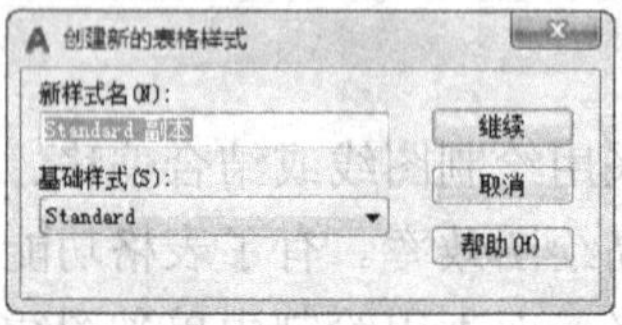 图 5-26 "创建新的表格样式"对话框 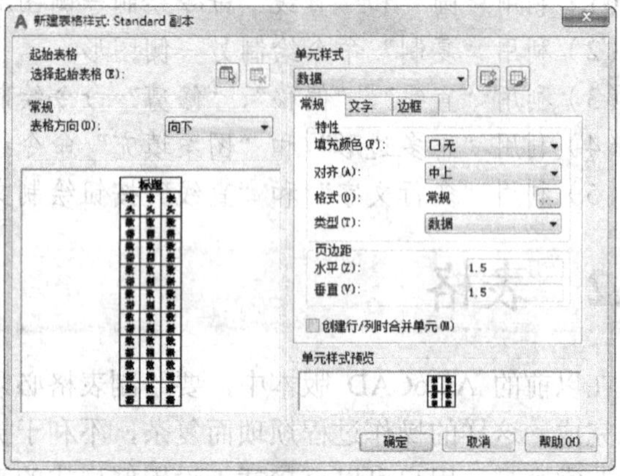　　　图 5-27 "新建表格样式"对话框 "新建表格样式"对话框的"单元样式"下拉列表框中有 3 个重要的选项："数据"、"表头"和"标题"，分别控制表格中数据、列标题和总标题的有关参数，如图 5-28 所示。在"新建表格样式"对话框在有 3 个重要的选项卡，分别介绍如下  图 5-28 表格样式
"常规"选项卡	用于控制数据栏格与标题栏格的上下位置关系
"文字"选项卡	用于设置文字属性单击此选项卡，在"文字样式"下拉列表框中可以选择已定义的文字样式并应用于数据文字，也可以单击右侧的按钮 … 重新定义文字样式。其中"文字高度"、"文字颜色"和"文字角度"各选项设定的相应参数格式可供用户选择
"边框"选项卡	用于设置表格的边框属性下面的边框线按钮控制数据边框线的各种形式，如绘制所有数据边框线、只绘制数据边框外部边框线、只绘制数据边框内部边框线、无边框线、只绘制底部边框线等。选项卡中的"线宽"、"线型"和"颜色"下拉列表框则控制边框线的线宽、线型和颜色；选项卡中的"间距"文本框用于控制单元边界和内容之间的间距
"修改"按钮	用于对当前表格样式进行修改，方式与新建表格样式相同

如图 5-29 所示，数据文字样式为"standard"，文字高度为 4.5，文字颜色为"红色"，对

齐方式为"右下";标题文字样式为"standard",文字高度为6,文字颜色为"蓝色",对齐方式为"正中",表格方向为"上",水平单元边距和垂直单元边距都为"1.5"的表格样式。

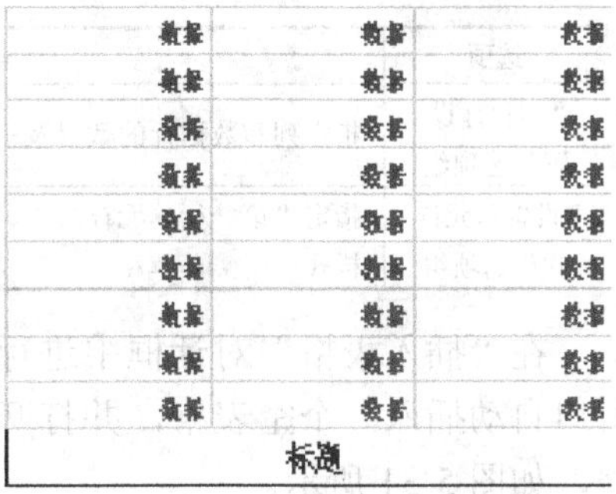

5.2.2 创建表格

在设置好表格样式后,用户可以利用 TABLE 命令创建表格。

图 5-29 表格示例

1. 执行方式

命令行:TABLE。

菜单栏:选择菜单栏中的"绘图"→"表格"命令。

工具栏:单击"绘图"工具栏中的"表格"按钮。

功能区:单击"默认"选项卡"注释"面板中的"表格"按钮或单击"注释"选项卡"表格"面板中的"表格"按钮。

执行上述命令后,系统打开"插入表格"对话框,如图 5-30 所示。

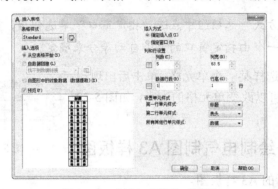

图 5-30 "插入表格"对话框

2. 选项说明

各个选项含义如表 5-4 所示。

表 5-4 "插入表格"对话框各选项含义

选项		含义
"表格样式"选项组		可以在"表格样式"下拉列表框中选择一种表格样式,也可以通过单击后面的"..."按钮来新建或修改表格样式
"插入选项"选项组	"从空表格开始"单选钮	创建可以手动填充数据的空表格
	"自数据连接"单选钮	通过启动数据连接管理器来创建表格
	"自图形中的对象数据"单选钮	通过启动"数据提取"向导来创建表格
"插入方式"选项组	"指定插入点"单选钮	指定表格的左上角的位置。可以使用定点设备,也可以在命令行中输入坐标值。如果表格样式将表格的方向设置为由下而上读取,则插入点位于表格的左下角
	"指定窗口"单选钮	指定表的大小和位置。可以使用定点设备,也可以在命令行中输入坐标值。选定此选项时,行数、列数、列宽和行高取决于窗口的大小以及列和行设置

续表

选项	含义
"列和行设置"选项组	指定列和数据行的数目及列宽与行高
"设置单元样式"选项组	指定"第一行单元样式"、"第二行单元样式"和"所有其他行单元样式"分别为标题、表头或者数据样式

在"插入表格"对话框中进行相应设置后,单击"确定"按钮,系统在指定的插入点或窗口自动插入一个空表格,并打开多行文字编辑器,用户可以逐行逐列输入相应的文字或数据,如图 5-31 所示。

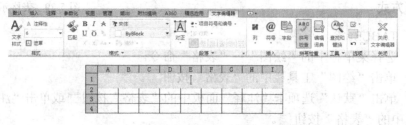

图 5-31 多行文字编辑器

📢 **注意**:在"插入方式"选项组中点选"指定窗口"单选钮后,列与行设置的两个参数中只能指定一个,另外一个由指定窗口的大小自动等分来确定。

在插入后的表格中选择某一个单元格,单击后出现钳夹点,通过移动钳夹点可以改变单元格的大小,如图 5-32 所示。

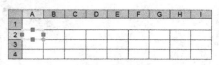

图 5-32 改变单元格大小

5.2.3 实例——绘制电气制图 A3 样板图

绘制如图 5-33 所示的 A3 样板图。

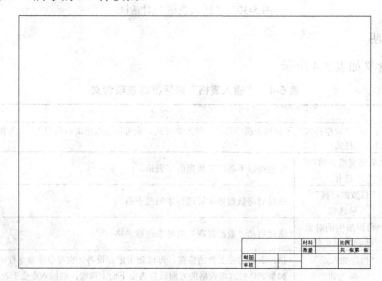

图 5-33 A3 样板图

绘制步骤

(1) 绘制图框

单击"默认"选项卡"绘图"面板中的"矩形"按钮□，绘制一个矩形，指定矩形两个角点的坐标分别为（25,10）和（410,287），如图 5-34 所示。

注意：国家标准规定 A3 图纸的幅面大小是 420mm×297mm，这里留出了带装订边的图框到纸面边界的距离。

(2) 绘制标题栏

图 5-34 绘制矩形

标题栏结构如图 5-35 所示，由于分隔线并不整齐，所以可以先绘制一个单元格个数 28×4（每个单元格的尺寸是 5×8）的标准表格，然后在此基础上编辑合并单元格形成图 5-35 所示形式。

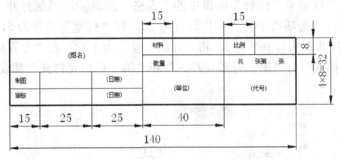

图 5-35 标题栏示意图

① 单击"默认"选项卡"注释"面板中的"表格样式"按钮，打开"表格样式"对话框，如图 5-36 所示。

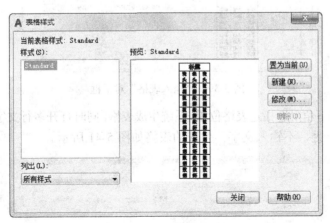

图 5-36 "表格样式"对话框

② 单击"修改"按钮，系统打开"修改表格样式"对话框，在"单元样式"下拉列表框中选择"数据"选项，在下面的"文字"选项卡中将文字高度设置为 3，如图 5-37 所示。再打开"常规"选项卡，将"页边距"选项组中的"水平"和"垂直"都设置成 1，如图 5-38 所示。

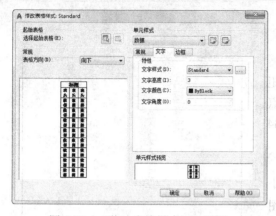
图 5-37 "修改表格样式"对话框

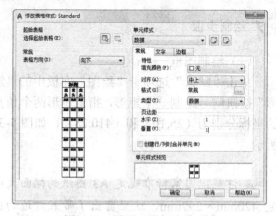
图 5-38 设置"常规"选项卡

注意：表格的行高=文字高度+2×垂直页边距，此处设置为 3+2×1=5。

③ 系统回到"表格样式"对话框，单击"关闭"按钮退出。

④ 单击"默认"选项卡"注释"面板中的"表格"按钮，系统打开"插入表格"对话框，在"列和行设置"选项组中将"列"设置为 28，将"列宽"设置为 5，将"数据行"设置为 2（加上标题行和表头行共 4 行），将"行高"设置为 1 行；在"设置单元样式"选项组中将"第一行单元样式"与"第二行单元样式"和"第三行单元样式"都设置为"数据"，如图 5-39 所示。

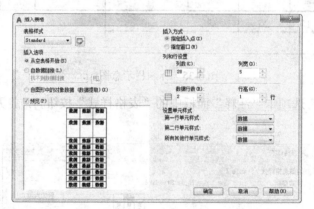
图 5-39 "插入表格"对话框

⑤ 在图框线右下角附近指定表格位置，系统生成表格，同时打开多行文字编辑器，如图 5-40 所示，直接按 Enter 键，不输入文字，生成的表格如图 5-41 所示。

图 5-40 表格和文字编辑器

文字、表格和尺寸标注

⑥ 单击表格一个单元格，系统显示其编辑夹点，单击鼠标右键，在打开的快捷菜单中选择"特性"命令，如图 5-42 所示，系统打开"特性"对话框，将单元高度参数改为 8，如图 5-43 所示，这样该单元格所在行的高度就统一改为 8。使用同样方法将其他行的高度改为 8，结果如图 5-44 所示。

图 5-41　生成表格

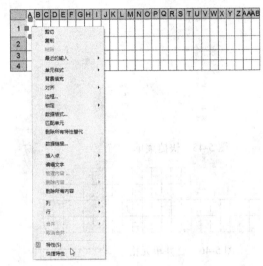

图 5-42　快捷菜单

图 5-43　"特性"对话框

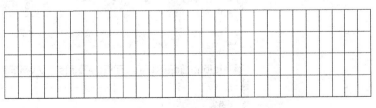

图 5-44　修改表格高度

⑦ 选择 A1 单元格，然后按住 Shift 键，再选择右边的 12 个单元格以及下面的 13 个单

元格，单击右键，打开快捷菜单，选择其中的"合并"→"全部"命令，如图 5-45 所示，这些单元格完成合并，如图 5-46 所示。

图 5-45　快捷菜单

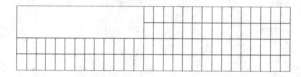

图 5-46　合并单元格

使用同样方法合并其他单元格，结果如图 5-47 所示。

⑧ 在单元格三击鼠标左键，打开文字编辑器，在单元格中输入文字，将文字大小改为 4，如图 5-48 所示。

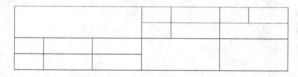

图 5-47　完成表格绘制

图 5-48　输入文字

使用同样方法，输入其他单元格文字，结果如图 5-49 所示。

（3）移动标题栏

刚生成的标题栏无法准确确定与图框的相对位置，需要移动。命令行提示和操作如下：

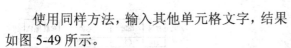

图 5-49　完成标题栏文字输入

```
命令：move↙
选择对象：（选择刚绘制的表格）
选择对象：↙
指定基点或［位移(D)］<位移>：（捕捉表格的右下角点）
指定第二个点或 <使用第一个点作为位移>：（捕捉图框的右下角点）
```

这样，就将表格准确放置在图框的右下角，如图 5-50 所示。

（4）保存样板图

单击"快速访问"工具栏中的"另存为"按钮，打开"图形另存为"对话框，将图形保存为 DWT 格式文件即可，如图 5-51 所示。

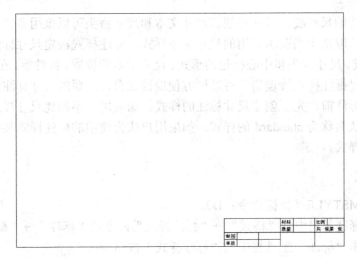

图 5-50　移动表格

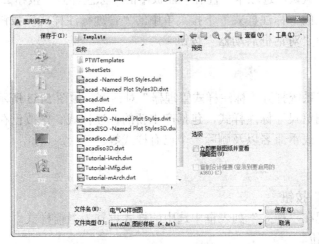

图 5-51　"图形另存为"对话框

动手练一练————绘制电气图例表

绘制如图 5-52 所示的电气图例表。

 思路点拨

源文件：源文件\第 5 章\电气图例表.dwg
（1）设置表格样式。
（2）插入空表格，并调整列宽。
（3）重新输入文字和数据。

图 5-52 电气图例表

5.3 尺寸标注

5.3.1 尺寸样式

组成尺寸标注的尺寸线、尺寸界线、尺寸文本和尺寸箭头可以采用多种形式，尺寸标注以什么形态出现，取决于当前所采用的尺寸标注样式。标注样式决定尺寸标注的形式，包括尺寸线、尺寸界线、尺寸箭头和中心标记的形式、尺寸文本的位置、特性等。在 AutoCAD 2018 中用户可以利用"标注样式管理器"对话框方便地设置自己需要的尺寸标注样式。

在进行尺寸标注前，先要创建尺寸标注的样式。如果用户不创建尺寸样式而直接进行标注，系统使用默认名称为 standard 的样式。如果用户认为使用的标注样式某些设置不合适，也可以修改标注样式。

1．执行方式

命令行：DIMSTYLE（快捷命令：D）。
菜单栏：选择菜单栏中的"格式"→"标注样式"命令或"标注"→"标注样式"命令。
工具栏：单击"标注"工具栏中的"标注样式"按钮 。
功能区：单击"默认"选项卡"注释"面板中的"标注样式"按钮 或单击"注释"选项卡"标注"面板上的"标注样式"下拉菜单中的"管理标注样式"按钮或单击"注释"选项卡"标注"面板中"对话框启动器"按钮 。

2．操作步骤

执行上述命令，系统打开"标注样式管理器"对话框，如图 5-53 所示。利用此对话框可方便直观地定制和浏览尺寸标注样式，包括产生新的标注样式、修改已存在的样式、设置当前尺寸标注样式、样式重命名以及删除一个已有样式等。

3．选项说明

（1）"置为当前"按钮
点取此按钮，把在"样式"列表框中选中的样式设置为当前样式。
（2）"新建"按钮
定义一个新的尺寸标注样式。单击此按钮，AutoCAD 打开"创建新标注样式"对话框，如图 5-54 所示；利用此对话框可创建一个新的尺寸标注样式，单击"继续"按钮，系统打开"新建标注样式"对话框，如图 5-55 所示；利用此对话框可对新样式的各项特性进行设置。该对话框中各部分的含义和功能将在后面介绍。

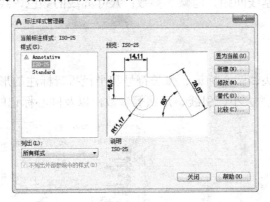

图 5-53　"标注样式管理器"对话框

图 5-54　"创建新标注样式"对话框

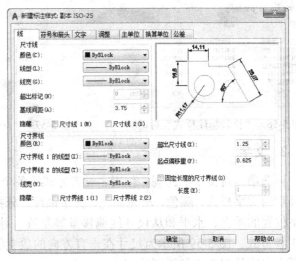

图 5-55　"新建标注样式"对话框

（3）"修改"按钮

修改一个已存在的尺寸标注样式。单击此按钮，AutoCAD 弹出"修改标注样式"对话框，该对话框中的各选项与"新建标注样式"对话框中完全相同，可以对已有标注样式进行修改。

（4）"替代"按钮

设置临时覆盖尺寸标注样式。单击此按钮，AutoCAD 打开"替代当前样式"对话框，该对话框中各选项与"新建标注样式"对话框完全相同，用户可改变选项的设置覆盖原来的设置，但这种修改只对指定的尺寸标注起作用，而不影响当前尺寸变量的设置。

（5）"比较"按钮

比较两个尺寸标注样式在参数上的区别或浏览一个尺寸标注样式的参数设置。单击此按钮，AutoCAD 打开"比较标注样式"对话框，如图 5-56 所示。可以把比较结果复制到剪切板上，然后再粘贴到其他的 Windows 应用软件上。

在图 5-55 所示的"新建标注样式"对话框中有 5 个选项卡，分别说明如下。

1. 线

该选项卡对尺寸线、尺寸界线的形式和特性等各个参数进行设置。分别包括尺寸线的颜色、线宽、超出标记、基线间距、隐藏等参数；尺寸界线的颜色、线宽、超出尺寸线、起点偏移量、隐藏等参数。

2. 符号和箭头

该选项卡主要对箭头、圆心标记、弧长符号和半径折弯标注的形式和特性进行设置，如图5-57所示。包括箭头的大小、引线、形状等参数，以及圆心标记的类型和大小等参数。

图5-56 "比较标注样式"对话框

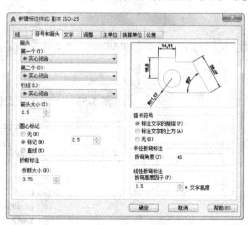

图5-57 "新建标注样式"对话框的"符号和箭头"选项卡

3. 文字

该选项卡对文字的外观、位置、对齐方式等各个参数进行设置，如图5-58所示。包括文字外观的文字样式、颜色、填充颜色、文字高度、分数高度比例和是否绘制文字边框等参数；文字位置的垂直、水平和从尺寸线偏移量等参数。对齐方式有水平、与尺寸线对齐、ISO标准3种方式。图5-59所示为尺寸在垂直方向的放置的4种不同情形，图5-60所示为尺寸在水平方向的放置的5种不同情形。

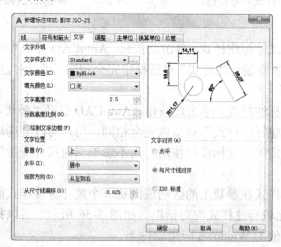

图5-58 "新建标注样式"对话框中的"文字"选项卡

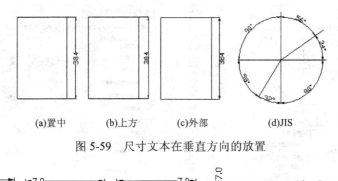

图 5-59　尺寸文本在垂直方向的放置

图 5-60　尺寸文本在水平方向的放置

4．调整

该选项卡对调整选项、文字位置、标注特征比例、优化等各个参数进行设置，如图 5-61 所示。包括调整选项选择、文字不在默认位置时的放置位置、标注特征比例选择，以及调整尺寸要素位置等参数。图 5-62 所示为文字不在默认位置时，放置位置的 3 种不同情形。

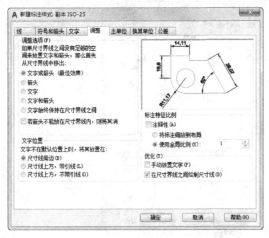

图 5-61　"新建标注样式"对话框中的"调整"选项卡

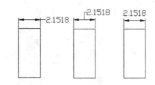

图 5-62　尺寸文本的位置

5．主单位

该选项卡用于设置尺寸标注的主单位和精度，以及给尺寸文本添加固定的前缀或后缀。本选项卡含有两个选项组，分别对长度型标注和角度型标注进行设置，如图 5-63 所示。

6．换算单位

该选项卡用于对换算单位进行设置，如图 5-64 所示。

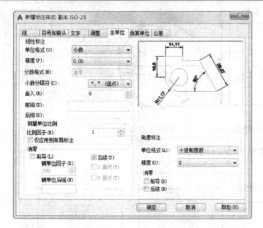
图 5-63 "新建标注样式"对话框中的"主单位"选项卡

图 5-64 "新建标注样式"对话框中的"换算单位"选项卡

7. 公差

该选项卡用于对尺寸公差进行设置，如图 5-65 所示。其中"方式"下拉列表框列出了 AutoCAD 提供的 5 种标注公差的形式，用户可从中选择。这 5 种形式分别是"无"、"对称"、"极限偏差"、"极限尺寸"和"基本尺寸"，其中"无"表示不标注公差。其余 4 种标注情况如图 5-66 所示。在"精度"、"上偏差"、"下偏差"、"高度比例"、"垂直位置"等文本框中输入或选择相应的参数值。

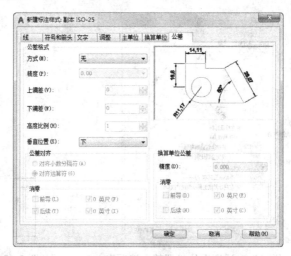
图 5-65 "新建标注样式"对话框中的"公差"选项卡

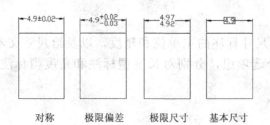
图 5-66 公差标注的形式

文字、表格和尺寸标注

注意：系统自动在上偏差数值前加一个"+"号，在下偏差数值前加一个"-"号。如果上偏差是负值或下偏差是正值，都需要在输入的偏差值前加负号。如下偏差是+0.005，则需要在"下偏差"微调框中输入-0.005。

5.3.2 标注尺寸

正确地进行尺寸标注是设计绘图工作中非常重要的一个环节，AutoCAD 2018 提供了方便快捷的尺寸标注方法，可通过执行命令实现，也可利用菜单或工具按钮实现。本节重点介绍如何对各种类型的尺寸进行标注。

1. 线性标注

（1）执行方式

命令行：DIMLINEAR（缩写名：DIMLIN，快捷命令：DLI）。
菜单栏：选择菜单栏中的"标注"→"线性"命令。
工具栏：单击"标注"工具栏中的"线性"按钮 ⊢⊣。
功能区：单击"默认"选项卡"注释"面板中的"线性"按钮 ⊢⊣或单击"注释"选项卡"标注"面板中的"线性"按钮 ⊢⊣。

（2）操作步骤
命令行提示与操作如下。

```
命令：DIMLIN↙
指定第一个尺寸界线原点或 <选择对象>：
光标变为拾取框，并在命令行提示如下。
选择标注对象： 用拾取框选择要标注尺寸的线段
指定尺寸线位置或[多行文字(M)/文字(T)/角度(A)/水平(H)/垂直(V)/旋转(R)]：
```

（3）选项说明
各个选项含义如表 5-5 所示。

表 5-5 "线性"命令各选项含义

选项	含义
指定尺寸线位置	用于确定尺寸线的位置。用户可移动鼠标选择合适的尺寸线位置，然后按<Enter>键或单击，AutoCAD 则自动测量要标注线段的长度并标注出相应的尺寸
多行文字（M）	用多行文本编辑器确定尺寸文本
文字（T）	用于在命令行提示下输入或编辑尺寸文本。选择此选项后，命令行提示如下： 输入标注文字 <默认值>： 其中的默认值是 AutoCAD 自动测量得到的被标注线段的长度，直接按<Enter>键即可采用此长度值，也可输入其他数值代替默认值。当尺寸文本中包含默认值时，可使用尖括号"<>"表示默认值
角度（A）	用于确定尺寸文本的倾斜角度
水平（H）	水平标注尺寸，不论标注什么方向的线段，尺寸线总保持水平放置
垂直（V）	垂直标注尺寸，不论标注什么方向的线段，尺寸线总保持垂直放置
旋转（R）	输入尺寸线旋转的角度值，旋转标注尺寸

📢 **注意**：线性标注有水平、垂直或对齐放置。使用对齐标注时，尺寸线将平行于两尺寸界线原点之间的直线（想象或实际）。基线（或平行）和连续（或链）标注是一系列基于线性标注的连续标注，连续标注是首尾相连的多个标注。在创建基线或连续标注之前，必须创建线性、对齐或角度标注。可从当前任务最近创建的标注中以增量方式创建基线标注。

2．基线标注

基线标注用于产生一系列基于同一尺寸界线的尺寸标注，适用于长度尺寸、角度和坐标标注。在使用基线标注方式之前，应该先标注出一个相关的尺寸作为基线标准。

（1）执行方式

命令行：DIMBASELINE（快捷命令：DBA）。

菜单栏：选择菜单栏中的"标注"→"基线"命令。

工具栏：单击"标注"工具栏中的"基线"按钮 。

功能区：单击"注释"选项卡"标注"面板中的"基线"按钮 。

（2）操作步骤

命令行提示与操作如下。

```
命令：DIMBASELINE✓
指定第二个尺寸界线原点或 [选择(S)/放弃(U)] <选择>：
```

（3）选项说明

各个选项含义如表5-6所示。

表5-6 "基线"命令各选项含义

选项	含义
指定第二条尺寸界线原点	直接确定另一个尺寸的第二条尺寸界线的起点，AutoCAD 以上次标注的尺寸为基准标注，标注出相应尺寸。
选择（S）	在上述提示下直接按<Enter>键，命令行提示如下。 选择基准标注：选择作为基准的尺寸标注

3．连续标注

连续标注又叫尺寸链标注，用于产生一系列连续的尺寸标注，后一个尺寸标注均把前一个标注的第二条尺寸界线作为它的第一条尺寸界线。适用于长度型尺寸、角度型和坐标标注。在使用连续标注方式之前，应该先标注出一个相关的尺寸。

（1）执行方式

命令行：DIMCONTINUE（快捷命令：DCO）。

菜单栏：选择菜单栏中的"标注"→"连续"命令。

工具栏：单击"标注"工具栏中的"连续"按钮 。

功能区：单击"注释"选项卡"标注"面板中的"连续"按钮 。

（2）操作步骤

命令行提示与操作如下。

```
命令：DIMCONTINUE↙
选择连续标注：
指定第二个尺寸界线原点或 [选择(S)/放弃(U)] <选择>：
```

此提示下的各选项与基线标注中完全相同，此处不再赘述。

注意：AutoCAD允许用户利用基线标注方式和连续标注方式进行角度标注，如图5-67所示。

4．一般引线标注

LEADER命令可以创建灵活多样的引线标注形式，可根据需要把指引线设置为折线或曲线，指引线可带箭头，也可不带箭头，注释文本可以是多行文本，可以是形位公差，也可以从图形其他部位复制，还可以是一个图块。

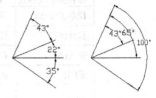

图 5-67 连续型和基线型角度标注

（1）执行方式

命令行：LEADER

（2）操作步骤

```
命令：LEADER↙
指定引线起点：（输入指引线的起始点）
指定下一点：（输入指引线的另一点）
指定下一点或 [注释(A)/格式(F)/放弃(U)] <注释>：
```

（3）选项说明

各个选项含义如表5-7所示。

表 5-7 "LEADER"命令各选项含义

选项		含义
指定下一点		直接输入一点，AutoCAD根据前面的点画出折线作为指引线
<注释>		输入注释文本，为默认项。在上面提示下直接回车，AutoCAD提示：
		输入注释文字的第一行或 <选项>：
	输入注释文本	在此提示下输入第一行文本后回车，可继续输入第二行文本，如此反复执行，直到输入全部注释文本，然后在此提示下直接回车，AutoCAD会在指引线终端标注出所输入的多行文本，并结束LEADER命令
		如果在上面的提示下直接回车，AutoCAD提示：
		输入注释选项 [公差(T)/副本(C)/块(B)/无(N)/多行文字(M)] <多行文字>：
		在此提示下选择一个注释选项或直接回车选"多行文字"选项。其中各选项的含义如下
	公差(T)	标注形位公差
	副本(C)	把已由LEADER命令创建的注释拷贝到当前指引线末端。执行该选项，系统提示：
		选择要复制的对象：
		在此提示下选取一个已创建的注释文本，则AutoCAD把它复制到当前指引线的末端
	块(B)	插入块，把已经定义好的图块插入指引线的末端。执行该选项，系统提示：
		输入块名或 [?]：
		在此提示下输入一个已定义好的图块名，AutoCAD把该图块插入指引线的末端。或键入"?"列出当前已有图块，用户可从中选择

续表

选项		含义
	无(N)	不进行注释,没有注释文本
	<多行文字>	用多行文本编辑器标注注释文本并定制文本格式,为默认选项
格式(F)	确定指引线的形式。选择该项,AutoCAD 提示:	
	输入引线格式选项[样条曲线(S)/直线(ST)/箭头(A)/无(N)] <退出>:	
	选择指引线形式,或直接回车回到上一级提示	
	样条曲线(S)	设置指引线为样条曲线
	直线(ST)	设置指引线为折线
	箭头(A)	在指引线的起始位置画箭头
	无(N)	在指引线的起始位置不画箭头
	<退出>	此项为默认选项,选取该项退出"格式"选项,返回"指定下一点或[注释(A)/格式(F)/放弃(U)]<注释>:"提示,并且指引线形式按默认方式设置

5.4 综合实例——绘制变电站避雷针布置图

图 5-68 所示是某厂用 35kV 变电站避雷针布置及其保护范围图,由图可知,这个变电站装有 3 支 15m 的避雷针和一支 12m 进线终端杆的避雷针,是按照被保护高度为 5m 而确定的保护范围图。此图表明,凡是 5m 高度以下的设备和构筑物均在此保护范围图之内。但是,高于 5m 的设备,如果离某支避雷针很近,也能被保护;低于 5m 的设备,超过图示范围也可能在保护范围之内。

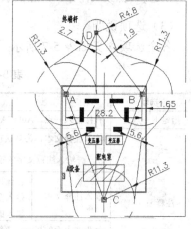

图 5-68 某厂用 35kV 变电站
避雷针布置及其保护范围图

绘制步骤

(1)设置绘图环境。

单击"默认"选项卡"图层"面板中的"图层特性"按钮,打开"图层特性管理器"对话框,新建"中心线层"和"绘图层"一共两个图层,设置好的各图层的属性如图 5-69 所示。

(2)绘制矩形边框。

① 将"中心线层"设置为当前图层,单击"默认"选项卡"绘图"面板中的"直线"按钮,绘制一条竖直直线。

② 将"绘图层"设置为当前图层,选择菜单栏中的"绘图"→"多线"命令,绘制边框,命令行如下提示。

```
命令:_mline
当前设置: 对正 = 无,比例 = 0.30,样式 = STANDARD
指定起点或[对正(J)/比例(S)/样式(ST)]:(输入 S✓)
输入多线比例<20.00>:(输入 0.3✓)
当前设置: 对正 = 无,比例 = 0.30,样式 = STANDARD
指定起点或[对正(J)/比例(S)/样式(ST)]:(输入 J✓)
输入对正类型[上(T)/无(Z)/下(B)]<无>:(输入 Z✓)
```

文字、表格和尺寸标注

当前设置：对正 = 无，比例 = 0.30，样式 = STANDARD
指定起点或[对正(J)/比例(S)/样式(ST)]：

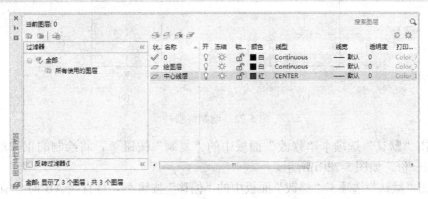

图 5-69 图层设置

打开"对象捕捉"功能捕捉最近点获得多线在中心线的起点，移动鼠标使直线保持水平，在屏幕上出现如图 5-70 所示的情形，跟随鼠标的提示在"指定下一点"右面的方格中输入下一点到起点的距离 15.6mm，接着移动鼠标使直线保持竖直，竖直向上绘制，绘制长度为 38mm，继续移动鼠标使直线保持水平，利用同样的方法水平向右绘制，绘制长度为 15.6mm，如图 5-71(a)所示。

③ 单击"默认"选项卡"修改"面板中的"镜像"按钮 ⚠，选择镜像对象为绘制的左边框，镜像线为中心线，镜像后的效果如图 5-71(b)所示。

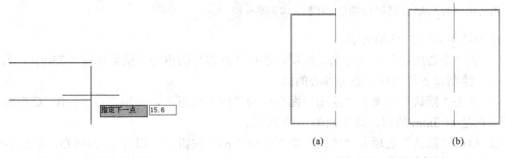

图 5-70 多段线的绘制　　　　　图 5-71 矩形边框图

（3）绘制终端杆，同时进行连接。

① 单击"默认"选项卡"修改"面板中的"分解"按钮，将图 5-71 所示的矩形边框进行分解。并单击"默认"选项卡"修改"面板中的"合并"按钮，将上下边框分别结合并为一条直线。

② 单击"默认"选项卡"修改"面板中的"偏移"按钮，将矩形上边框直线向下偏移，偏移距离分别为 3mm 和 41mm，同时将中心线分别向左右偏移，偏移距离均为 14.1mm，如图 5-72(a)所示。

③ 单击"默认"选项卡"绘图"面板中的"矩形"按钮，绘制一个边长为 1.1mm 的正方形，使矩形的中心与 B 点重合。

④ 单击"默认"选项卡"修改"面板中的"偏移"按钮，偏移距离为 0.3mm，偏移对象选择步骤（3）绘制的正方形，点取矩形外面的一点，偏移后的效果如图 5-72(b)所示。

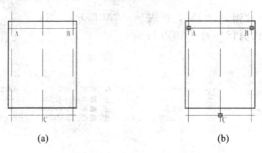

图 5-72 绘制终端杆

⑤ 单击"默认"选项卡"修改"面板中的"复制"按钮，将绘制的正方形在 A、C 两点各复制一份，如图 5-72(b)所示。

⑥ 单击"默认"选项卡"修改"面板中的"偏移"按钮，将直线 AB 向上偏移 22mm，同时将中心线向左偏移 3mm，偏移后的效果如图 5-73(a)所示。

⑦ 单击"默认"选项卡"修改"面板中的"复制"按钮，将绘制的正方形在 D 点（图 5-73(a)）复制一份。

⑧ 单击"默认"选项卡"修改"面板中的"缩放"按钮，缩小位于 D 点的（即为终端杆）。按命令行提示进行如下操作：

```
命令：_scale
选择对象：找到一个（选择绘制的终端杆）
选择对象：✓
指定基点：（选择终端杆的中心）
指定比例因子或[复制(c)/参照(R)]<1.0000>：0.8✓
```

绘制结果如图 5-73(b)所示。

⑨ 将"中心线层"设置为当前图层，连接各终端杆的中心，结果如图 5-73(b)所示。

（4）绘制以各终端杆中心为圆心的圆。

① 单击"默认"选项卡"绘图"面板中的"圆"按钮，分别以点 A、B、C 为圆心，绘制半径是 11.3mm 的圆，效果如图 5-73 所示。

② 单击"默认"选项卡"绘图"面板中的"圆"按钮，以点 D 为圆心，绘制半径是 4.8mm 的圆，效果如图 5-74 所示。

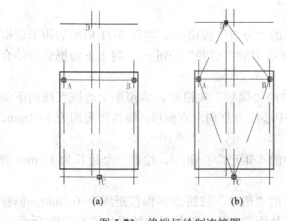

图 5-73 终端杆绘制连接图

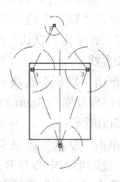

图 5-74 绘制以终端杆为圆心的圆

(5) 连接各圆的切线。

① 单击"默认"选项卡"修改"面板中的"偏移"按钮，将图中直线 AC、BC、AD、BD 分别向外偏移 5.6mm、5.6mm、2.5mm、1.9mm，如图 5-75(a)所示。

② 单击"默认"选项卡"绘图"面板中的"直线"按钮，以顶圆 D 与 AD 的交点为起点向圆 A 做切线，与上面偏移的直线相交于点 E，再以点 E 为起点做圆 D 的切线，单击"默认"选项卡"修改"面板中的"修剪"按钮，修建多余的线段，按照这种方法分别得到交点 F、G、H，结果如图 5-75(b)所示。

③ 单击"默认"选项卡"修改"面板中的"删除"按钮，删除掉多余的直线，结果如图 5-75(c)所示。

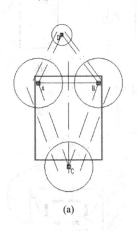 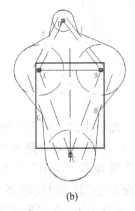 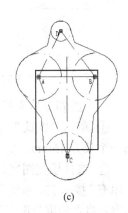

(a)　　　　　　　　　　(b)　　　　　　　　　　(c)

图 5-75　连接各圆的切线

(6) 绘制各个变压器。

① 单击"默认"选项卡"绘图"面板中的"矩形"按钮，分别绘制长为 6mm、宽为 3mm 的矩形，长为 3mm、宽为 1.5mm 的矩形，以及长为 5mm、宽为 1.4mm 的 3 个矩形，并将这几个矩形放到合适的位置。

② 单击"默认"选项卡"绘图"面板中的"图案填充"按钮，系统弹出"图案填充创建"选项卡，如图 5-76 所示，选择"SOLID"图案，将"角度"设置为 0，"比例"设置为 1，依次选择 3 个矩形的各个边作为填充边界，完成各个变压器的填充，效果如图 5-77(a)所示。

③ 单击"默认"选项卡"修改"面板中的"镜像"按钮，把上面绘制的矩形以中心线作为镜像线，镜像复制到右边，如图 5-77(b)所示。

图 5-76　"图案填充创建"选项卡

(7) 绘制并填充设备。

① 单击"默认"选项卡"绘图"面板中的"矩形"按钮，绘制一个长为 1mm、宽为 2mm 的矩形，如图 5-78(a)所示。

② 选择填充图案。单击"默认"选项卡"绘图"面板中的"图案填充"按钮 ，系统弹出"图案填充创建"选项卡，选择"ANSI31"图案，将"角度"设置为 0，"比例"设置为 0.125，选择图 5-78(a)所示矩形的 4 个边作为填充边界，完成设备的填充，如图 5-78(b)所示。

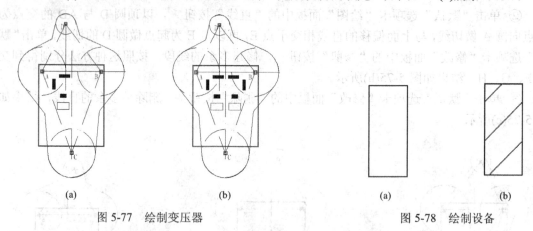

图 5-77　绘制变压器　　　　　　图 5-78　绘制设备

（8）绘制并填充配电室。

① 单击"默认"选项卡"绘图"面板中的"矩形"按钮 ，绘制一个长为 15mm、宽为 6mm 的矩形，将其放到合适的位置。

② 选择填充图案。单击"默认"选项卡"绘图"面板中的"图案填充"按钮 ，系统弹出"图案填充创建"选项卡，选择"ANSI31"图案，将"角度"设置为 0，"比例"设置为 1，选择配电室符号的 4 个边作为填充边界，完成配电室的绘制，如图 5-79 所示。

③ 标注样式设置。

（a）单击"默认"选项卡"注释"面板中的"标注样式"按钮 ，打开"标注样式管理器"对话框，如图 5-80 所示。单击"新建"按钮，打开"创建新标注样式"对话框，设置"新样式名"为"避雷针布置图标注样式"，如图 5-81 所示。

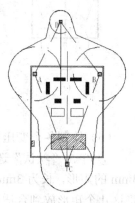

图 5-79　绘制配电室

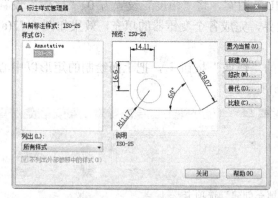

图 5-80　"标注样式管理器"对话框

图 5-81　"创建新标注样式"对话框

（b）单击"继续"按钮，打开"新建标注样式"对话框。其中有 7 个选项卡，可对新建的"避雷针布置图标注样式"的风格进行设置。"线"选项卡设置如图 5-82 所示，"基线间距"设置为 3.75，"超出尺寸线"设置为 2。

（c）"符号和箭头"选项卡设置如图 5-83 所示，"箭头大小"设置为 2.5。

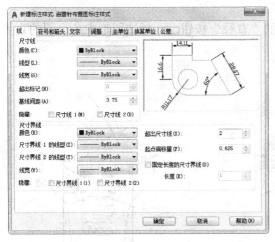

图 5-82　"线"选项卡设置

图 5-83　"符号和箭头"选项卡设置

（d）"文字"选项卡设置如图 5-84 所示，"文字高度"设置为 2.5，"从尺寸线偏移"设置为 0.625，"文字对齐"采用"与尺寸线对齐"方式。

（e）设置完毕后，回到"标注样式管理器"对话框，单击"置为当前"按钮，将新建的"避雷针布置图标注样式"设置为当前使用的标注样式。单击"新建"按钮，打开"创建新标注样式"对话框，如图 5-85 所示，在"用于"下拉列表框中选择"直径标注"选项。

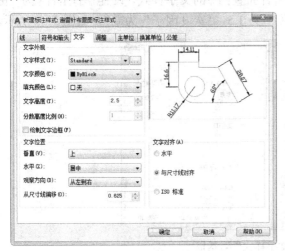

图 5-84　"文字"选项卡设置

图 5-85　"创建新标注样式"对话框

（f）单击"继续"按钮，打开"新建标注样式"对话框。其中有 7 个选项卡，可对新建的直径标注样式的风格进行设置。

（g）设置完毕后，回到"标注样式管理器"对话框，选择"避雷针布置图标注样式"，单击"置为当前"按钮，将"避雷针布置图标注样式"设置为当前使用的标注样式。

④ 标注尺寸。

（a）单击"默认"选项卡"注释"面板中的"线性"按钮，标注线性尺寸，如图 5-86 所示。

（b）单击"默认"选项卡"注释"面板中的"对齐"按钮，标注图中的各个尺寸，结果如图 5-87 所示。

（c）单击"默认"选项卡"注释"面板中的"直径"按钮，标注图形中各个圆的直径尺寸，结果如图 5-88 所示。

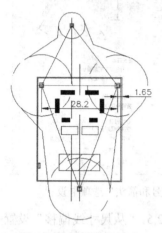 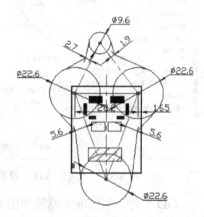

图 5-86　标注线性尺寸　　　图 5-87　标注对齐尺寸　　　图 5-88　标注直径尺寸

⑤ 添加文字。

（a）创建文字样式。单击"默认"选项卡"注释"面板中的"文字样式"按钮，打开"文字样式"对话框，创建一个样式名为"避雷针布置图"的文字样式。设置"字体名"为"仿宋_GB2312"，"字体样式"为"常规"，"高度"为 1.5，"宽度因子"为 0.7，如图 5-89 所示。

图 5-89　"文字样式"对话框

（b）添加注释文字。单击"默认"选项卡"注释"面板中的"多行文字"按钮 A，一次输入几行文字，然后调整其位置，以对齐文字。调整位置时，可结合使用"正交"功能。

（c）使用文字编辑命令修改文字，得到需要的文字。

添加注释文字后，即完成了整张图样的绘制，如图 5-68 所示。

 动手练一练——绘制耐张铁帽三视图

绘制如图 5-90 所示的耐张铁帽三视图。

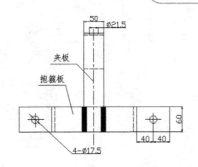
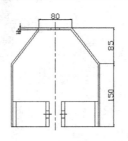
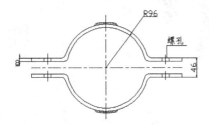

图 5-90　耐张铁帽三视图

 思路点拨

源文件：源文件\第 5 章\耐张铁帽三视图.dwg
（1）绘制三视图。
（2）设置尺寸标注样式。
（3）标注尺寸。

第 2 篇

设计实例篇

本篇主要讲述 AutoCAD 电气设计在各个具体专业方向的应用实例,全面讲述了机械电气设计、电路图设计、电力电气设计、控制电气设计、通信电气设计、建筑电气设计综合实例等知识。

通过对本篇的学习,读者可以全面了解和学习利用 AutoCAD 进行各种电气设计的具体方法和技巧。

Chapter 6

机械电气设计

机械电气是电气工程的重要组成部分。随着相关技术的发展，机械电气的使用日益广泛。本章主要着眼于机械电气的设计，通过几个具体的实例由浅到深地讲述了在 AutoCAD 2018 环境下进行机械电气设计的过程。

6.1 机械电气系统简介

机械电气系统是一类比较特殊的电气系统，主要指应用在机床上的电气系统，故也可以称为机床电气系统，包括应用在车床、磨床、钻床、铣床及镗床上的电气系统，以及机床的电气控制系统、伺服驱动系统和计算机控制系统等。随着数控系统的发展，机床电气系统也成为了电气工程的一个重要组成部分。

机床电气系统主要由以下几部分组成。

1. 电力拖动系统

电力拖动系统以电动机为动力驱动控制对象（工作机构）做机械运动。按照不同的分类方式，可以分为直流拖动系统与交流拖动系统或单电动机拖动系统与多电动机拖动系统。

（1）直流拖动系统：具有良好的启动、制动性能和调速性能，可以方便地在很宽的范围内平滑调速，尺寸大，价格高，运行可靠性差。

（2）交流拖动系统：具有单机容量大、转速高、体积小、价钱便宜、工作可靠和维修方便等优点，但调速困难。

（3）单电动机拖动系统：在每台机床上安装一台电动机，再通过机械传动装置将机械能传递到机床的各运动部件。

（4）多电动机拖动系统：在一台机床上安装多台电动机，分别拖动各运动部件。

2. 电气控制系统

对各拖动电动机进行控制，使它们按规定的状态、程序运动，并使机床各运动部件的运动得到合乎要求的静态和动态特性。

（1）继电器－接触器控制系统：由按钮开关、行程开关、继电器、接触器等电气元件组成，控制方法简单直接，价格低。

（2）计算机控制系统：由数字计算机控制，高柔性、高精度、高效率、高成本。

（3）可编程控制器控制系统：克服了继电器－接触器控制系统的缺点，又具有计算机控制系统的优点，并且编程方便、可靠性高、价格便宜。

6.2 三相异步交流电动机控制线路

本例绘制的三相异步交流电动机正反转控制线路如图 6-1 所示。三相异步电动机是工业环境中最常用的电动驱动器，具有体积小、驱动扭矩大等特点，因此，设计其控制电路，保证电动机可靠正反转起动、停止和过载保护在工业领域具有重要意义。三相异步电动机直接输入三相工频电，将电能转化为电动机主轴旋转的动能。其控制电路主要采用交流接触器，实现异地控制。只要交换三相异步电动机的两相就可以实现电动机的反转起动。当电动机过载时，相电流会显著增加，熔断器保险丝断开，对电动机实现过载保护。本例绘制的图形分供电简图、供电系统图和控制电路图，通过三个逐步深入的步骤完成三相异步电动机控制电路的设计。

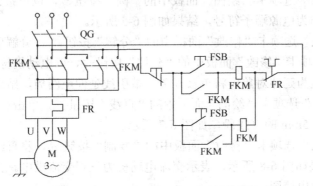

图 6-1 三相异步交流电动机正反转控制线路

6.2.1 三相异步电动机供电简图

三相异步电动机供电简图旨在说明电动机的电流走向，示意性的表示的起动和停止，表达电动机的基本功能。供电简图的价值在于它忽略其他复杂的电气元件和电气规则，以十分简单而且直观的方式传递一定的电气工程信息。

绘制步骤

（1）双击桌面的 AutoCAD 2018 快捷方式，进入 AutoCAD 2018 绘图环境。单击"快速访问"工具栏中的"新建"按钮，以"无样板打开-公制"创建一个新的文件，将其另存为"电动机简图.dwg"，并保存。

(2)单击"默认"选项卡"块"面板中的"插入"按钮,在当前绘图空间依次插入"三相交流电动机"和"单极开关"块,如图 6-2 所示。在当前绘图窗口上单击图块放置点,结果如图 6-3 所示。调用已有的图块,能够大大节省绘图的工作量,提高绘图效率,专业的电气设计人员都有一个自己的常用图块库。

(3)单击"默认"选项卡"修改"面板中的"移动"按钮,选中单极开关图块,以其端点为基点,调整单极开关的位置,使其在电动机的正上方。单击绘图窗口下面的绘图模式按钮,打开"对象捕捉"和"对象追踪",把光标放在电动机图块圆心附近,系统提示捕捉到圆心;向上拉动光标,开关图块拖到圆心的正上方,单击"确认"按钮,得到如图 6-4 所示的结果。

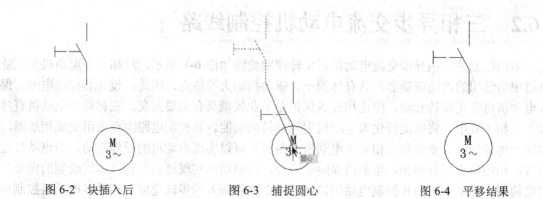

图 6-2 块插入后　　图 6-3 捕捉圆心　　图 6-4 平移结果

(4)单击"默认"选项卡"绘图"面板中的"圆"按钮,以单极开关的端点为圆心,画半径为 2 的圆,作为电源端子符号,结果如图 6-5 所示。

(5)单击"默认"选项卡"修改"面板中的"分解"按钮,分解单极开关和电动机图块,单击"默认"选项卡"修改"面板中的"延伸"按钮,以电动机符号的圆为延伸边界,单极开关的一端引线为延伸对象,将单极开关一端引线延伸至圆周,结果如图 6-6 所示。

(6)单击"默认"选项卡"绘图"面板中的"直线"按钮,单击右键捕捉延伸线中点,画与 x 轴成 60°,长 5mm 的直线段,如图 6-7 所示。

(7)单击"默认"选项卡"修改"面板中的"复制"按钮,将直线段分别向上、向下复制 5 个单位,结果如图 6-8 所示,表示交流电动机为三相交流供电。完成以上步骤,就得到三相异步电动机供电简图。

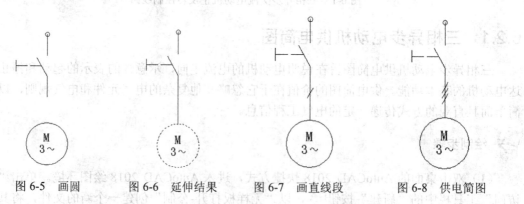

图 6-5 画圆　　图 6-6 延伸结果　　图 6-7 画直线段　　图 6-8 供电简图

6.2.2 电动机供电系统图

供电系统图比简图更加详细，专业性也更强，不仅需要说明电动机的电流走向，示意性地表示的起动和停止，还要表达利用热熔断器实现过载保护、机壳接地等信息，更加详细地说明电动机的电气接线。

绘制步骤

（1）单击"快速访问"工具栏中的"新建"按钮，以"无样板打开-公制"创建一个新的文件，将其另存为"电动机供电系统图.dwg"，并保存。

（2）单击"默认"选项卡"块"面板中的"插入"按钮，在绘图界面插入"三相交流电动机"和"多极开关"块，结果如图6-9所示。

（3）单击"默认"选项卡"修改"面板中的"移动"按钮，打开"对象捕捉"和"对象追踪"，调整多极开关与电动机的相对位置，使其在电动机的正上方，调整后的结果如图6-10所示。

（4）绘制断流器符号。

① 单击"默认"选项卡"绘图"面板中的"矩形"按钮，捕捉多极开关最左边的端点为矩形的一个对角点，采用相对输入法绘制一个长50mm，宽20mm的矩形，如图6-11所示。

② 单击"默认"选项卡"修改"面板中的"移动"按钮，把（1）中绘制的矩形向 x 轴负方向移动10mm，使得熔断器在多极开关的正下方，结果如图6-12所示。

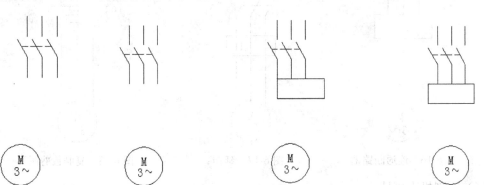

图6-9　块插入　　图6-10　调整块位置　　图6-11　绘制矩形　　图6-12　移动矩形

③ 单击"默认"选项卡"绘图"面板中的"矩形"按钮，以（2）中绘制的矩形上边为中点，绘制长10mm，宽6mm的矩形，结果如图6-13所示。

④ 单击"默认"选项卡"修改"面板中的"移动"按钮，把新绘制的矩形向 y 轴负方向平移7mm，结果如图6-14所示。

⑤ 单击"默认"选项卡"修改"面板中的"分解"按钮，分解该矩形，选中矩形的右边，按Delete键删除右边，结果如图6-15所示。

⑥ 单击"默认"选项卡"绘图"面板中的"直线"按钮，绘制相同长度的两小段直线，结果如图6-16所示。

（5）绘制连接导线。

① 单击"默认"选项卡"修改"面板中的"分解"按钮，依次分解电动机图块和多极开关图块。

② 单击"默认"选项卡"修改"面板中的"延伸"按钮 ⤏,以电动机符号的圆为延伸边界,多极开关的一端引线为延伸对象,将多极开关一端引线延伸至与电动机相交,结果如图6-17所示。

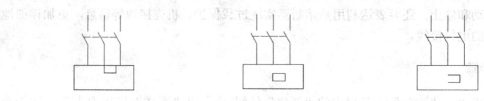

图 6-13 绘小矩形　　　图 6-14 平移矩形　　　图 6-15 分解并删除一边

③ 单击"默认"选项卡"修改"面板中的"修剪"按钮 ⤋,将图形复制并以大矩形为剪刀线,将延伸获得的导线在矩形内部的部分裁剪掉,结果如图6-18所示。

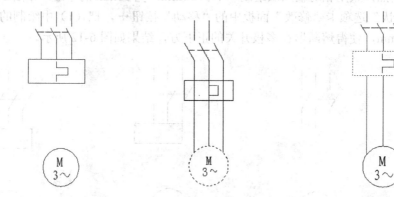

图 6-16 连通断路器　　　图 6-17 延伸　　　图 6-18 复制裁剪图形

（6）绘制机壳接地。

① 单击"默认"选项卡"绘图"面板中的"直线"按钮 ╱,绘制如图6-19所示的连续折线段,也可以调用"多段线"命令来绘制这段折线,但是过程要稍微麻烦一些,读者可以自行验证。

② 单击"默认"选项卡"修改"面板中的"镜像"按钮 ⚠,以竖直直线为对称轴生成另一半地平线符号,如图6-20所示。

③ 单击"默认"选项卡"绘图"面板中的"直线"按钮 ╱,过（2）中绘制地平线右端点绘制与 x 轴正方向成-135°、长3mm的斜线段,结果如图6-21所示。

④ 单击"默认"选项卡"修改"面板中的"复制"按钮 ⚙,把斜线向左复制移动2份,偏移距离为5mm,结果如图6-22所示。

（7）绘制输入端子。

① 单击"默认"选项卡"绘图"面板中的"圆"按钮 ⊙,在多极开关端点处绘制一个半径2mm的圆,作为电源的引入端子。

② 单击"默认"选项卡"修改"面板中的"复制"按钮，复制移动生成另外两个端子，即选择（1）中绘制的圆的圆心为复制基点，另外两根三相导线的端点为放置点，结果如图 6-23 所示。

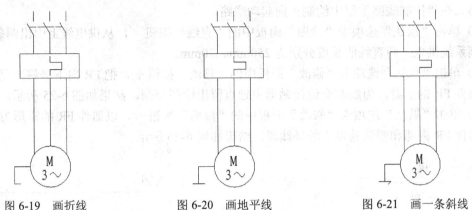

图 6-19　画折线　　　　图 6-20　画地平线　　　　图 6-21　画一条斜线

（8）新建图层，取名为"文字说明"，颜色为蓝色，其他为默认值。
（9）将"文字说明"图层置位当前图层，添加文字说明，为各器件和导线添加上标示符号，便于图样的阅读和校核。字体选择"仿宋_GB2312"，字号选择 10 号字。完成以上步骤后，就得到了三相异步电动机供电系统图，结果如图 6-24 所示。

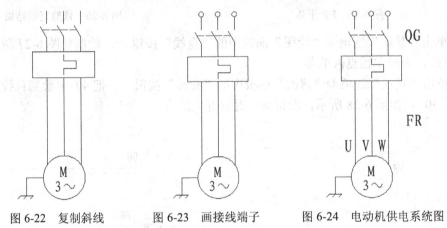

图 6-22　复制斜线　　　　图 6-23　画接线端子　　　　图 6-24　电动机供电系统图

6.2.3　电动机控制电路图

上一小节得到了电动机供电系统图，没有控制电路，电动机不能实现正反转起动，是不能按人们的控制意图运行的。本节将详细设计三相异步电动机的正反转起动控制电路及自锁电路。

　绘制步骤

1. 设计正向起动控制电路

（1）打开源文件/第 6 章/电动机供电系统图.dwg 文件，设置保存路径，另存为"电动机控制电路图.dwg"。

(2) 新建一个图层,取图层名为"控制线路"。在一个图层上绘制三相交流异步电动机的控制线路,在另一个图层上绘制控制线路的文字标示,分层绘制电气工程图的组成部分,有利于工程图的管理。

(3) 在"控制线路"层中绘制正向起动线路。

1) 单击"默认"选项卡"绘图"面板中的"直线"按钮，从供电线上引出两条直线,为控制系统供电。两直线的长度分别为 250mm、70mm。

2) 单击"默认"选项卡"修改"面板中的"移动"按钮，把 FR 向下平移,交流接触器在器件 FR 的上游,为绘制交流接触器主触点留出绘图空间,结果如图 6-25 所示。

3) 单击"默认"选项卡"修改"面板中的"修剪"按钮，以器件 FR 的矩形为剪刀线裁掉器件 FR 内部和删除其以上的导线段,结果如图 6-26 所示。

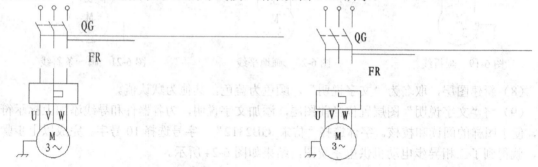

图 6-25　FR 平移　　　　　　　　　图 6-26　修剪复制结果

4) 单击"默认"选项卡"绘图"面板中的"直线"按钮，绘制如图 6-27 所示的两段连接的直线,为画主触点做准备。

5) 单击"默认"选项卡"修改"面板中的"旋转"按钮，把 4) 中绘制直线绕其下方端点旋转 30°,如图 6-28 所示,即得到一对常开主触点。

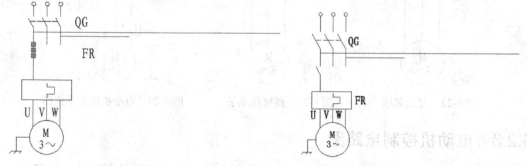

图 6-27　画两段直线　　　　　　　　图 6-28　旋转结果

6) 单击"默认"选项卡"修改"面板中的"复制"按钮，复制 5) 中得到的两条直线两份,结果如图 6-29 所示,至此完成接触器 3 对常开的主触点。

7) 单击"默认"选项卡"绘图"面板中的"直线"按钮，绘制常闭急停按钮,结果如图 6-30 所示。单击"默认"选项卡"块"面板中的"创建"按钮，把常闭急停按钮生成图块,供后面设计调用。

8) 单击"默认"选项卡"块"面板中的"插入"按钮，插入手动单极开关作为正向起动按钮,调整比例,保证手动开关在本图中比例合适,如图 6-31 所示。

9）绘制熔断器开关。

① 单击"默认"选项卡"绘图"面板中的"多段线"按钮，绘制如图 6-32 所示的多段线一条。

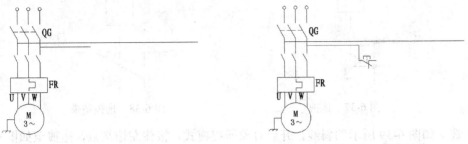

图 6-29 复制移动　　　　　　　　　图 6-30 急停开关

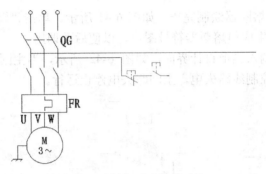

图 6-31 插入手动单极开关

② 单击"默认"选项卡"修改"面板中的"分解"按钮，分解绘制的多段线。
③ 将线型选择为虚线，单击"默认"选项卡"绘图"面板中的"直线"按钮，按住 Shift 键单击右键选择捕捉中点。捕捉到斜线的中点，绘制长 9mm 的直线一段如图 6-33 所示。

图 6-32 多段线　　　　　　　　　图 6-33 绘制虚线段

④ 将线型选择为实线，单击"默认"选项卡"绘图"面板中的"多段线"按钮，绘制一段如图 6-34 所示的折线。
⑤ 单击"默认"选项卡"修改"面板中的"镜像"按钮，把步骤③中绘制的折线沿步骤③中绘制的虚线镜像复制一份，结果如图 6-35 所示。
⑥ 关闭"对象捕捉"模式，开启"正交"模式，选中如图 6-36 所示的直线。

图 6-34 折线　　　　　图 6-35 镜像　　　　　图 6-36 选中直线

⑦ 按住其下边的端点，往下拖拽，如图 6-37 所示。在命令行输入（0,-2）指定拉伸点，确认命令后的结果如图 6-38 所示。

图 6-37 拖拽　　　　　　　图 6-38 拖拽结果

⑧ 选中如图 6-39 所示的斜线，开启对象捕捉模式，按住左边端点，拖拽至如图 6-40 所示位置。

⑨ 单击确认后，热熔断器绘制完毕，如图 6-41 所示。单击"默认"选项卡"块"面板中的"创建"按钮，生成热熔断器符号图块，以便后面调用。

把熔断器开关图块调入当前设计界面，如图 6-42 所示，当主回路电流过大，发热，FR 熔断，常开变为常闭，控制线路失电，主回路失电停止运行。

图 6-39 选中斜线　　　　图 6-40 拖拽到　　　　图 6-41 热熔断器符号

⑩ 单击"默认"选项卡"绘图"面板中的"矩形"按钮，绘制正向起动继电器符号，如图 6-43 所示。

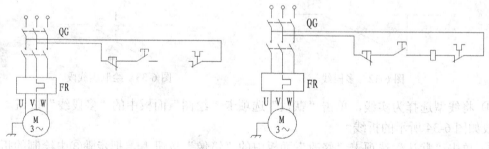

图 6-42 熔断器开关　　　　　　　图 6-43 正向起动继电器

⑪ 单击"默认"选项卡"修改"面板中的"复制"按钮，把主触点复制一份，如图 6-44 所示。绘制正向起动辅助触点，作为自锁开关。

2. 设计反向起动线路

在"控制线路"层中绘制反向起动线路。绘制方法和过程同正向起动线路。注意：反向起动需交换两相电压，主回路线路应该适当做出修改，只要电动机反转主触点闭合交换了 U、W 相，就可以达到电动机反转，如图 6-45 所示。正反转线路如图 6-46 所示。

3. 绘制圆

单击"默认"选项卡"绘图"面板中的"圆"按钮,在导线交点处绘制一个圆,并用"solid"填充,单击"默认"选项卡"修改"面板中的"复制"按钮,复制移动到每一个导线导通处,结果如图 6-47 所示。

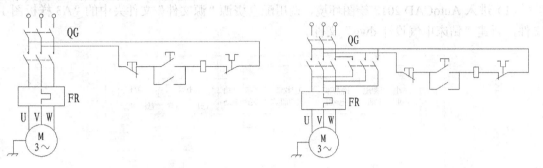

图 6-44　正向起动自锁继电器开关　　　　　图 6-45　反向供电电路

在正向起动控制线路中,接触器辅助触点 FKM 是自锁触点。其作用是,当放开起动按钮 FSB 后,仍可保证线圈 FKM 通电,电动机运行。通常将这种用接触器或者继电器本身的触点来使其线圈保护通电的环节称为自锁环节,在电气设计中经常见到。最后整理图形并标注文字,完成三相异步电动机控制电气设计的绘制,结果如图 6-21 所示。

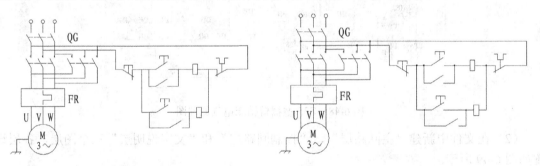

图 6-46　反向起动电路　　　　　图 6-47　绘制导通点

6.3　钻床电气设计

本例绘制的 Z35 型摇臂钻床电气原理图如图 6-48 所示。摇臂钻床是一种立式钻床,在钻床中具有一定的典型性,其运动形式分为主运动、进给运动和辅助运动。其中主运动为主轴的旋转运动;进给运动为主轴的纵向移动;辅助运动包括摇臂沿外立柱的垂直移动、主轴箱沿摇臂的径向移动、摇臂与外立柱一起相对于内立柱的回转运动等。

摇臂钻床的主轴旋转运动和进给运动由一台交流异步电动机拖动,主轴的正反旋转运动是通过机械转换实现的,故主电动机只有一个旋转方向。

摇臂钻床除了主轴的旋转和进给运动外,还有摇臂的上升、下降及立柱的夹紧和放松。摇臂的上升、下降由一台交流异步电动机拖动,立柱的夹紧和放松由另一台交流电动机拖动。Z35 摇臂钻床在钻床中具有代表性,下面以 Z35 摇臂钻床为例讨论钻床电气设计过程。

6.3.1 主动回路设计

绘制步骤

（1）进入 AutoCAD 2018 绘图环境，调用配套资源"源文件"文件夹中的"A3 样板图 1"文件，新建"钻床电气设计.dwg"文件。

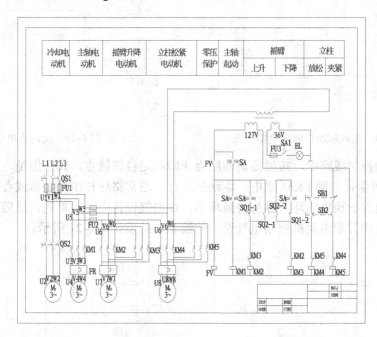

图 6-48　Z35 型摇臂钻床电气原理图

（2）在文件中新建"主回路层"、"控制回路层"和"文字说明层"三个图层，各层设置如图 6-49 所示。

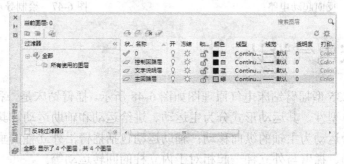

图 6-49　图层设置

（3）主回路和控制回路由三相交流总电源供电，通断由总开关控制，各相电流设熔断器，防止短路，保证电路安全，如图 6-50 所示；冷却泵电动机 M1 为手动起动，手动多极按钮开关 QS2 控制其运行或者停止，如图 6-51 所示；主轴电动机 M2 的起动和停止由 KM1 主触点控制，主轴如果过载，相电流会增大，FR 熔断，起到保护作用，如图 6-52 所示；摇臂升降电动机 M3 要求可以正反向起动，并有过载保护，回路必须串联正反转继电器主触点和熔断器，如图 6-53 所示；立柱松紧电动机 M4 要求可以正反向起动，并具有过载保护，回路必须串联正反转继电器主触点和熔断器，如图 6-54 所示。

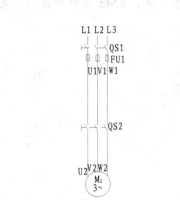
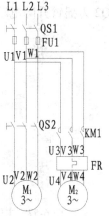

图 6-50 绘制总电源　　　图 6-51 绘制冷却泵电动机图　　　图 6-52 绘制主轴电动机

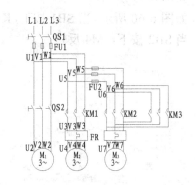
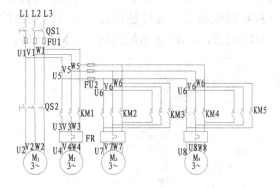

图 6-53 绘制摇臂升降电动机　　　图 6-54 绘制立柱松紧电动机

6.3.2 控制回路设计

 绘制步骤

为了控制回路从主回路中抽取两根电源线，绘制线圈、铁芯和导线符号，供电系统通过变压器为控制系统供电，如图 6-55 所示。零压保护是通过鼓形开关 SA 和接触器 FV 实现的，如图 6-56 所示。

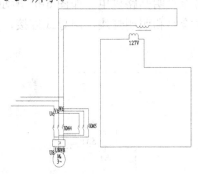
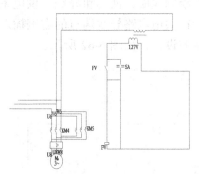

图 6-55 控制系统供电电路　　　图 6-56 零压保护电路

扳动 SA，KM1 得电，KM1 主触点闭合，主轴起动，如图 6-57 所示。

扳动 SA，KM2 得电，其主触点闭合，摇臂升降电动机正转，SQ1 为摇臂的升降限位开关，SQ2 为摇臂升降电动机正反转位置开关，KM3 为反转互锁开关，如图 6-58 所示。

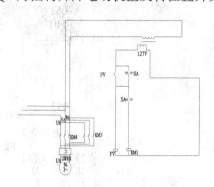 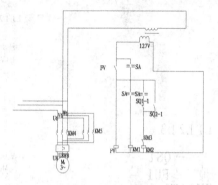

图 6-57　主轴起动控制电路　　　　　图 6-58　摇臂升降电动机正转控制电路

按照相同的方法设计摇臂升降电动机反转控制电路，如图 6-59 所示。

立柱松紧电动机正反转是通过开关实现互锁控制的，如图 6-60 所示。当 SB1 按下，KM4 得电，SB2 闭合，KM5 辅助触点闭合，M4 正转；同理，当 SB2 按下，M4 反转。

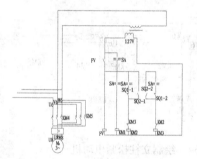 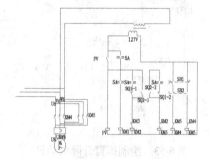

图 6-59　摇臂升降电动机反转控制电路　　　　图 6-60　立柱松紧电动机正反转控制电路

6.3.3　照明回路设计

 绘制步骤

（1）将"主回路层"设为当前图层。

（2）绘制线圈、铁芯和导线，供电系统通过变压器为照明回路供电，如图 6-61 所示。

（3）在供电电路导线端点的右侧插入手动开关、保险丝和照明灯块，用导线连接，完成照明回路的设计，如图 6-62 所示。

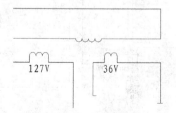 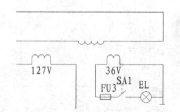

图 6-61　绘制供电电路　　　　　　　图 6-62　照明回路

6.3.4 添加文字说明

绘制步骤

（1）将“文字说明层”设为当前图层，在各个功能块的正上方绘制矩形区域，如图 6-63 所示。

图 6-63 绘制矩形区域

（2）单击“默认”选项卡“注释”面板中的“多行文字”按钮A，在矩形区域添加功能说明，如图 6-64 所示。

<table>
<tr><td rowspan="2">冷却电动机</td><td rowspan="2">主轴电动机</td><td rowspan="2">摇臂升降电动机</td><td rowspan="2">立柱松紧电动机</td><td rowspan="2">零压保护</td><td rowspan="2">主轴起动</td><td colspan="2">摇臂</td><td colspan="2">立柱</td></tr>
<tr><td>上升</td><td>下降</td><td>放松</td><td>夹紧</td></tr>
</table>

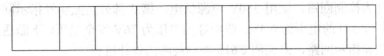

图 6-64 功能说明

至此，Z35 型摇臂钻床电气原理图设计的所有部分已经完毕，对各部分整理放置整齐后得到最终图形，如图 6-48 所示。

（3）电路原理说明。

① 冷却泵电动机的控制。

冷却泵电动机 M1 是由转换开关 QS2 直接控制的。

② 主轴电动机的控制。

先将电源总开关 QS1 合上，并将十字开关 SA 扳向左侧（共有左、右、上、下和中间 5 个位置），这时 SA 的触头压合，零压继电器 FV 吸合并自锁，为其他控制电路接通做好准备；再将十字开关扳向右侧，SA 的另一触头接通，KM1 得电吸合，主轴电动机 M2 起动运转，经主轴传动机构带动主轴旋转，主轴的旋转方向由主轴箱上的摩擦离合器手柄操纵；将 SA 扳到中间位置，接触器 KM1 断电，主轴停转。

③ 摇臂升降控制。

摇臂升降控制是在零压继电器 FV 得电并自锁的前提下进行的，用来调整工件与钻头的相对高度。这些动作是通过十字开关 SA，接触器 KM2、KM3、位置开关 SQ1、SQ2 控制电动机 M3 来实现的。SQ1 是能够自动复位的鼓形转换开关，其两对触点都调整在常闭状态；SQ2 是不能自动复位的鼓形转换开关，它的两对触点常开，由机械装置来带动其通断。

为了使摇臂上升或下降时不致超过允许的极限位置，在摇臂上升和下降的控制电路中，分别串入位置开关 SQ1-1、SQ1-2 的常闭触点。当摇臂上升或下降到极限位置时，挡块将相应位置的开关压下，使电动机停转，从而避免事故发生。

④ 立柱夹紧与松开的控制。

立柱的夹紧与松开是通过接触器 KM4 和 KM5 控制电动机 M4 的正反来实现的。当需要摇臂和外立柱绕内立柱移动时，应先按下按钮 SB1，使接触器 KM4 得电吸合，电动机 M4 正转，通过齿式离合器驱动齿轮式油泵送出高压油，经油路系统和传动机构将内外立柱松开。

6.4 车床电气设计

本例绘制的车床电气原理图如图 6-65 所示。C616 型车床属于小型普通车床，车床最大工件回转半径为 160mm，最大工件长度为 500mm。其电气控制线路包括 3 个主要部分，其中从电源到三台电动机的电路称为主回路，这部分电路中通过的电流大；由接触器、继电器等组成的电路称为控制回路，采用 380V 电源供电；第 3 部分是照明及指示回路，由变压器次级供电，其中指示灯的电压为 6.3V，照明灯的电压为 36V 安全电压。下面通过分别介绍主回路、控制回路和指示回路，来说明 C616 控制线路的设计过程。

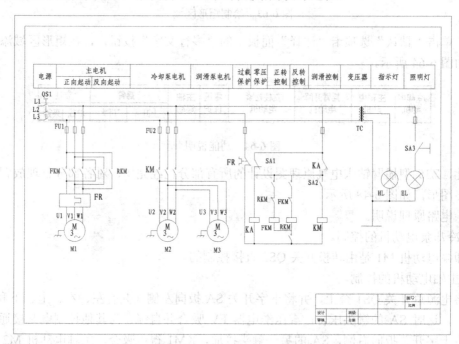

图 6-65　C616 车床电气原理图

6.4.1 主回路设计

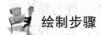
绘制步骤

（1）打开配套资源"源文件/第 6 章"文件夹中的"电动机控制电路图.dwg"，并调用配套资源"源文件"文件夹中的"A3 样板 1"样板，新建"三相异步电气设计.dwg"文件并保存。新建图层"主回路层"、"控制回路层"、"照明回路层"和"文字说明层"，各图层的设置如图 6-66 所示。将"主回路层"设为当前图层。

（2）在"三相电动机控制电路图.dwg"文件中选中如图 6-67 所示的电路图，单击菜单栏中的"编辑"→"复制"命令。在"车床电气设计.dwg"文件中单击菜单栏中的"编辑"→"粘贴"命令，指定插入点进行粘贴，并对图形进行编辑，结果如图 6-68 所示。将复制已有电气工程图的图形复制到当前设计环境中，能够大大提高设计效率和质量，这是非常有用的设计方法之一。

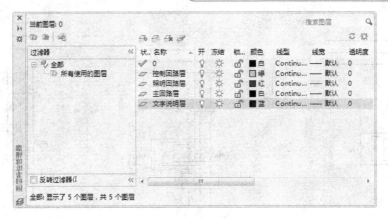

图 6-66 图层设置

（3）单击"默认"选项卡"块"面板中的"插入"按钮，打开配套资源"源文件"/"第 6 章"/"三相交流导线.dwg"文件，将图块插入当前图形中。

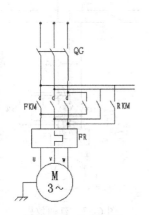

图 6-67 选择图形

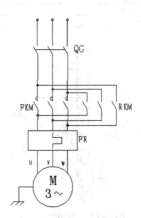

图 6-68 粘贴图形

（4）由于导线比例显示过大，单击"默认"选项卡"修改"面板中的"缩放"按钮，将三相导线缩小一半，基点为中间导线的左端点，比例系数为 0.5，效果如图 6-69 所示。

（5）插入多极开关图块。单击"默认"选项卡"块"面板中的"插入"按钮，打开配套资源"源文件"/三相异步电动机控制电路图"文件夹中的"多极开关.dwg"文件，将块插入当前操作图形文件中，效果如图 6-70 所示。

（6）调整多极开关位置。单击"默认"选项卡"修改"面板中的"移动"按钮和"旋转"按钮，将多极开关移到如图 6-71 所示的位置。

（7）选择图形的接线端点和导线导通点，右击，在弹出的快捷菜单中选择"删除"命令，删除多余的端点和导线导通点，效果如图 6-72 所示。

（8）单击"默认"选项卡"修改"面板中的"分解"按钮，分解三相交流导线图块。

（9）单击"默认"选项卡"修改"面板中的"延伸"按钮，将电动机输入端的导线与系统总供电导线接通，延伸效果如图 6-73 所示。

（10）单击"默认"选项卡"绘图"面板中的"圆"按钮，在相交导线导通处绘制半径为 1mm 的圆，并用 SOLID 图案填充，作为导通点，效果如图 6-74 所示。

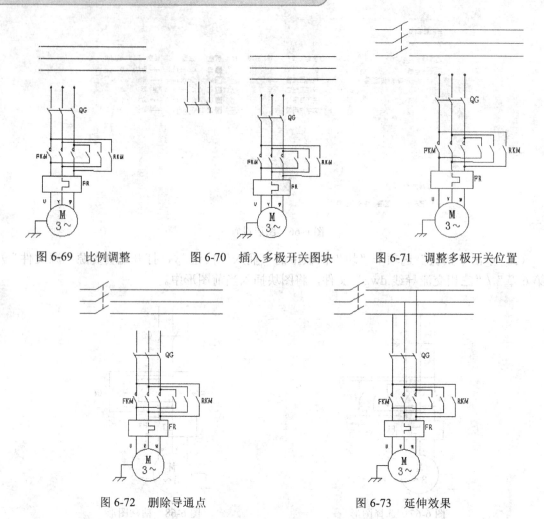

图 6-69 比例调整   图 6-70 插入多极开关图块   图 6-71 调整多极开关位置

图 6-72 删除导通点   图 6-73 延伸效果

（11）利用"直线"和"延伸"命令，在多极开关符号上添加手动按钮符号，如图 6-75 所示。

（12）单击"默认"选项卡"绘图"面板中的"矩形"按钮▭，以导通点圆心为第一个对角点，采用相对输入法，绘制长为 5mm、宽为 10mm 的矩形，作为 U 相的熔断器，如图 6-76 所示。

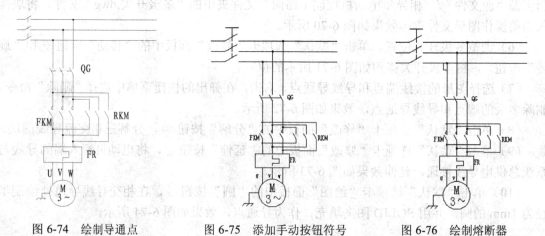

图 6-74 绘制导通点   图 6-75 添加手动按钮符号   图 6-76 绘制熔断器

（13）单击"默认"选项卡"修改"面板中的"移动"按钮✥，设置移动距离为（@2.5,-10），调整熔断器的位置；单击"默认"选项卡"修改"面板中的"复制"按钮♋，生成另外两相熔断器，如图6-77所示。

（14）单击"默认"选项卡"绘图"面板中的"直线"按钮╱，在3条导线末端分别接上一定长度的直线，作为控制回路的电源引入线，如图6-78所示。

（15）删除QG器件，并拖动直线的端点将导线连通，如图6-79所示。

（16）单击"默认"选项卡"修改"面板中的"复制"按钮♋，将电动机及导线、开关、熔断器复制后向右移动，移动距离为（150,0,0），如图6-80所示。

（17）单击"默认"选项卡"修改"面板中的"复制"按钮♋，将复制后的电动机向 X 轴正方向平移80mm，如图6-81所示。

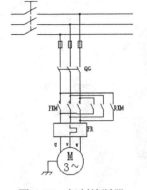

图6-77 复制熔断器

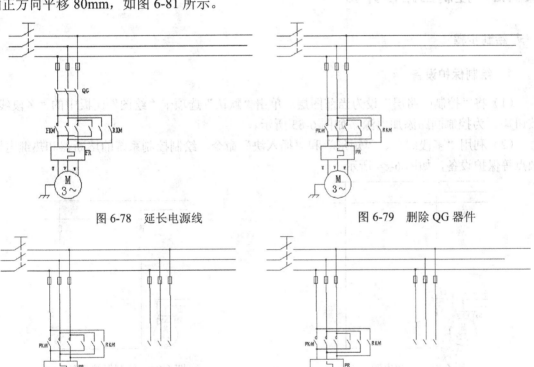

图6-78 延长电源线　　　　　图6-79 删除QG器件

图6-80 复制移动元器件　　　图6-81 复制移动电动机

（18）利用"复制"和"粘贴"命令，复制手动多极开关并移动到第三台电动机的输入端。

（19）单击"默认"选项卡"修改"面板中的"延伸"按钮─/，以系统供电导线为延伸边界，将第二台电动机的输入端与系统供电导线连通。

（20）单击"默认"选项卡"绘图"面板中的"直线"按钮╱，将第三台电动机连接在第二台电动机的下游，只有第二台电动机起动，第三台电动机才有可能起动。完成以上步骤，即可得到C616车床的主回路图，如图6-82所示。

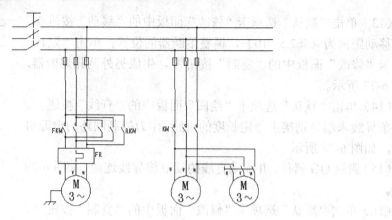

图 6-82 主回路图

6.4.2 控制回路设计

 绘制步骤

1. 绘制保护设备

（1）将"控制回路层"设为当前图层。单击"默认"选项卡"绘图"面板中的"多段线"按钮，为控制回路添加电源，如图 6-83 所示。

（2）利用"多段线"、"矩形"和"插入块"命令，绘制控制系统的熔断器和热继电器触点等保护设备，如图 6-84 所示。

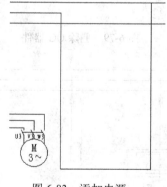

图 6-83 添加电源

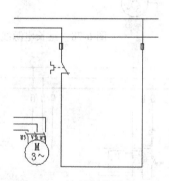

图 6-84 绘制保护设备

2. 设计主轴正向起动控制线路

（1）再次打开前面打开过的"三相交流导线"文件，复制其中的手动按钮开关，将块插入当前图形中。单击"默认"选项卡"绘图"面板中的"矩形"按钮，绘制接触器；单击"默认"选项卡"绘图"面板中的"直线"按钮，绘制连接导线，如图 6-85 所示。

（2）单击"默认"选项卡"修改"面板中的"复制"按钮，生成反向启动手动开关和接触器符号，并且在导线连通处绘制接通符号，如图 6-86 所示。

（3）设计正反向互锁控制线路。在正向起动支路上串联控制反向起动接触器的常闭辅助触点，在反向起动支路上串联控制正向起动接触器的常闭辅助触点，使电动机不能处于既正转又反转的状态，如图 6-87 所示。

（4）设计第二台电动机的控制线路，第二台电动机驱动润滑泵，其辅助触点必须串联于主轴控制线路，保证润滑泵不工作，电动机不能起动。SA2 接通后，KM 得电，其触点闭合，电机控制回路才有可能得电，如图 6-88 所示。

（5）设计主轴电动机零压保护线路，如图 6-89 所示。

零压保护说明：FSA、RSA 和 SA1 是同一鼓形开关的常开、常开和常闭触点。当总电源打开时，SA1 闭合，KA 得电，其辅助触点闭合。当主轴正向或者反向转动时，开关扳到 FSA 或者 RSA 位置，SA1 处于断开状态，KA 触点仍闭合，控制线路正常得电。如果主轴电动机在运转过程中突然停电，KA 断电释放，它的常开触点断开。如果车床恢复供电后，因 SA1 断开，控制线路不能得电，主轴不会起动，保证安全。

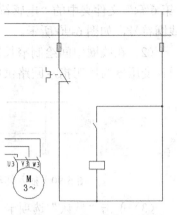

图 6-85　绘制正向起动线路

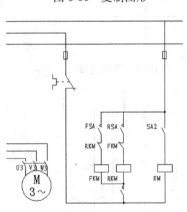

图 6-86　复制图形

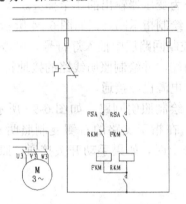

图 6-87　绘制互锁控制线路

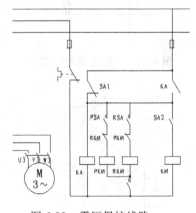

图 6-88　润滑泵控制线路　　　　图 6-89　零压保护线路

6.4.3　照明指示回路的设计

绘制步骤

（1）单击"默认"选项卡"块"面板中的"插入"按钮，打开配套资源"源文件"/

"第 6 章"文件夹中的"电感符号.dwg"文件,在"照明回路层"插入块,作为变压器的初级线圈符号,如图 6-90 所示。

(2)在线圈中间绘制窄长矩形区域,并用"solid"图案进行填充,作为变压器的铁芯,设计变压器为照明指示回路供电,将 380V 电压降为安全电压,如图 6-91 所示。

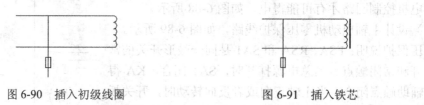

图 6-90　插入初级线圈　　　　　　　图 6-91　插入铁芯

(3)单击"默认"选项卡"修改"面板中的"镜像"按钮 ⚠,以变压器的铁芯作为对称轴,将步骤 1 中绘制的线圈进行镜像,作为变压器的次级线圈,效果如图 6-92 所示。

(4)单击"默认"选项卡"绘图"面板中的"直线"按钮 ∕,绘制 3 条直线,如图 6-93 所示,作为变压器输出的 3 个抽头。

(5)绘制指示回路,如图 6-94 所示。单击"默认"选项卡"块"面板中的"插入"按钮 ,在控制回路层中插入灯符号。单击"默认"选项卡"绘图"面板中的"直线"按钮 ∕,连接灯两端,并绘制照明线路的接地符号。当主电路上的总电源开关合上时,HL 点亮,表示车床总电源已经接通。

(6)绘制照明回路,如图 6-95 所示。单击"默认"选项卡"修改"面板中的"复制"按钮 ,在指示支路的右侧复制照明支路,添加熔断器和手动开关。当主电路上的总电源开关合上时,如果手动开关接通,照明灯亮;照明回路电流过大时,熔断器断开,保证电路安全。

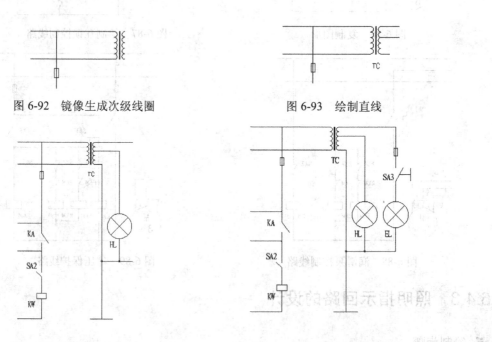

图 6-92　镜像生成次级线圈　　　　　　图 6-93　绘制直线

图 6-94　绘制指示回路　　　　　　　图 6-95　绘制照明回路

6.4.4 添加文字说明

绘制步骤

（1）将"文字说明层"设为当前图层，将"主回路层"和"照明回路层"中的各元器件标上文字标号，如图 6-96 所示。字体选择"仿宋_GB2312"，字号为 10 号。

（2）为了方便阅读电路图和进行电路维护，一般应在图的上面用文字标示各部分的功能等，如图 6-97 所示。

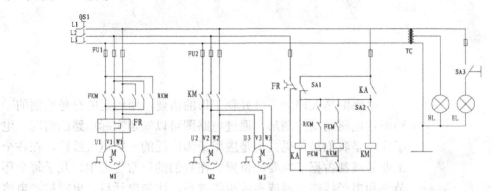

图 6-96　标注文字标号

电源	主电机		冷却泵电机	润滑泵电机	过载保护	零压保护	正转控制	反转控制	润滑控制	变压器	指示灯	照明灯
	正向起动	反向起动										

图 6-97　添加文字说明

至此，完成 C616 车床电气原理图的设计，最终结果如图 6-65 所示。

Chapter 7

电路图设计

电路图是人们为了研究和工作的需要，用约定的符号绘制的一种表示电路结构的图形，通过电路图可以知道实际电路的情况。电子线路是我们最常见，也是应用最为广泛的一类电气线路，在各个工业领域都占据了重要的位置。在我们的日常生活中，几乎每个环节都和电子线路有着或多或少的联系，比如电话机、电视机、电冰箱等都是电子线路应用的例子。本章将简单介绍电路图的概念和分类，以及电路图基本符号的绘制，然后结合三个具体的电子线路的例子来介绍电路图一般的绘制方法。

7.1 电路图基本理论

在学习设计和绘制电路图之前，我们先来了解一下电路图的基本概念和电子线路的分类。

7.1.1 基本概念

电路图是用图形符号按工作顺序排列，详细表示电路、设备或成套装置的全部基本组成和连接关系，而不考虑其实际位置的一种简图。

电子线路是由电子器件（又称有源器件，如电子管、半导体二极管、晶体管、集成电路等）和电子元件（又称无源器件，如电阻器、电容器、变压器等）组成的具有一定功能的电路。电路图一般包括以下主要内容。

（1）电路中元件或功能件的图形符号。

（2）元件或功能件之间的连接线，单线或多线，连接线或中断线。

（3）项目代号，如高层代号、种类代号和必要的位置代号、端子代号。

（4）用于信号的电平约定。

(5) 了解功能件必须的补充信息。

电路图的主要用途，是用于了解实现系统、分系统、电器、部件、设备、软件等的功能所需的实际元器件及其在电路中的作用；详细表达和理解设计对象（电路、设备或装置）的作用原理，分析和计算电路特性；作为编制接线图的依据；为测试和寻找故障提供信息。

7.1.2 电子线路的分类

1．信号的分类

电子信号可以分为数字信号和模拟信号两类。

（1）数字信号：指那些在时间上和数值上都是离散的信号。

（2）模拟信号：除数字外的所有形式的信号统称为模拟信号。

2．电路的分类

根据不同的划分标准，电路可以按照如下类别来划分。

（1）根据工作信号，分为模拟电路和数字电路。

① 模拟电路：工作信号为模拟信号的电路。模拟电路的应用十分广泛，从收音机、音响到精密的测量仪器、复杂的自动控制系统、数字数据采集系统等。

② 数字电路：工作信号为数字信号的电路。绝大多数的数字系统仍需做到以下过程：

模拟信号→数字信号→模拟信号

数据采集→A\D 转换→D\A 转换→应用

如图 7-1 所示为一个由模拟电路和数字电路共同组成的电子系统的实例。

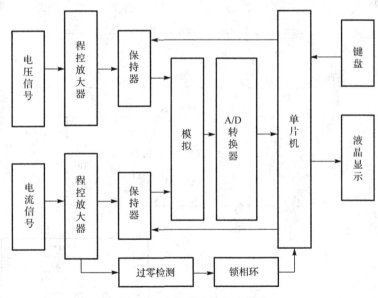

图 7-1　电子系统的组成框图

（2）根据信号的频率范围，分为低频电子线路和高频电子线路。高频电子线路和低频电子线路的频率划分为如下等级。

极低频：3kHz 以下　　　　　甚低频：3～30kHz

低　频：30～300kHz　　　　中　频：300～3MHz

高　频：3～30MHz	甚高频：30～300MHz
特高频：300～3GHz	超高频：3G～30GHz

也有的按下列方式划分。

超低频：0.03～300Hz	极低频：300～3000Hz（音频）
甚低频：3～300kHz	长　波：30～300kHz
中　波：300～3000kHz	短　波：3～30M
甚高频：30～300M	超高频：300～3000M
特高频：3～30G	极高频：30～300G
远红外：300～3000G	

（3）根据核心元件的伏安特性，可将整个电子线路分为线性电子线路和非线性电子线路。

① 线性电子线路：指电路中的电压和电流在向量图上同相，互相之间既不超前，也不滞后。纯电阻电路就是线性电路。

② 非线性电子线路：包括容性电路，电流超前电压（如补偿电容）；感性电路，电流滞后电压（如变压器），以及混合型电路（如各种晶体管电路）。

7.2　微波炉电路图

本例绘制的微波炉电路图如图 7-2 所示。首先观察和分析图纸的结构，并绘制出结构框图，也就是绘制出主要的电路图导线，然后再绘制出各个电子元件，接着将各个电子元件插入结构框图中相应的位置，最后在电路图中适当的位置添加相应的文字和注释说明，即可完成电路图的绘制。

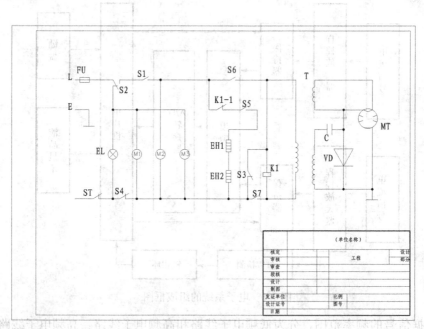

图 7-2　微波炉电路图

7.2.1 设置绘图环境

（1）新建文件。启动 AutoCAD 2018 应用程序，单击"快速访问"工具栏中的"新建"按钮，系统弹出"选择样板"对话框。在该对话框中选择所需的图形样板，单击"打开"按钮，添加图形样板，图形样板左下端点的坐标为（0,0）。本例选用 A3 图形样板，如图 7-3 所示。

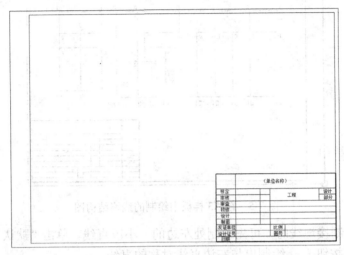

图 7-3　添加 A3 图形样板

（2）新建图层。单击"默认"选项卡"图层"面板中的"图层特性"按钮，弹出"图层特性管理器"对话框，新建两个图层，并分别命名为"连线图层"和"实体符号层"，图层的颜色、线型、线宽等属性设置如图 7-4 所示。

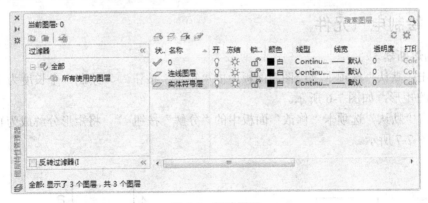

图 7-4　新建图层

7.2.2 绘制线路结构图

图 7-5 所示为最后在 A3 样板中绘制成功的线路结构图。

绘制过程按照如下步骤进行：

（1）单击"默认"选项卡"绘图"面板中的"直线"按钮，绘制若干条水平直线和竖直直线，在绘制的过程中，打开"对象捕捉"和"正交"绘图功能。绘制相邻直线时，可以用光标捕捉直线的端点作为起点,单击"默认"选项卡"修改"面板中的"偏移"按钮,将已经绘制好的直线进行平移并复制,同时保留原直线。观察图 7-5 可知,线路结构图中有多条折线,如连接线 NOPQ,这时可以先绘制水平和竖直直线,单击"默认"选项卡"修改"面板中的"修剪"按钮,有效地得到这些折线。

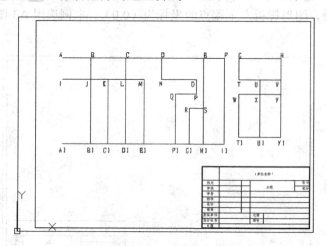

图 7-5 在 A3 样板中绘制的线路结构图

(2)另外在绘制接地线时,可先绘制处左边的一小段直线,单击"默认"选项卡"修改"面板中的"镜像"按钮,绘制出与左边直线对称的直线。

如图 7-5 所示的结构图中,各连接线段的长度分别为 AB=40mm,BC=50mm,CD=50mm,DE=60mm,EF=30mm,GH=60mm,JK=25mm,LM=25mm,NO=50mm,TU=30mm,PQ=30mm,RS=20mm,E1F1=45mm,F1G1=20mm,BJ=30mm,JB1=90mm,DN=30mm,OP=20mm,ES=70mm,GT=30mm,WT1=60mm。

7.2.3 绘制电气元件

(1)画熔断器。

① 单击"默认"选项卡"绘图"面板中的"矩形"按钮,绘制一个长度为 10mm、宽度为 5mm 的矩形,如图 7-6 所示。

② 单击"默认"选项卡"修改"面板中的"分解"按钮,将矩形分解成直线 1、2、3 和 4,如图 7-7 所示。

图 7-6 矩形　　　　　　　　　图 7-7 分解矩形

③ 打开工具栏中的"对象捕捉"功能,单击"默认"选项卡"绘图"面板中的"直线"按钮,捕捉直线 2 和直线 4 的中点作为直线 5 的起点和终点,如图 7-8 所示。

④ 单击"默认"选项卡"修改"面板中的"拉长"按钮,将直线 5 分别向左和向右拉长 5mm。得到的熔断器如图 7-9 所示。

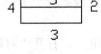   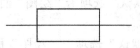

图 7-8 绘制直线 5　　　　　　图 7-9　绘制成熔断器

（2）绘制功能选择开关。

① 单击"默认"选项卡"绘图"面板中的"直线"按钮，绘制一条长为 5mm 的直线 1，重复"直线"命令，打开"对象捕捉"功能，捕捉直线 1 的右端点作为新绘制直线的左端点，绘制出长度为 5mm 的直线 2，按照同样的方法绘制出长度为 5mm 的直线 3，绘制结果如图 7-10 所示。

② 单击"默认"选项卡"修改"面板中的"旋转"按钮，在"对象捕捉"绘图方式下，关闭"正交"功能，捕捉直线 2 的右端点，输入旋转的角度为 30°，结果如图 7-11 所示，即功能开关的符号。

图 7-10 3 段线段　　　　　　图 7-11　功能开关

（3）绘制门联锁开关。

绘制门联锁开关的过程与绘制功能选择开关基本相似。

① 单击"默认"选项卡"绘图"面板中的"直线"按钮，绘制一条长为 5mm 的直线 1，重复"直线"命令，在"对象捕捉"绘图方式下，捕捉直线 1 的右端点作为新绘制直线的左端点，绘制出长度为 6mm 的直线 2，按照同样的方法绘制出长度为 4mm 的直线 3，绘制结果如图 7-12 所示。

② 单击"默认"选项卡"修改"面板中的"旋转"按钮，在"对象捕捉"绘图方式下，关闭"正交"功能，捕捉直线 2 的右端点，输入旋转的角度为 30°，结果如图 7-13 所示。

图 7-12 3 段直线　　　　　　图 7-13　将直线 2 旋转 30°

③ 单击"默认"选项卡"修改"面板中的"拉长"按钮，将旋转后的直线 2 沿着左端点方向拉长 2mm，如图 7-14 所示。

④ 单击"默认"选项卡"绘图"面板中的"直线"按钮，同时打开"对象捕捉"和"正交"功能，用鼠标左键捕捉直线 1 的右端点，向下绘制一条长为 5mm 的直线，如图 7-15 所示，即绘制成的门联锁开关。

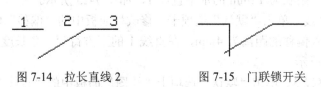

图 7-14 拉长直线 2　　　　　　图 7-15　门联锁开关

(4) 绘制炉灯。

① 单击"默认"选项卡"绘图"面板中的"圆"按钮⊙，绘制一个半径为5mm的圆形，如图7-16所示。

② 单击"默认"选项卡"绘图"面板中的"直线"按钮，打开"对象捕捉"和"正交"功能，用鼠标左键捕捉圆心作为直线的端点，输入直线的长度为5mm，使得该直线的另外一个端点落在圆周上，如图7-17所示。

③ 按照步骤（2）中的方法，绘制另外3条正交的线段，如图7-18所示。

④ 单击"默认"选项卡"修改"面板中的"旋转"按钮○，选择需要旋转的对象，可以选择多个对象，这里选择圆和4条线段，如图7-19所示。输入旋转角度为45°，得到炉灯的图形符号，如图7-20所示。

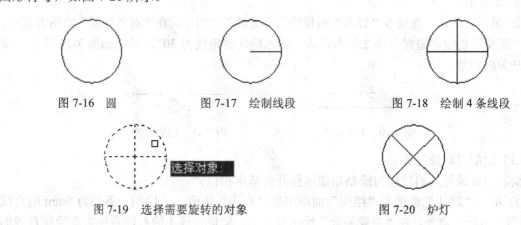

图 7-16 圆　　　　图 7-17 绘制线段　　　　图 7-18 绘制4条线段

图 7-19 选择需要旋转的对象　　　　图 7-20 炉灯

(5) 绘制电动机。

① 绘制圆。单击"默认"选项卡"绘图"面板中的"圆"按钮⊙，绘制一个半径为5mm的圆形，如图7-21所示。

② 输入文字。单击"默认"选项卡"注释"面板中的"多行文字"按钮A，在圆的中心位置划定一个矩形框，在合适的位置输入大写字母M，如图7-22所示电动机就画成了。

图 7-21 圆　　　　图 7-22 电动机符号

(6) 绘制石英发热管。

① 绘制水平直线。单击"默认"选项卡"绘图"面板中的"直线"按钮，在"正交"绘图方式下，绘制一条长为12mm的水平直线1，如图7-23所示。

② 偏移水平直线。单击"默认"选项卡"修改"面板中的"偏移"按钮，选择直线1作为偏移对象，输入偏移的距离为4mm，在直线1的下方得到一条长度同样为5mm的水平直线2，如图7-24所示。

③ 绘制竖直直线3。单击"默认"选项卡"绘图"面板中的"直线"按钮，在"对象

捕捉"绘图方式下,用光标分别捕捉直线 1 和直线 2 的左端点作为竖直直线 3 的起点和终点,如图 7-25 所示。

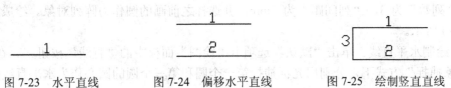

图 7-23　水平直线　　　图 7-24　偏移水平直线　　　图 7-25　绘制竖直直线

④ 偏移竖直直线。单击"默认"选项卡"修改"面板中的"偏移"按钮，选择直线 3 作为偏移对象,输入偏移的距离为 3mm,在直线 3 的右方得到一条长度同样为 5mm 的竖直直线,重复"偏移"命令,依次再向右偏移 3 条竖直直线,如图 7-26 所示。

⑤ 绘制水平直线。单击"默认"选项卡"绘图"面板中的"直线"按钮，用光标捕捉直线 3 的中点,输入长度 5mm,向左边绘制一条水平直线；重复"直线"命令,在直线 4 的右边绘制一条长度为 5mm 的水平直线,如图 7-27 所示。

（7）绘制烧烤控制继电器。

① 绘制矩形。单击"默认"选项卡"绘图"面板中的"矩形"按钮，绘制一个长为 4mm、宽为 8mm 的矩形,如图 7-28 所示。

图 7-26　偏移竖直直线　　　　图 7-27　石英发热管符号

② 绘制水平直线。单击"默认"选项卡"绘图"面板中的"直线"按钮，在"对象捕捉"绘图方式下,用光标捕捉矩形的两条竖直直线的中点作为水平直线的起点,分别向左边和右边绘制一条长度为 5mm 的水平直线,如图 7-29 所示,即绘成的烧烤继电器。

（8）绘制高压变压器。

在绘制高压变压器之前,先大概了解一下变压器的结构。

图 7-28　矩形　　　　　　图 7-29　烧烤继电器

变压器压器由套在一个闭合铁心上的两个或多个线圈（绕组）构成, 铁心和线圈是变压器的基本组成部分。铁心构成了电磁感应所需的磁路。为了减少磁通变化时所引起的涡流损失,变压器的铁心要用厚度为 0.35~0.5mm 的硅钢片叠成,片间用绝缘漆隔开。铁心分为心式和客式两种。

变压器和电源相连的线圈称为原绕组（或原边,或初级绕组）,其匝数为 N1 ,和负载相连的线圈称为副绕组（或副边,或次级绕组）,其匝数为 N2 。绕组与绕组及绕组与铁心之间都是互相绝缘的。

由变压器的组成结构看出,只需要单独绘制出线圈绕组和铁心即可,然后根据需要将它们安装在前面绘制的结构线路图中即可。这里分别绘制一个匝数为 3 和 6 的线圈。

① 绘制阵列圆。单击"默认"选项卡"绘图"面板中的"圆"按钮⊙，绘制一个半径为 2.5mm 的圆。单击"默认"选项卡"修改"面板中的"矩形阵列"按钮，设置"行数"为 1，"列数"为 3，"列间距"为 5mm，并选择之前画的圆作为阵列对象。绘成的阵列圆如图 7-30 所示。

② 绘制水平直线。单击"默认"选项卡"绘图"面板中的"直线"按钮，在"正交"和"对象捕捉"方式下，分别用光标捕捉第一个圆和第三个圆的圆心作为水平直线的起点和终点，如图 7-31 所示。

③ 拉长水平直线。单击"默认"选项卡"修改"面板中的"拉长"按钮，选择水平直线作为拉长对象，分别将直线向左和向右拉长 2.5mm，命令行中的提示与操作如下。

```
命令：_lengthen
选择对象或 [增量(DE)/百分数(P)/全部(T)/动态(DY)]：
当前长度：10.0000
选择对象或 [增量(DE)/百分数(P)/全部(T)/动态(DY)]：de
输入长度增量或 [角度(A)] <0.0000>：2.5
选择要修改的对象或 [放弃(U)]：（用鼠标左键单击一下水平直线的左端点）
选择要修改的对象或 [放弃(U)]：（用鼠标左键单击一下水平直线的右端点）
选择要修改的对象或 [放弃(U)]：
```

绘制成的图形如图 7-32 所示。

④ 修剪图形。单击"默认"选项卡"修改"面板中的"修剪"按钮，将图中的多余部分进行修剪，修剪结果如图 7-33 所示。匝数为 3 的线圈绕组即画成了。

   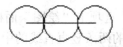   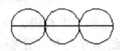

图 7-30　阵列圆　　　　图 7-31　水平直线　　　　图 7-32　拉长直线

⑤ 绘制匝数为 6 的线圈。单击"默认"选项卡"修改"面板中的"复制"按钮，选择已经画好的如图 7-34 所示的线圈绕组，确定后进行复制，绘成的阵列线圈如图 7-34 所示。

图 7-33　匝数为 3 的线圈　　　　图 7-34　匝数为 6 的线圈

（9）绘制高压电容器。单击"默认"选项卡"绘图"面板中的"直线"按钮，绘制高压电容器，如图 7-35 所示。

（10）绘制高压二极管。单击"默认"选项卡"绘图"面板中的"直线"按钮，绘制高压二极管，如图 7-36 所示。

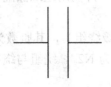　　　　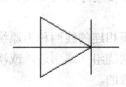

图 7-35　高压电容器　　　　图 7-36　高压二极管

(11) 绘制磁控管。

① 绘制圆。单击"默认"选项卡"绘图"面板中的"圆"按钮,绘制一个半径为10mm的圆,如图7-37所示。

② 绘制竖直线。单击"默认"选项卡"绘图"面板中的"直线"按钮,在"正交"和"对象捕捉"绘图方式下,用鼠标左键捕捉圆心作为直线的起点,分别向上和向下绘制一条长为10mm的直线,直线的另一个端点则落在圆周上,如图7-38所示。

图 7-37 圆   图 7-38 两条竖直直线

③ 绘制若干条短小线段。单击"默认"选项卡"绘图"面板中的"直线"按钮,关闭"正交"和"对象捕捉"功能,绘制4条短小直线,如图7-39所示。

④ 镜像直线。单击"默认"选项卡"修改"面板中的"镜像"按钮,在"捕捉对象"绘图方式下,选择刚才绘制的4条小线段为镜像对象,选择竖直直线为镜像线进行镜像,命令行中的提示与操作如下:

```
命令: _mirror↙
选择对象: 找到 1 个
选择对象: 找到 1 个,总计 2 个
选择对象: 找到 1 个,总计 3 个
选择对象: 找到 1 个,总计 4 个(用鼠标左键单击选择需要做镜像的直线)
选择对象: ↙
指定镜像线的第一点: <对象捕捉 开> 指定镜像线的第二点:(用鼠标左键捕捉竖直直线的端点)
要删除源对象吗? [是(Y)/否(N)] <N>:↙
```

绘制出的结果如图7-40所示。

⑤ 修剪图形。单击"默认"选项卡"修改"面板中的"修剪"按钮,选择需要修剪的对象,确定后,用鼠标单击需要修剪的部分,修剪后的结果如图7-41所示。

图 7-39 绘制小线段   图 7-40 镜像线段   图 7-41 磁控管绘成

7.2.4 将实体符号插入结构线路图

根据微波炉的原理图,将前面绘制好的实体符号插入结构线路图合适的位置上,由于绘制实体符号的大小以能看清楚为标准,所以插入结构线路中时,可能会出现不协调,可以根据实际需要调用"缩放"功能来及时调整。在插入实体符号的过程中,开启"对象捕捉"、"对象追踪"或"正交模式"等,选择合适的插入点。下面将选择几个典型的实体符号插入结构线路图,来介绍具体的操作步骤。

(1)插入熔断器。我们需要做的工作是将如图 7-42 所示的熔断器插入如图 7-43 所示的导线 AB 的合适的位置中去。具体步骤如下：

图 7-42　熔断器　　　　　　　　　图 7-43　导线 AB

① 移动实体符号。在"对象捕捉"绘图方式下，单击"默认"选项卡"修改"面板中的"移动"按钮，选择需要移动的熔断器，如图 7-44 所示。确定移动对象后，AutoCAD 2018 绘图界面会提示选择移动的基点，选择 A2 作为基点，如图 7-45 所示。用光标捕捉导线 AB 的左端点 A 作为移动熔断器时 A2 点的插入点，插入结果如图 7-46 所示。

图 7-44　选择移动对象　　　　　　　图 7-45　指定移动基点

② 调整平移位置。如图 7-46 所示的熔断器插入位置不够协调，这时需要将上一步的平移结果继续向右移动少许距离。单击"默认"选项卡"修改"面板中的"移动"按钮，将熔断器水平移动 5，命令行中的提示与操作如下：

命令：_move↙
选择对象：指定对角点：找到 4 个（用鼠标左键选择熔断器）
选择对象：↙
指定基点或 ［位移(D)］ <位移>：↙
指定位移 <0.0000, 0.0000, 0.0000>： 5,0,0（输入三维的距离，这里只是水平方向的移动）

调整移动距离后的结果如图 7-47 所示。

图 7-46　插入熔断器　　　　　　　图 7-47　插入实体符号后的结果

(2)插入定时开关。将如图 7-48 所示的定时开关插入如图 7-49 所示的导线 BJ 中。

① 旋转定时开关。单击"默认"选项卡"修改"面板中的"旋转"按钮，选择开关作为旋转对象，绘图界面会提示选择旋转基点，这里选择开关的 B2 点作为基点，输入旋转角度为 90。命令行中的提示与操作如下：

命令：_rotate↙
UCS 当前的正角方向： ANGDIR=逆时针 ANGBASE=0
选择对象：指定对角点：找到 5 个（用鼠标左键选定开关）
选择对象：↙
指定基点：(用鼠标左键捕捉 B2 点作为旋转基点)
指定旋转角度，或 ［复制(C)/参照(R)］ <0>： 90↙

旋转后的开关符号如图 7-50 所示。

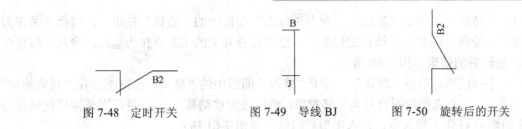

图 7-48　定时开关　　　　图 7-49　导线 BJ　　　　图 7-50　旋转后的开关

② 平移图形。单击"默认"选项卡"修改"面板中的"移动"按钮，在"对象捕捉"绘图方式下，首先选择开关符号为平移对象，然后选定移动基点 B2，最后用光标捕捉导线 BJ 的端点 B 作为插入点，插入图形后的结果如图 7-51 所示。

③ 修剪图形。单击"默认"选项卡"修改"面板中的"修剪"按钮，修剪多余的部分，修剪结果如图 7-52 所示。

按照同样的步骤，可以将其他门联锁开关、功能选择开关等插入结构线路图中。

（3）插入炉灯。将如图 7-53 所示的炉灯插入如图 7-54 所示的导线 JB1 中。

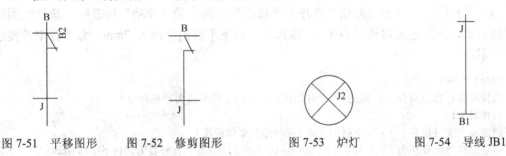

图 7-51　平移图形　　　图 7-52　修剪图形　　　图 7-53　炉灯　　　图 7-54　导线 JB1

① 平移图形。单击"默认"选项卡"修改"面板中的"移动"按钮，在"对象捕捉"绘图方式下，首先选择炉灯符号为平移对象，然后选定移动基点 J2，最后用光标捕捉竖直导线的中点作为插入点，插入图形后的结果如图 7-55 所示。

② 修剪图形。单击"默认"选项卡"修改"面板中的"修剪"按钮，选择需要修剪的对象范围，确定后，绘图界面提示选择需要修剪的对象，如图 7-56 所示。用鼠标单击，修剪掉多余的线段，修剪结果如图 7-57 所示。

按照同样的方法，可以插入电动机。

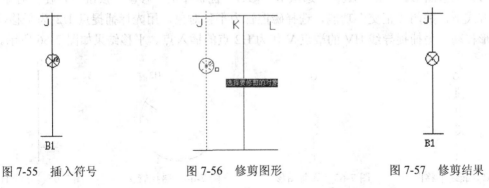

图 7-55　插入符号　　　　图 7-56　修剪图形　　　　图 7-57　修剪结果

（4）插入高压变压器。前面专门介绍过变压器的组成，在实际的绘图中，可以根据需要，将不同匝数的线圈插入结构线路图的合适的位置即可。下面以将如图 7-58 所示的匝数为 3 的线圈插入如图 7-59 所示的导线 GT 为例子，详细介绍其操作步骤。

(1) 旋转图形。单击"默认"选项卡"修改"面板中的"旋转"按钮⊙,选择开关作为旋转对象,绘图界面会提示选择旋转基点,这里选择开关的 G2 点作为基点,输入旋转角度为 90。旋转后的结果如图 7-60 所示。

(2) 平移图形。单击"默认"选项卡"修改"面板中的"移动"按钮✥,在"对象捕捉"绘图方式下,首先选择线圈符号为平移对象,然后选定移动基点 G2,最后用光标捕捉竖直导线 GT 的端点 G 作为插入点,插入图形后的结果如图 7-61 所示。

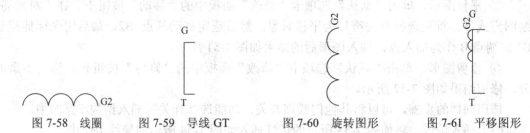

图 7-58　线圈　　　图 7-59　导线 GT　　　图 7-60　旋转图形　　　图 7-61　平移图形

(3) 平移图形。单击"默认"选项卡"修改"面板中的"移动"按钮✥,选择线圈符号为平移对象,然后选定移动基点 G2,输入竖直向下平移的距离为 7mm,命令行中的提示与操作如下:

```
命令: _move↙
选择对象: 指定对角点: 找到 7 个 (用鼠标左键框定线圈作为平移对象)
选择对象: ↙
指定基点或 [位移(D)] <位移>: d (选择输入平移距离)
指定位移 <5.0000, 0.0000, 0.0000>: 0,-7,0 (即只在竖直方向向下平移 7mm)
```

平移结果如图 7-62 所示。

(4) 修剪图形。单击"默认"选项卡"修改"面板中的"修剪"按钮⊢,选择需要修剪的对象范围,确定后,绘图界面提示选择需要修剪的对象,修剪掉多余的线段,修剪结果如图 7-63 所示。

按照同样的方法,可以插入匝数为 6 的线圈。

(5) 插入磁控管。将如图 7-64 所示的磁控管插入如图 7-65 所示的导线 HV 中。

(1) 平移图形。单击"默认"选项卡"修改"面板中的"移动"按钮✥,在"对象捕捉"绘图方式下,关闭"正交"功能,选择磁控管为平移对象,用光标捕捉点 H2 为平移基点,将图形移动,另捕捉导线 HV 的端点 V 作为 H2 点的插入点。平移结果如图 7-66 所示。

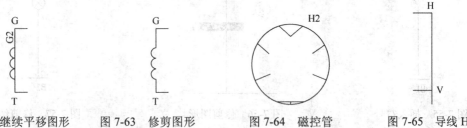

图 7-62　继续平移图形　　　图 7-63　修剪图形　　　图 7-64　磁控管　　　图 7-65　导线 HV

(2) 修剪图形。单击"默认"选项卡"修改"面板中的"修剪"按钮⊢,选择需要修剪的对象范围,确定后,绘图界面提示选择需要修剪的对象,修剪掉多余的线段,修剪结果如图 7-67 所示。

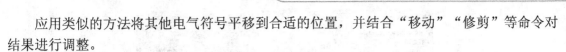

应用类似的方法将其他电气符号平移到合适的位置,并结合"移动""修剪"等命令对结果进行调整。

将所有实体符号插入结构线路图后的结果如图 7-68 所示。

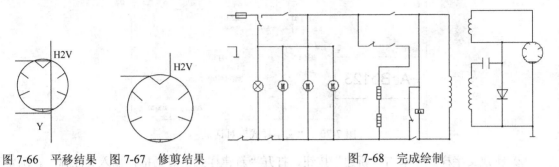

图 7-66　平移结果　　图 7-67　修剪结果　　　　　图 7-68　完成绘制

在绘制过程当中,需要特别强调绘制导线交叉实心点。

在 A3 图形样板中的绘制结果如图 7-69 所示。

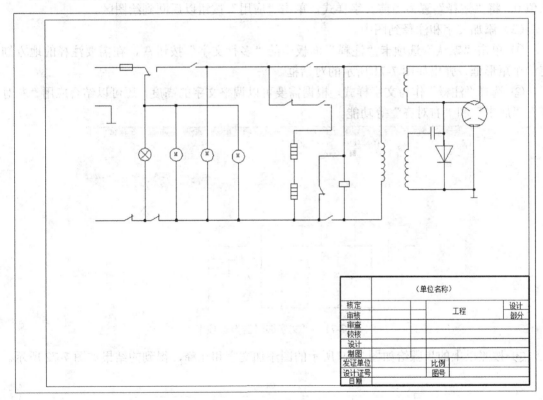

图 7-69　A3 样板中绘制成的图

7.2.5　添加文字和注释

(1)新建文字样式。

(1)单击"默认"选项卡"注释"面板中的"文字样式"按钮,打开"文字样式"对话框,如图 7-70 所示。

图 7-70 "文字样式"对话框

② 新建文字样式。单击"新建"按钮,打开"新建样式"对话框,输入"注释"。确定后回到"文字样式"对话框。不要单击"使用大字体"一项,否则,无法在字体一项中选择汉字字体。我们在"字体"下拉框中选择"仿宋",设置"宽度因子"为 1,倾斜角度为默认值 0。将"注释"置为当前文字样式,单击"应用"按钮以后回到绘图区。

(2) 添加文字和注释到图中。

① 单击"默认"选项卡"注释"面板中的"多行文字"按钮 A,在需要注释的地方划定一个矩形框,弹出如图 7-71 所示的对话框。

② 选择"注释"作为文字样式,根据需要可以调整文字的高度,还可以结合应用"左对齐""居中"和"右对齐"等功能。

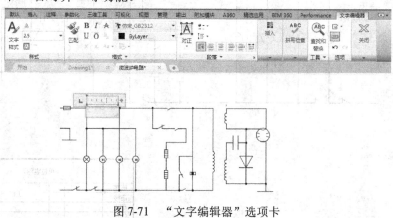

图 7-71 "文字编辑器"选项卡

③ 按照以上的步骤给如图 7-69 所示的图添加文字和注释,得到的结果如图 7-72 所示。

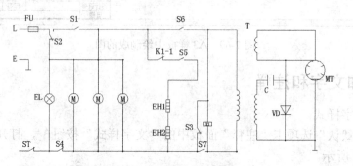

图 7-72 完整的电路图

7.3 键盘显示器接口电路图

本例绘制的键盘显示器接口电路图如图 7-73 所示。键盘和显示器是数控系统人机对话的外围设备,键盘完成数据输入,显示器显示计算机运行时的状态和数据。键盘和显示器接口电路使用 8155 芯片,接口电路如图 7-73 所示。

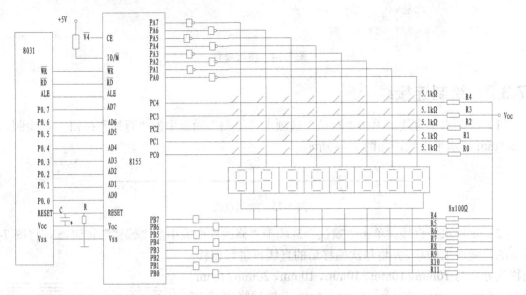

图 7-73 键盘显示器接口电路

由于 8155 芯片内有地址锁存器,因此 8031 的 P0 口输出的低 8 位数据不需要另加锁存器,直接与 8155 的 AD7~AD0 相连,既作低 8 位地址总线又作数据总线,地址直接用 ALE 信号在 8155 中锁存,8031 用 ALE 信号实现对 8155 分时传送地址、数据信号。高 8 位地址由 8155 片选信号和 IO/$\overline{\text{M}}$ 决定。由于 8155 只作为并行接口使用,不使用内部 RAM,因此 8155 的 IO/$\overline{\text{M}}$ 引脚直接经电阻 R 接高电平。片选信号端接 74LS138 译码器输出线 $\overline{Y}_4$ 端,当 $\overline{Y}_4$ 为低电平时,选中该 8155 芯片。8155 的 $\overline{\text{RD}}$、$\overline{\text{WR}}$、ALE、RESET 引脚直接与 8031 的同名引脚相连。

绘制此电路图的大致思路如下:首先绘制连接线图,然后绘制主要元器件,最后将各个元器件插入连接线图中,完成键盘显示器接口电路的绘制。

7.3.1 设置绘图环境

(1) 建立新文件。打开 AutoCAD 2018 应用程序,单击"快速访问"工具栏中的"新建"按钮,以"无样板打开-公制"建立新文件,将新文件命名为"键盘显示器接口电路.dwg"并保存。

(2) 设置图层。单击"默认"选项卡"图层"面板中的"图层特性"按钮,设置"连接线层"和"实体符号层"两个图层,各图层的颜色、线型、线宽及其他属性状态设置分别如图 7-74 所示。将"连接线层"设置为当前图层。

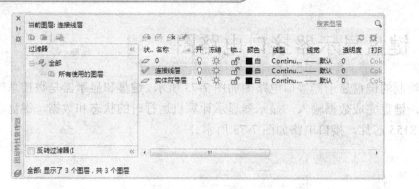

图 7-74　图层设置

7.3.2　绘制连接线

（1）绘制水平直线。单击"默认"选项卡"绘图"面板中的"直线"按钮，绘制长度为 260mm 的水平直线，如图 7-75 所示。

图 7-75　绘制直线

（2）偏移水平直线。单击"默认"选项卡"修改"面板中的"偏移"按钮，将图 7-75 所示的直线向上偏移，并将每次偏移后的直线再进行偏移，偏移量分别为 10mm、10mm、10mm、10mm、20mm、6mm、6mm、6mm、6mm、6mm、6mm、6mm，然后将图 7-75 所示直线向下偏移操作同前，偏移量分别为 50mm、6mm、6mm、6mm、6mm、6mm、6mm、6mm，偏移后的结果如图 7-76 所示。

（3）绘制竖直直线。单击"默认"选项卡"绘图"面板中的"直线"按钮，以图 7-76 中 a 点为起点，b 点为终点绘制竖直直线，如图 7-77(a)所示。

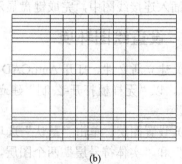

图 7-76　偏移水平直线

（4）偏移竖直直线。单击"默认"选项卡"修改"面板中的"偏移"按钮，将图 7-77(a)所示的竖直直线依次向右偏移 60mm、20mm、20mm、20mm、20mm、20mm、20mm、20mm、60mm，偏移后的结果如图 7-77(b)所示。

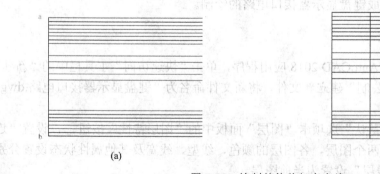

图 7-77　绘制并偏移竖直直线

(5) 修剪图形。单击"默认"选项卡"修改"面板中的"修剪"按钮，对图 7-77(b)进行修剪，得到结果如图 7-78 所示。

(6) 绘制竖直直线。单击"默认"选项卡"绘图"面板中的"直线"按钮，以图 7-78 中 c 点为起点绘制竖直直线 cd，如图 7-79(a)所示。

(7) 偏移竖直直线。单击"默认"选项卡"修改"面板中的"偏移"按钮，将图 7-79(a)所示的竖直直线依次向右偏移 10mm、18mm、18mm、18mm、18mm、18mm、18mm、18mm，偏移后的结果如图 7-79(b)所示。

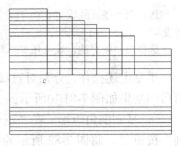

图 7-78　修剪结果

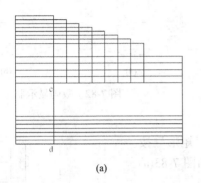
(a)

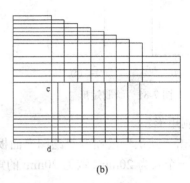
(b)

图 7-79　绘制并偏移直线

(8) 修剪图形。单击"默认"选项卡"修改"面板中的"修剪"按钮和"删除"按钮，对图 7-79(b)进行修剪，同时单击"默认"选项卡"绘图"面板中的"直线"按钮，补充绘制直线，得到结果如图 7-80 所示。

7.3.3　绘制电气元件

(1) 绘制 LED 数码显示器。

① 绘制矩形。单击"默认"选项卡"绘图"面板中的"矩形"按钮，绘制一个长为 8mm、宽为 8mm 的矩形。

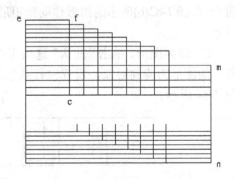

图 7-80　连接线图

② 分解矩形。单击"默认"选项卡"修改"面板中的"分解"按钮，将绘制的矩形分解为直线 1，2，3，4，如图 7-81(a)所示。

③ 倒角。单击"默认"选项卡"修改"面板中的"倒角"按钮，命令行中的提示与操作如下。

```
命令：_chamfer
（"修剪"模式）当前倒角距离 1=0.0000, 距离 2=0.0000
选择第一条直线或[放弃(U)/多段线(P)/距离(D)/角度(A)/修剪(T)/方式(E)/多个(M)]:（输入 d）
指定第一个倒角距离<1.0000>:
指定第一个倒角距离<1.0000>:
```

选择第一条直线或[放弃(U)/多段线(P)/距离(D)/角度(A)/修剪(T)/方式(E)/多个(M)]:(选择直线1)

选择第二条直线,或按住 Shift 键选择要应用角点的直线:(选择直线2)

重复上述操作,分别对直线1和直线4,直线3和直线4,直线2和直线3进行倒角,倒角后的结果如图7-81(b)所示。

④ 复制倒角矩形。在"正交"绘图方式下,单击"默认"选项卡"修改"面板中的"复制"按钮,将图7-82所示的倒角矩形向Y轴负方向复制移动8mm,如图7-82(a)所示。

⑤ 删除倒角边。单击"默认"选项卡"修改"面板中的"删除"按钮,删除4个倒角,如图7-82(b)所示。

图 7-81 绘制矩形　　　　　　　　图 7-82 数码显示器

⑥ 绘制矩形。

(a) 单击"默认"选项卡"绘图"面板中的"矩形"按钮,绘制一个长为20mm、宽为20mm的矩形,如图7-83(a)所示。

(b) 单击"默认"选项卡"修改"面板中的"移动"按钮,将图7-82(b)所示的图形移动到矩形中,结果如图7-83(b)所示。

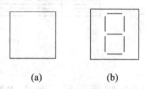

图 7-83 平移图形图

⑦ 阵列图形。单击"默认"选项卡"修改"面板中的"矩形阵列"按钮,选择图7-83(b)所示的图形为阵列对象,设置"行数"为1,"列数"为8,"列间距"为20,阵列结果如图7-84所示。

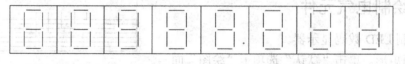

图 7-84 阵列结果

(2) 绘制74LS06非门符号。

① 绘制矩形。单击"默认"选项卡"绘图"面板中的"矩形"按钮,绘制一个长为6mm、宽为4.5mm的矩形,如图7-85所示。

② 绘制直线。单击"默认"选项卡"绘图"面板中的"直线"按钮,在"对象捕捉"中的"中点"绘图方式下,捕捉图7-85中矩形左边的中点,以其为起点水平向左绘制一条直线,长度为5mm,如图7-86所示。

③ 绘制圆。单击"默认"选项卡"绘图"面板中的"圆"按钮,在"对象捕捉"中的"中点"绘图方式下,捕捉图7-86中矩形的右边中点,以其为圆心,绘制半径为1mm的圆,如图7-87所示。

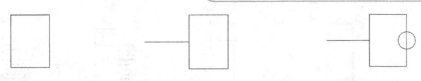

图 7-85　绘制矩形　　　　图 7-86　绘制直线　　　　图 7-87　绘制圆

④ 移动圆。单击"默认"选项卡"修改"面板中的"移动"按钮✥，把圆沿 X 轴正方向平移 1 个单位，平移后的结果如图 7-88 所示。

⑤ 绘制直线。单击"默认"选项卡"绘图"面板中的"直线"按钮╱，捕捉图 7-88 中圆的圆心，以其为起点水平向右绘制一条长为 5mm 的直线，如图 7-89 所示。

⑥ 修剪图形。单击"默认"选项卡"修改"面板中的"修剪"按钮╱，以图 7-89 中圆为剪切边，剪去直线在圆内部的部分，如图 7-90 所示。

至此，完成了非门符号的绘制。

图 7-88　平移圆　　　　图 7-89　绘制直线　　　　图 7-90　修剪结果

（3）绘制芯片 74LS244 符号。

① 绘制矩形。单击"默认"选项卡"绘图"面板中的"矩形"按钮▢，绘制一个长为 6mm、宽为 4.5mm 的矩形，如图 7-91 所示。

② 绘制直线。单击"默认"选项卡"绘图"面板中的"直线"按钮╱，在"对象捕捉"中的"中点"绘图方式下，捕捉图 7-91 中矩形左边的中点，以其为起点水平向左绘制一条直线，长度为 5mm，单击"默认"选项卡"绘图"面板中的"直线"按钮╱，捕捉图 7-91 中矩形右边的中点，以其为起点水平向右绘制一条直线，长度为 5mm，结果如图 7-92 所示，这就是芯片 74LS244 的符号。

（4）绘制芯片 8155 符号。

① 绘制矩形。单击"默认"选项卡"绘图"面板中的"矩形"按钮▢，绘制一个长为 210mm、宽为 50mm 的矩形，如图 7-93(a)所示。

图 7-91　绘制矩形　　图 7-92　74LS244 符号

② 分解矩形。单击"默认"选项卡"修改"面板中的"分解"按钮▥，将图 7-93(a)所示的矩形边框进行分解。

③ 偏移直线。单击"默认"选项卡"修改"面板中的"偏移"按钮⬜，将图 7-93(a)中的直线 1 向下偏移 35mm，如图 7-93(b)所示。

④ 绘制直线。单击"默认"选项卡"绘图"面板中的"直线"按钮╱，以图 7-93(b)中直线 2 左端点为起点，水平向左绘制一条长度为 40mm 的直线 3，如图 7-93(c)所示。

⑤ 偏移直线。单击"默认"选项卡"修改"面板中的"偏移"按钮⬜，将图 7-93(c)中的直线 3 向下偏移并将每次偏移后的直线再进行偏移，偏移量分别为 10mm、10mm、10mm、10mm、10mm、10mm、10mm、10mm、10mm、10mm、10mm、10mm，如图 7-93(d)所示。

⑥ 修剪图形。单击"默认"选项卡"修改"面板中的"删除"按钮✐，删除掉图 7-92(d)中的直线 2，结果如图 7-93(e)所示。

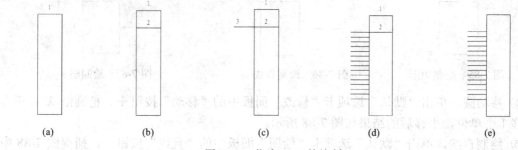

图 7-93　芯片 8155 的绘制

（5）绘制芯片 8031。单击"默认"选项卡"绘图"面板中的"矩形"按钮囗，绘制一个长为 180mm、宽为 30mm 的矩形，如图 7-94(a)所示。

（6）绘制其他元器件符号。电阻、电容符号在上节中绘制过，在此不再赘述，单击"默认"选项卡"修改"面板中的"复制"按钮，把电阻、电容符号复制到当前绘图窗口，如图 7-94(b)和(c)所示。

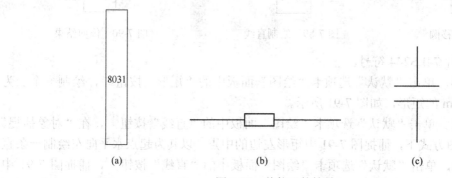

图 7-94　其他元件符号

7.3.4　连接各个元器件

将绘制好的各个元器件符号连接到一起，注意各图形符号的大小可能有不协调的情况，可以根据实际需要利用"缩放"功能来及时调整。本图中元器件符号比较多，下面将以图 7-95(a)所示的数码显示器符号连接到图 7-95(b)为例来说明操作方法。

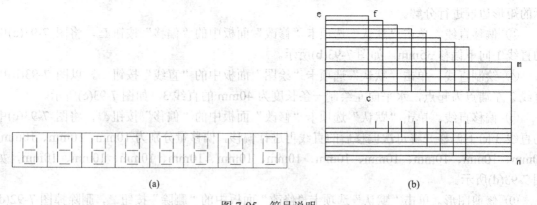

图 7-95　符号说明

（1）平移图形。单击"默认"选项卡"修改"面板中的"移动"按钮，选择图 7-95(a)所示的图形符号为平移对象，用光标捕捉如图 7-96 所示的中点为平移基点，以图 7-95 中点 c 为目标点，平移结果如图 7-97 所示。

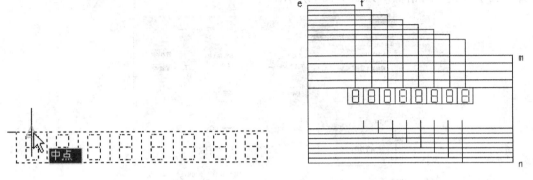

图 7-96　捕捉中点　　　　　　　　图 7-97　平移结果

（2）移动图形。单击"默认"选项卡"修改"面板中的"移动"按钮，选择图 7-97 中显示器图形符号为平移对象，竖直向下平移 10mm，平移结果如图 7-98(a)所示。

（3）绘制直线。单击"默认"选项卡"绘图"面板中的"直线"按钮，补充绘制其他直线，结果如图 7-98(b)所示。

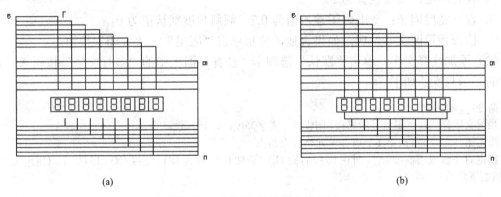

(a)　　　　　　　　　　　　　(b)

图 7-98　设置数码显示器符号

用同样的方法将前面绘制好的其他元器件相连接，并且补充绘制其他直线，具体操作过程不再赘述，结果如图 7-99 所示。

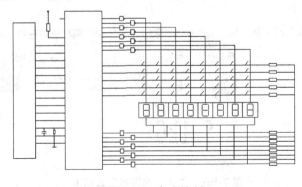

图 7-99　完成绘制

7.3.5 添加注释文字

（1）创建文字样式。单击"默认"选项卡"注释"面板中的"文字样式"按钮，系统打开"文字样式"对话框，如图7-100所示。

图7-100　"文字样式"对话框

① 新建文字样式：在"文字样式"对话框中单击"新建"按钮，打开"新建文字样式"对话框，输入样式名"键盘显示器接口电路"，并单击"确定"按钮回到"文字样式"对话框。

② 设置字体：在字体名下拉列表选择"仿宋_GB2312"。

③ 设置高度：高度设置为5。

④ 设置宽度因子：宽度因子输入值为0.7，倾斜角度默认值为0。

⑤ 检查预览区文字外观，如果合适，分别单击"应用"、"关闭"按钮。

（2）添加注释文字。单击"默认"选项卡"注释"面板中的"多行文字"按钮，命令行中的提示与操作如下：

命令：_mtext
当前文字样式："键盘显示器接口电路"　文字高度：5 注释性：否
指定第一角点：（指定文字所在单元格左上角点）
指定对角点或 [高度(H)/对正(J)/行距(L)/旋转(R)/样式(S)/宽度(W)/栏(C)]（指定文字所在单元格右下角点）

系统打开"文字格式"对话框，选择文字样式为"键盘显示器接口电路"，如图7-101所示，输入"5.1kΩ"。其中符号"Ω"的输入，需要单击"插入"面板中的按钮，系统弹出"特殊符号"下拉菜单，如图7-102所示。从中选择"欧米加"符号，单击"确定"按钮，完成文字的输入。

图7-101　"文字编辑器"选项卡

电路图设计

图 7-102 "特殊符号"下拉菜单

（3）使用文字编辑命令修改文字，得到需要的文字。添加其他注释文字操作的具体过程不再赘述，至此键盘显示器接口电路绘制完毕，结果如图 7-73 所示。

7.4 照明灯延时关断线路图

本例绘制的照明灯延时关断线路图如图 7-103 所示。它由光控和振动控制的走廊照明灯延时关断线路图。在夜晚有客人来访敲门或主人回家用钥匙开门时，该线路均会自动控制走廊照明灯点亮，然后延时约 40 秒后自动熄灭。绘制此线路图的大致思路如下：首先绘制线路结构图，然后分别绘制各个元器件，将各个元器件按照顺序依次插入线路结构图中，最后添加注释文字，完成整张线路图的绘制。

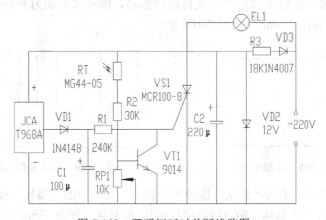

图 7-103 照明灯延时关断线路图

7.4.1 设置绘图环境

（1）新建文件。启动 AutoCAD 2018 应用程序，单击"快速访问"工具栏中的"新建"按钮，打开"选择样板"对话框，以"无样板打开-公制（M）"方式打开一个新的空白图形文件，将新文件命名为"照明灯延时关断线路图.dwt"并保存。

（2）图层设置。单击"默认"选项卡"图层"面板中的"图层特性"按钮，新建"连接线层"和"实体符号层"两个图层，各图层的颜色、线型、线宽及其他属性设置如图 7-104 所示。将"连接线层"设置为当前层。

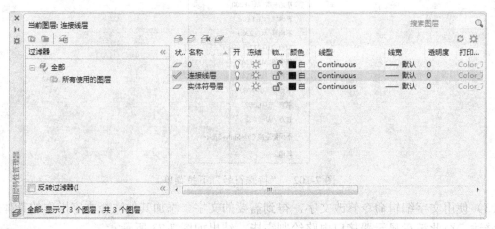

图 7-104 图层设置

7.4.2 绘制线路结构图

（1）绘制矩形。单击"默认"选项卡"绘图"面板中的"矩形"按钮，绘制长为 270mm、宽为 150mm 的矩形，如图 7-105 所示。

（2）分解矩形。单击"默认"选项卡"修改"面板中的"分解"按钮，将绘制的矩形进行分解。

（3）偏移竖直直线。单击"默认"选项卡"修改"面板中的"偏移"按钮，将图 7-105 中的直线 2 向右偏移，并将偏移后的直线再进行偏移，偏移量分别为 60mm、30mm、40mm、30mm、30mm、30mm、25mm，如图 7-106 所示。

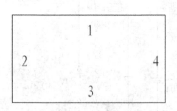

图 7-105 绘制矩形 1

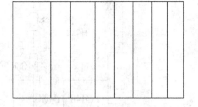

图 7-106 偏移竖直直线

（4）偏移水平直线。单击"默认"选项卡"修改"面板中的"偏移"按钮，将图 7-105 中的直线 3 向上偏移，并将偏移后的直线再进行偏移，偏移量分别为 73mm 和 105mm，如图 7-107 所示。

(5)修剪结构图。单击"默认"选项卡"修改"面板中的"修剪"按钮 和"延伸"按钮 ，对图形进行修剪，删除多余的直线，修剪后的图形如图 7-108 所示。

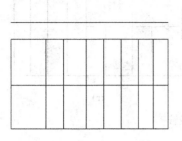

图 7-107　偏移水平直线

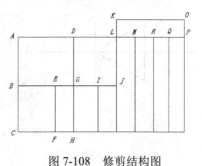

图 7-108　修剪结构图

7.4.3　插入振动传感器

（1）绘制矩形。单击"默认"选项卡"绘图"面板中的"矩形"按钮 ，以图 7-108 中的 A 点为起始点，绘制长为 30mm、宽为 50mm 的矩形，如图 7-109(a)所示。

（2）移动矩形。单击"默认"选项卡"修改"面板中的"移动"按钮 ，将矩形向下移动 50mm，向左移动 15mm，如图 7-109(b)所示。

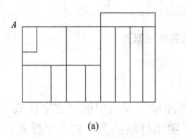

(a)　　　　　　　　　(b)

图 7-109　绘制矩形

（3）修剪矩形。单击"默认"选项卡"修改"面板中的"修剪"按钮 ，以矩形的边为剪切边，将矩形内部直线修剪掉，如图 7-110 所示，完成震动传感器的绘制。

（4）插入其他元器件

① 插入电气符号。将"实体符号层"设置为当前图层。单击"默认"选项卡"块"面板中的"插入"按钮 ，选取二极管符号插入图形中。

② 平移图形。单击"默认"选项卡"修改"

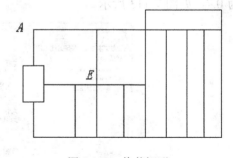

图 7-110　修剪矩形

面板中的"移动"按钮 ，选择如图 7-111(a)所示的二极管符号为平移对象，捕捉二极管符号中的 A 点为平移基点，以图 7-111(b)中的点 E 为目标点移动，平移效果如图 7-111(b)所示。

③ 采用同样的方法，调用前面绘制的一些元器件符号并将其插入结构图中，注意各元器件符号的大小可能有不协调的情况，可以根据实际需要利用"缩放"功能来及时调整，插入效果如图 7-112 所示。

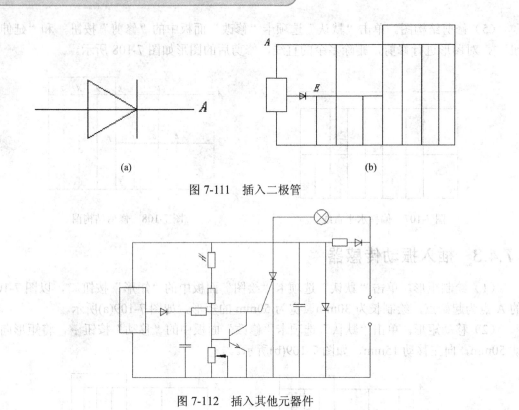

图 7-111 插入二极管

图 7-112 插入其他元器件

7.4.4 添加文字

（1）创建文字样式。单击"默认"选项卡"注释"面板中的"文字样式"按钮，系统弹出"文字样式"对话框，创建一个样式名为"照明灯线路图"的文字样式。设置"字体名"为"仿宋_GB2312"，设置"字体样式"为"常规"，设置"高度"为 8，设置"宽度因子"为 0.7，如图 7-113 所示。

图 7-113 "文字样式"对话框

（2）添加注释文字。单击"默认"选项卡"注释"面板中的"多行文字"按钮 A，在图中添加注释文字，完成照明灯延时关断线路图的绘制，效果如图 7-103 所示。

Chapter 8

电力电气设计

电能的生产、传输和使用是同时进行的。从发电厂出来的电力，需要经过升压后才能够输送给远方的用户。输电电压一般很高，用户一般不能直接使用，高压电要经过变电所变压才能分配给电能用户使用。由此可见，变电所和输电线路是电力系统重要的组成部分，所以本章将对变电工程图、输电工程图进行介绍，并结合具体的例子来介绍其绘制方法。

8.1 电力电气工程图简介

发电厂生产的电能，有一小部分供给本厂和附近的用户使用，其余绝大部分都要经过升压变电站将电压升高，由高压输电线路送至距离很远的负荷中心，再经过降压变电站将电压降低到用户所需要的电压等级，分配给电能用户使用。由此可知，电能从生产到应用，一般需要五个环节来完成，即发电→输电→变电→配电→用电，其中配电又根据电压等级不同分为高压配电和低压配电。

由各种电压等级的电力线路，将各种类型的发电厂、变电站和电力用户联系起来，形成的的一个发电、输电、变电、配电和用电的整体，称为电力系统。电力系统由发电厂、变电所、线路和用户组成。变电所和输电线路是联系发电厂和用户的中间环节，起着变换和分配电能的作用。

1. 变电工程及变电工程图

为了更好地了解变电工程图，下面先对变电工程的重要组成部分——变电所做简要介绍。系统中的变电所，通常按其在系统中的地位和供电范围，分成以下几类。

（1）枢纽变电所。枢纽变电所是电力系统的枢纽点，连用于接电力系统高压和中压的几个部分，汇集多个电源，电压为330～500kV。全所停电后，将引起系统解列，甚至出现瘫痪。

（2）中间变电所。高压以交换潮流为主，起系统交换功率的作用，或使长距离输电线路分段，一般汇集2～3个电源，电压为220～330kV，同时又降压供给当地用电。这样的变电所主要起中间环节的作用，所以叫做中间变电所。全所停电后，将引起区域网络解列。

（3）地区变电所。高压侧电压一般为110～220kV，是以对地区用户供电为主的变电所。全所停电后，仅使该地区中断供电。

（4）终端变电所。经降压后直接向用户供电的变电所即终端变电所，在输电线路的终端，接近负荷点，高压侧电压多为110kV。全所停电后，只是用户受到损失。

为了能够准确清晰地表达电力变电工程的各种设计意图，就必须采用变电工程图。简单来说变电工程图也就是对变电站、输电线路各种接线形式和具体情况的描述。它的意义就在于用统一直观的标准来表达变电工程的各方面。

变电工程图的种类很多，包括主接线图、二次接线图、变电所平面布置图、变电所断面图、高压开关柜原理图及布置图等，每种情况各不相同。

2．输电工程及输电工程图

输送电能的线路通称为电力线路。电力线路有输电线路和配电线路之分，由发电厂向电力负荷中心输送电能的线路以及电力系统之间的联络线路称为输电线路，由电力负荷中心向各个电力用户分配电能的线路称为配电线路。

输电线路按结构特点分为架空线路和电缆线路。架空线路由于具有结构简单、施工简便、建设费用低、施工周期短、检修维护方便、技术要求较低等优点，得到了广泛的应用。电缆线路受外界环境因素的影响小，但需用特殊加工的电力电缆，费用高，施工及运行检修的技术要求高。

目前我国电力系统广泛采用的是架空输电线路，架空输电线路一般由导线、避雷线、绝缘子、金具、杆塔、杆塔基础、接地装置和拉线这几部分组成。在下面的章节中我们分别介绍主接线图、二次接线图、绝缘端子装配图和线路钢筋混凝土杆装配图的绘制方法。

8.2 绝缘端子装配图

本例绘制的绝缘端子装配图如图8-1所示。整个视图由许多部件组成，每个部件都可以创建为一个块。将某一部分创建为块的优点在于，以后再使用这个零件时就可以直接调用原来的模块，或是在原来模块的基础上进行修改，这样可以大大的提高绘图效率。下面以其中一个模块——耐张线夹的讲解为例，详细介绍模块的创建方法。

8.2.1 设置绘图环境

（1）建立新文件。打开AutoCAD 2018应用程序，以"无样板打开-公制"建立新文件，将新文件命名为"绝缘端子装配图.dwg"并保存。

（2）设置图层。单击"默认"选项卡"图层"面板中的"图层特性"按钮，设置"绘图线层""双点线层""中心线层"和"图框线层"4个图层，将"中心线层"设置为当前图层。设置好的各图层的属性如图8-2所示。

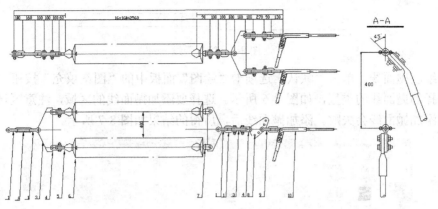

图 8-1　绝缘端子装配图

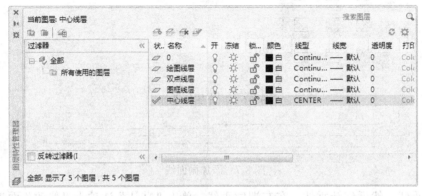

图 8-2　图层设置

8.2.2　绘制耐张线夹

（1）绘制中心线。将"中心线层"设置为当前图层，单击"默认"选项卡"绘图"面板中的"直线"按钮，绘制长度为 33mm 的直线。

（2）绘制直线。将"绘图线层"设置为当前图层，单击"默认"选项卡"绘图"面板中的"直线"按钮，绘制距离中心线分别为 2mm 和 1mm、长度为 15mm 的两条水平直线，如图 8-3 所示。

图 8-3　绘制直线

（3）镜像直线。选择所有绘图线，单击"默认"选项卡"修改"面板中的"镜像"按钮，接着选择中心线上的两点来确定对称轴，按回车键后可得到如图 8-4 所示结果。

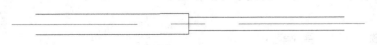

图 8-4　镜像直线

（4）绘制圆弧。单击"默认"选项卡"绘图"面板中的"圆弧"按钮，以右侧两直线端点和端点在中心线上的投影点为端点绘制圆弧，绘制结果如图 8-5 所示。

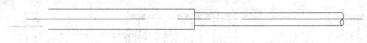

图 8-5　绘制云线

（5）绘制抛面线。单击"默认"选项卡"绘图"面板中的"图案填充"按钮，添加抛面线，选择的抛面线的类型，如图 8-6 所示。选择要添加抛面线的区域，注意区域一定要闭合，否则添加抛面线会失败。添加抛面线后，所得的结果如图 8-7 所示。

图 8-6　填充图线选择

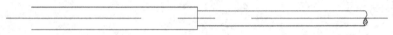

图 8-7　添加抛面线

（6）做垂线，然后旋转垂线。在左端做垂线，单击"默认"选项卡"修改"面板中的"旋转"按钮，以两直线的焦点为基点，旋转 30°，旋转后的结果如图 8-8 所示。

图 8-8　垂线旋转图

（7）做旋转垂线的平行线。选择上一步绘制的直线，绘制一条平行线，两条平行线之间的距离为 5mm，修改绘制的平行线线型为中心线。单击"默认"选项卡"修改"面板中的"镜像"按钮，选择旋转直线为镜像对象，以绘制的直线为镜像线进行镜像。

（8）倒圆角。单击"默认"选项卡"修改"面板中的"圆角"按钮，选择修剪模式为半径（R）模式，然后输入修剪半径为 4mm，最后连续选择要修剪的两条直线，选择过程中注意状态栏命令提示，命令行中的提示与操作如下。

```
命令：fillet ↙
当前设置：模式=修剪，半径=3.0
选择第一个对象或 [放弃(U)/多段线(P)/半径(R)/修剪(T)/多个(M)]：R↙
指定圆角半径<3.0>:4 ↙
选择第一个对象或 [放弃(U)/多段线(P)/半径(R)/修剪(T)/多个(M)]：
选择第二个对象，或按住 Shift 键选择对象以应用角点或 [半径(R)]：
```

用同样的过程修剪另外两条相交直线,选择修剪半径为 3mm,修剪后的结果如图 8-9 所示。

(9)做两个同心圆。做一条弯轴的中心线,由图上的尺寸确定两个圆的中心,单击"默认"选项卡"绘图"面板中的"圆"按钮,做一个直径为 2.5mm 和一个直径为 1.5mm 的同心圆,选中两个同心圆,单击"默认"选项卡"修改"面板中的"复制"按钮,在另一个圆心复制出两个相同的同心圆,结果如图 8-10 所示。

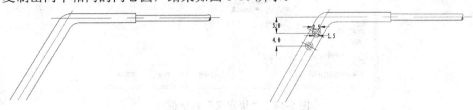

图 8-9　倒圆角　　　　　　　图 8-10　绘制同心圆图

(10)绘制矩形。单击"默认"选项卡"绘图"面板中的"矩形"按钮,绘制矩形,矩形尺寸 10mm×3.5mm,将绘制完的矩形旋转 60°,放置如图 8-11 所示的位置,单击"默认"选项卡"修改"面板中的"修剪"按钮,删去多余的线段,绘制结果如图 8-11 所示。

(11)绘制两个半圆。单击"默认"选项卡"绘图"面板中的"圆"按钮,在矩形的两个边绘制两个圆,单击"默认"选项卡"修改"面板中的"修剪"按钮,将多余的半圆删去,结果如图 8-12 所示。

(12)绘制另一抛面线部分。单击"默认"选项卡"修改"面板中的"复制"按钮,将如图 8-11 所示的右端抛面线部分进行复制,单击"默认"选项卡"修改"面板中的"旋转"按钮,以复制部分的左端中心为端点,旋转至有抛面线部分的中心线与倾斜部分的中心线重合,结果如图 8-12 所示。

(13)绘制其余部分。单击"默认"选项卡"绘图"面板中的"直线"按钮,绘制中心线一侧的两条线,单击"默认"选项卡"修改"面板中的"镜像"按钮,镜像出另一侧的对称线,最后删除多余的线段,结果如图 8-13 所示。

(14)创建块。单击"默认"选项卡"块"面板中的"创建"按钮,弹出"块定义"对话框,如图 8-14 所示,选择绘制的耐张线夹,在图形中指定一点作为基点,完成块的创建。

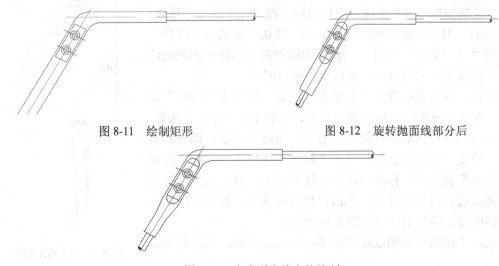

图 8-11　绘制矩形　　　　　　图 8-12　旋转抛面线部分后

图 8-13　完成耐张线夹的绘制

图 8-14 "块定义"对话框

（15）插入块。单击"默认"选项卡"块"面板中的"插入"按钮，弹出"插入"对话框，如图 8-15 所示。在该对话框中可设置插入点的位置、插入比例和旋转角度，本图块保持系统默认设置即可。

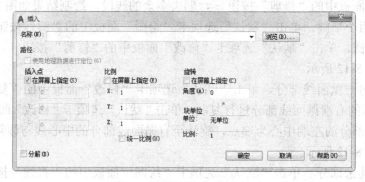

图 8-15 "插入"对话框

8.2.3 绘制剖视图

下面介绍标注、引出线及局部剖视图的绘制过程。

（1）绘制剖视图。在主图中表示出剖切截面在主图中的位置，然后在图的空闲部分绘制剖视图，单击"默认"选项卡"注释"面板中的"多行文字"按钮 A，在剖视图的最上端标示抛视图的名字，本剖视图命名为 A-A，然后绘制剖视图。

（2）在剖视图上标注尺寸。单击"默认"选项卡"注释"面板中的"线性"按钮，标注两个圆心之间的距离，标注方法为，先点中标注命令，然后选择两个中心点，出现尺寸后，调整到适当位置，单击"确定"按钮。单击"默认"选项卡"注释"面板中的"角度"按钮，标注角度，标注方法为，依次点中要标注角度的两条边，出现尺寸后，单击鼠标左键确定。在剖开的部分要绘制剖面线，局部剖视图如图 8-16 所示。

至此，主图的全部图线绘制完毕，绘制完成后，还需要做以下工作。

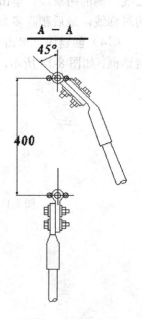

图 8-16 局部剖视图

① 单击"默认"选项卡"注释"面板中的"线性"按钮 ⊢⊣，标注主图中的重要位置尺寸及装配尺寸。

② 单击"默认"选项卡"注释"面板中的"多重引线"按钮 ⌒ ，标示出各部分的名称。

③ 单击"默认"选项卡"注释"面板中的"多行文字"按钮 A，标示出本图的特殊安装要求，或者特殊的加工工艺及一些无法在图样上表示的特殊要求。

到这里一张完整的装配图已绘制完毕。

8.3 电杆安装三视图

本例绘制的电杆安装三视图如图 8-17 所示。

首先根据三视图中各部件的位置确定图纸布局，得到各个视图的轮廓线；然后绘制出图中出现较多的针式绝缘子，将其保存为块；再分别绘制主视图、俯视图和左视图的细节部分，最后进行标注。

图中各部件的名称如下。

1——电杆　　　2——U 形抱箍　　　3——M 形抱铁　　　4——杆顶支座抱箍
5——横担　　　6——针式绝缘子　　7——拉线

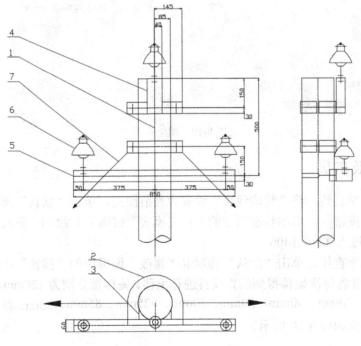

图 8-17　电杆安装三视图

8.3.1 设置绘图环境

（1）新建文件。启动 AutoCAD 2018 应用程序，单击"快速访问"工具栏中的"新建"按钮 ，以"无样板打开-公制"创建一个新的文件，将新文件命名为"电杆安装三视图.dwg"并保存。

（2）设置缩放比例。单击菜单栏中的"格式"→"比例缩放列表"命令，弹出"编辑比例列表"对话框，如图8-18所示。在"比例列表"列表框中选择"1:4"选项，单击"确定"按钮，将图纸比例放大4倍。

（3）设置图形界限。单击菜单栏中的"格式"→"图形界限"命令，设置图形界限的左下角点坐标为（0,0），右上角点坐标为（1700,1400）。

（4）设置图层。单击"默认"选项卡"图层"面板中的"图层特性"按钮，设置"轮廓线层"、"中心线层"、"实体符号层"和"连接导线层"4个图层，各图层的颜色、线型如图8-19所示。

图8-18　"编辑比例列表"对话框

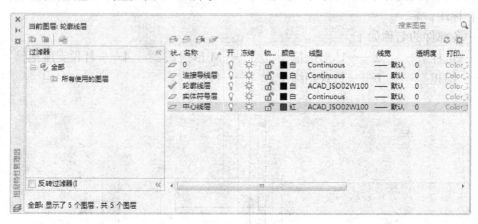

图8-19　图层设置

8.3.2　图纸布局

（1）绘制水平直线。将"轮廓线层"设置为当前图层，单击"默认"选项卡"绘图"面板中的"直线"按钮，单击状态栏中的"正交模式"按钮，绘制一条横贯整个图纸的水平直线1，并通过点（200,1400）。

（2）偏移水平直线。单击"默认"选项卡"修改"面板中的"偏移"按钮，将直线1依次向下偏移，并将每次偏移得到的直线再进行偏移，偏移量分别为120mm、30mm、30mm、140mm、30mm、30mm、90mm、30mm、30mm、625mm、85mm、30mm和30mm，得到13条水平直线，结果如图8-20所示。

图 8-20　偏移水平直线

（3）绘制竖直直线。单击"默认"选项卡"绘图"面板中的"直线"按钮，绘制竖直直线 2 端点坐标分别为（1300,100）、（1300,1400）。

（4）偏移竖直直线。单击"默认"选项卡"修改"面板中的"偏移"按钮，将直线 2 依次向右偏移并将每个偏移得到的直线再进行偏移，偏称距离分别为 50mm、230mm、60mm、85mm、85mm、60mm、230mm、50mm、350mm、85mm、85mm、60mm 和 355mm，得到 13 条竖直直线，结果如图 8-21 所示。

（5）修剪直线。单击"默认"选项卡"修改"面板中的"修剪"按钮，修剪掉多余直线，得到图纸布局，如图 8-22 所示。

（6）绘制三视图布局。单击"默认"选项卡"修改"面板中的"修剪"按钮和"删除"按钮，将图 8-22 修剪为图 8-23 所示的 3 个区域，每个区域对应一个视图位置。

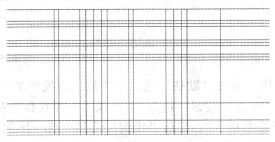

图 8-21　偏移竖直直线

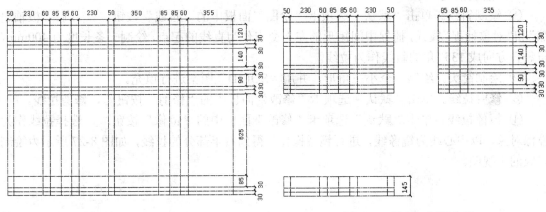

图 8-22　图纸布局　　　　　　　　　　图 8-23　绘制三视图布局

8.3.3　绘制主视图

（1）修剪主视图。单击"默认"选项卡"修改"面板中的"修剪"按钮和"删除"按钮，将图 8-23 中的主视图图形修剪为如图 8-24 所示的图形，得到主视图的轮廓线。

（2）修改图形的图层属性。选择图 8-24 中的矩形 1 和矩形 2，单击"默认"选项卡"图层"面板中的"图层特性"下拉列表框处的"实体符号层"图层，将其图层属性设置为实体层。

注意：在 AutoCAD 2018 中，更改图层属性的另一种方法为：在图形对象上右击，在弹出的快捷菜单中单击"特性"命令，在弹出的"特性"对话框中更改其图层属性。

(3) 绘制抱箍固定条。单击"默认"选项卡"修改"面板中的"偏移"按钮，选择矩形 1 的左竖直边，向右偏移 105mm，选择矩形 1 的右竖直边，向左偏移 105mm。单击"默认"选项卡"修改"面板中的"拉长"按钮，将偏移得到的两条竖直直线向上拉长 120mm，将其端点落在顶杆的顶边上。

(4) 拉长顶杆。单击"默认"选项卡"修改"面板中的"拉长"按钮，选择顶杆的两条竖直边，分别向下拉长 300mm，结果如图 8-25 所示。

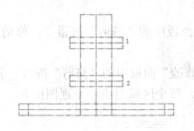

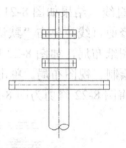

图 8-24　修剪主视图　　　　　　　　图 8-25　拉长顶杆

(5) 插入绝缘子图块。单击"默认"选项卡"块"面板中的"插入"按钮，弹出"插入"对话框，单击"浏览"按钮，选择"绝缘子"图块作为插入块，如图 8-26 所示，插入点选择"在屏幕上指定"，缩放"比例"选择"统一比例"，设置"旋转"角度为 0，单击"确定"按钮，在绘图区选择添加绝缘子的位置，将图块插入视图中。

(6) 绘制拉线。

① 绘制斜线。单击"默认"选项卡"绘图"面板中的"直线"按钮，开启"极轴追踪"和"对象捕捉"模式，捕捉中间矩形的左下交点作为直线的起点，绘制一条长度为 400mm，与竖直方向成 135°角的斜线作为拉线。

② 绘制箭头。绘制一个小三角形，并用"SOLID"图案进行填充。

③ 修剪拉线。单击"默认"选项卡"修改"面板中的"修剪"按钮，修剪拉线。

④ 镜像拉线。单击"默认"选项卡"修改"面板中的"镜像"按钮，选择拉线作为镜像对象，以中心线为镜像线，进行镜像操作，得到右半部分的拉线，如图 8-27 所示为绘制完成的主视图。

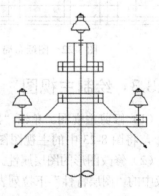

图 8-26　"插入"对话框　　　　　　图 8-27　绘制完成的主视图

8.3.4 绘制俯视图

（1）修剪俯视图轮廓线。单击"默认"选项卡"修改"面板中的"修剪"按钮 和"删除"按钮 ，将图 8-23 中的俯视图图线修剪为如图 8-28 所示的图形，得到俯视图的轮廓线。

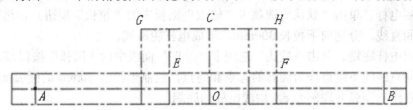

图 8-28　修剪俯视图轮廓线

（2）修改图形的图层属性。选择图 8-28 中的所有边界线，单击"默认"选项卡"图层"面板中的"图层特性"下拉列表框处的"实体符号层"图层，将其图层属性设置为实体层。

（3）绘制同心圆。单击"默认"选项卡"绘图"面板中的"圆"按钮 ，在"对象捕捉"模式下，捕捉图 8-28 中的 A 点为圆心，绘制半径为 15mm 和 30mm 的同心圆。将绘制的同心圆向 B 点和 O 点复制，并将复制到 O 点的同心圆适当向上移动。

（4）绘制同心圆。单击"默认"选项卡"绘图"面板中的"圆"按钮 ，在"对象捕捉"模式下，捕捉 C 点为圆心，绘制半径为 90mm 和 145mm 的同心圆。

（5）绘制直线。以图 8-28 中的 E、F 点为起点，绘制两条与 R90 圆相交的竖直直线。

（6）绘制拉线与箭头。单击"默认"选项卡"绘图"面板中的"多段线"按钮 ，绘制拉线与箭头，其命令行中的提示与操作如下。

```
命令：_pline
指定起点：（捕捉图 54-12 中的 G 点）
当前线宽为 0.0000
指定下一个点或 [圆弧(A)/半宽(H)/长度(L)/放弃(U)/宽度(W)]：（在 G 点左侧适当位置选取一点）
指定下一点或 [圆弧(A)/闭合(C)/半宽(H)/长度(L)/放弃(U)/宽度(W)]：W
指定起点宽度 <0.0000>：30↙
指定端点宽度 <30.0000>：0↙
指定下一点或 [圆弧(A)/闭合(C)/半宽(H)/长度(L)/放弃(U)/宽度(W)]：（在左侧适当位置单击，确定箭头的大小）
指定下一点或 [圆弧(A)/闭合(C)/半宽(H)/长度(L)/放弃(U)/宽度(W)]：↙
```

（7）单击"默认"选项卡"修改"面板中的"镜像"按钮 ，选择绘制的拉线及箭头为镜像对象，以竖直中心线为镜像线，在 H 点处镜像一个同样的拉线和箭头。单击"默认"选项卡"修改"面板中的"修剪"按钮 ，修剪图中多余的直线与圆弧，得到如图 8-29 所示的俯视图图形。

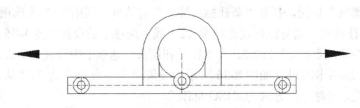

图 8-29　俯视图

8.3.5 绘制左视图

（1）修剪左视图轮廓线。单击"默认"选项卡"修改"面板中的"修剪"按钮 ⊬ 和"删除"按钮 ✎，将图 8-23 中的左视图图线修剪为如图 8-30 所示的图形，得到左视图的轮廓线。

（2）绘制电杆。单击"默认"选项卡"修改"面板中的"拉长"按钮 ⫽，选择直线 1、直线 2 和中间直线，分别向下拉长 300mm，形成电杆轮廓线。

（3）绘制电杆底端。单击"默认"选项卡"绘图"面板中的"圆弧"按钮 ⌒，选择拉长后的直线各间直线的下端点作为圆弧的起点和终点，绘制半径为 50mm 的圆弧 a；采用同样的方法，分别绘制圆弧 b 和圆弧 c，构成电杆的底端。

（4）绘制矩形。单击"默认"选项卡"绘图"面板中的"矩形"按钮 □，绘制一个长为 55mm、宽为 35mm 的矩形，并利用"WBLOCK"命令保存为块。

（5）插入矩形块。单击"默认"选项卡"块"面板中的"插入"按钮 ▭，将"矩形块"分别插入图形中的适当位置，如图 8-31 所示。

（6）单击"默认"选项卡"块"面板中的"插入"按钮 ▭，插入绝缘子图块。

（7）绘制拉线和箭头，得到如图 8-32 所示的左视图。

8.3.6 标注尺寸及注释文字

（1）设置标注样式。单击"默认"选项卡"注释"面板中的"标注样式"按钮 ⌐，弹出"标注样式管理器"对话框，如图 8-33 所示。单击"新建"按钮，弹出"创建新标注样式"对话框，如图 8-34 所示，设置新样式名称为"变电站断面图标注样式"，选择基础样式为"ISO-25"，用于"所有标注"。

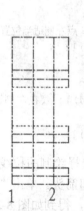
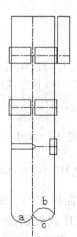
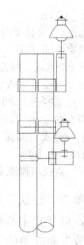

图 8-30　修剪左视图轮廓线图　　图 8-31　插入矩形块　　图 8-32　左视图

（2）单击"继续"按钮，打开"新建标注样式"对话框。其中有 7 个选项卡，可对新建的"变电站断面图标注样式"的标注样式进行设置。"线"选项卡的设置如图 8-35 所示，设置"基线间距"为 13、"超出尺寸线"为 2.5。在"符号和箭头"选项卡中设置"箭头大小"为 5。

（3）"文字"选项卡的设置如图 8-36 所示，设置"文字高度"为 7、"从尺寸线偏移"距离为 0.5，选择"文字对齐"方式为"ISO 标准"。

电力电气设计

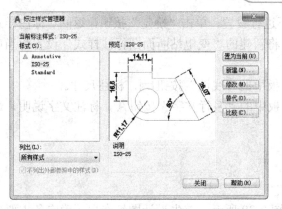

图 8-33 "标注样式管理器"对话框

图 8-34 "创建新标注样式"对话框

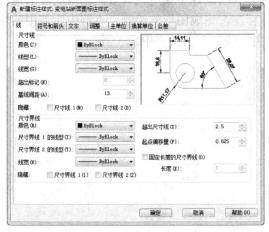

图 8-35 "线"选项卡设置

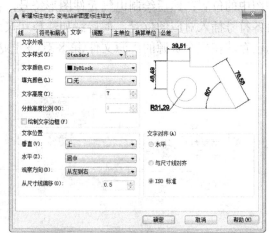

图 8-36 "文字"选项卡设置

（4）"调整"选项卡的设置如图 8-37 所示，在"文字位置"选项组中点选"尺寸线上方，带引线"单选钮。

（5）"主单位"选项卡的设置如图 8-38 所示，设置"舍入"为 0，选择"小数分隔符"为"句点"。

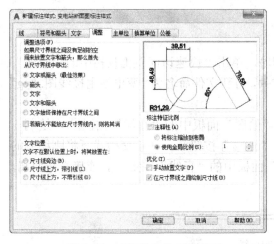

图 8-37 "调整"选项卡设置

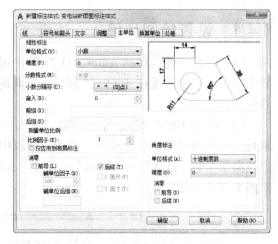

图 8-38 "主单位"选项卡设置

（6）"换算单位"和"公差"选项卡不进行设置，单击"确定"按钮，返回"标注样式管理器"对话框，单击"置为当前"按钮，将新建的"变电站断面图标注样式"设置为当前使用的标注样式。

（7）单击"默认"选项卡"注释"面板中的"线性"按钮 ⊢⊣，标注尺寸。

（8）单击"默认"选项卡"注释"面板中的"多行文字"按钮 A，标注文字说明，最终结果如图 8-17 所示。

8.4 变电站主接线图

本例绘制的 10kV 变电站主接线图如图 8-39 所示。首先设计图纸布局，确定各主要部件在图中的位置；然后绘制电气元件图形符号，再分别绘制各主要电气设备，把绘制好的电气设备符号插入对应的位置，最后添加注释和尺寸标注，完成图形的绘制。本例中所调用的块均已存放在配套资源的"源文件\第 8 章\变电站主接线图"文件夹中。

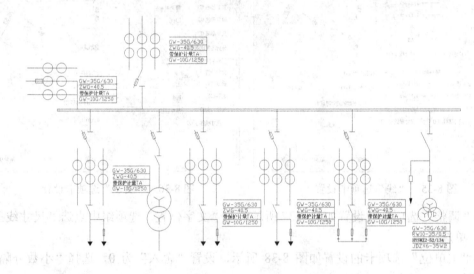

图 8-39　10kV 变电站主接线图

8.4.1 设置绘图环境

（1）新建文件。启动 AutoCAD 2018 应用程序，单击"快速访问"工具栏中的"新建"按钮 ，以"无样板打开-公制"创建一个新的文件，将新文件命名为"变电站主接线图.dwg"并保存。

（2）绘制 10kV 母线。单击"默认"选项卡"绘图"面板中的"直线"按钮 ，绘制一条直线；单击"默认"选项卡"修改"面板中的"偏移"按钮 ，在正交模式下将刚绘制的直线向下偏移；再次单击"默认"选项卡"绘图"面板中的"直线"按钮 ，连接直线两端，如图 8-40 所示。

图 8-40　绘制母线

8.4.2 绘制电气符号并插入

（1）绘制电气元件图形符号。

（1）绘制圆。单击"默认"选项卡"绘图"面板中的"圆"按钮⊙，绘制一个适当大小的圆。

（2）绘制直线。单击"默认"选项卡"绘图"面板中的"直线"按钮╱，开启"极轴追踪"和"对象捕捉"模式，在正交模式下绘制一条直线，如图 8-41 所示。

（3）复制圆。单击"默认"选项卡"修改"面板中的"复制"按钮℅，在正交模式下，将刚刚绘制的圆向下复制一个。

（4）复制圆和直线。单击"默认"选项卡"修改"面板中的"复制"按钮℅，在正交模式下，将绘制的图形在其左边复制一个。

（5）镜像图形。单击"默认"选项卡"修改"面板中的"镜像"按钮⊿，开启"极轴追踪"和"对象捕捉"模式，以原图中的直线为镜像线，选择上步复制的图形为镜像对象进行镜像，得到主变图形，结果如图 8-42 所示，然后单击"默认"选项卡"块"面板中的"创建"按钮🗔，将主变创建为块。

图 8-41 绘制直线

图 8-42 镜像结果

（2）插入图块。

① 插入图块。单击"默认"选项卡"块"面板中的"插入"按钮🗔，在绘图区的适当位置插入"跌落式熔断器"和"开关"图块，效果如图 8-43 所示。

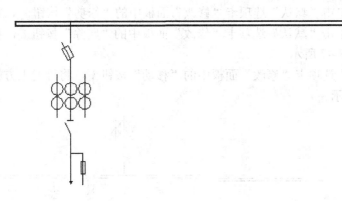

图 8-43 插入图块

② 复制出相同的主变支路。单击"默认"选项卡"修改"面板中的"复制"按钮℅，将插入的图块进行复制，得到如图 8-44 所示的图形。

③ 镜像插入块。单击"默认"选项卡"修改"面板中的"镜像"按钮⊿，选择插入的图块为镜像对象，以母线的两条竖直线的中点连线为镜像线，进行镜像操作，结果如图 8-45 所示。

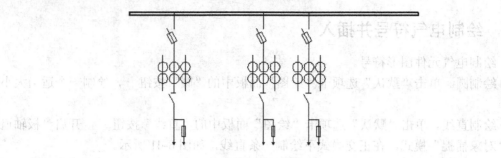

图 8-44 复制插入块

④ 绘制直线。单击"默认"选项卡"绘图"面板中的"直线"按钮，在母线上方镜像图形的适当地方绘制一条水平直线，如图 8-46 所示。

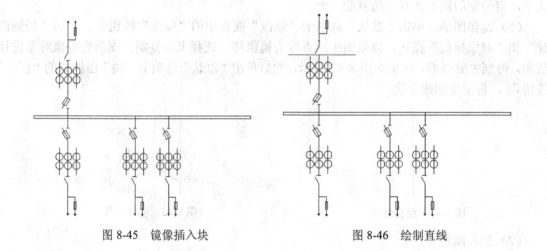

图 8-45 镜像插入块　　　　　　　　图 8-46 绘制直线

8.4.3 连接各主要模块

（1）修剪图线。单击"默认"选项卡"修改"面板中的"修剪"按钮，将直线上方多余的部分修剪掉，再单击"默认"选项卡"修改"面板中的"删除"按钮，将刚刚绘制的直线删除，结果如图 8-47 所示。

（2）单击"默认"选项卡"修改"面板中的"移动"按钮，将母线上方的图形向右平移，结果如图 8-48 所示。

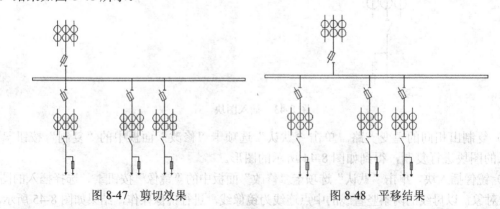

图 8-47 剪切效果　　　　　　　　图 8-48 平移结果

（3）单击"默认"选项卡"块"面板中的"插入"按钮，插入前面创建的"主变"图块，并改变主变图块的放置方向，绘制一矩形并将其放置到主变块中间直线的适当位置，效果如图 8-49 所示。

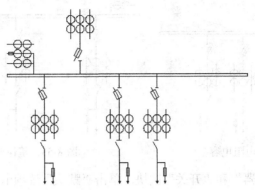

图 8-49　插入主变块

8.4.4　绘制其他器件图形

（1）复制图形。单击"默认"选项卡"修改"面板中的"复制"按钮，将母线下方的图形复制一个到右侧，结果如图 8-50 所示。

（2）整理图形。单击"默认"选项卡"修改"面板中的"删除"按钮，将刚刚复制的图形中的箭头删除；单击"默认"选项卡"绘图"面板中的"直线"按钮，在电阻器下方适当位置绘制一电容器符号；单击"默认"选项卡"修改"面板中的"修剪"按钮，将电容器两极板间的直线修剪掉，结果如图 8-51 所示。

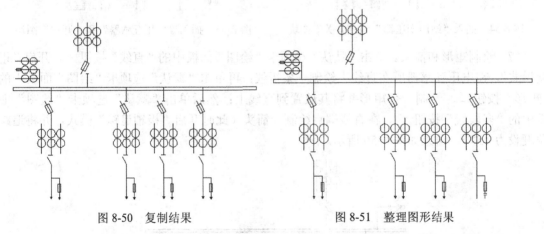

图 8-50　复制结果　　　　　　　图 8-51　整理图形结果

（3）复制电阻电容。单击"默认"选项卡"修改"面板中的"复制"按钮，开启"对象捕捉"模式下的"中点"选项，在正交模式下，将电阻符号和电容器符号复制到左侧直线上，如图 8-52 所示。

（4）镜像电阻电容。单击"默认"选项卡"修改"面板中的"镜像"按钮，将中线右边部分镜像到中线左边，并利用"直线"命令进行连接，结果如图 8-53 所示。

（5）插入"站用变压器"和"开关"图块。单击"默认"选项卡"块"面板中的"插入"按钮，在当前视图中"站用变压器"和"开关"图块，结果如图 8-54 所示。

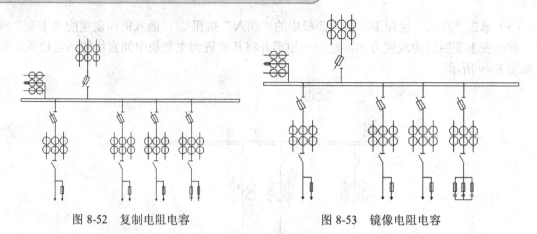

图 8-52　复制电阻电容　　　　　图 8-53　镜像电阻电容

（6）插入"电压互感器"和"开关"图块。单击"默认"选项卡"块"面板中的"插入"按钮，在当前视图中插入"电压互感器"和"开关"图块，结果如图 8-55 所示。

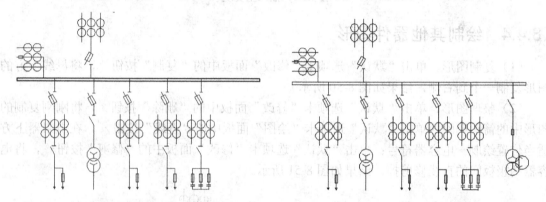

图 8-54　插入"站用变压器"和"开关"图块　　　图 8-55　插入"电压互感器"和"开关"图块

（7）绘制矩形和箭头。单击"默认"选项卡"绘图"面板中的"直线"按钮，开启"正交模式"，在电压互感器所在直线上绘制一条折线；再单击"默认"选项卡"绘图"面板中的"矩形"按钮，绘制一个矩形并将其放置到直线上；然后单击"默认"选项卡"绘图"面板中的"多段线"按钮，在直线端点绘制一箭头（此时开启"极轴追踪"模式，并将追踪角度设为 15°），结果如图 8-56 所示。

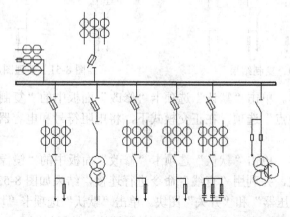

图 8-56　绘制矩形箭头

8.4.5 添加注释文字

（1）单击"默认"选项卡"注释"面板中的"多行文字"按钮 A，在需要添加注释的位置绘制一个区域，弹出如图 8-57 所示的"文字编辑器"选项卡，在其中输入注释文字即可。

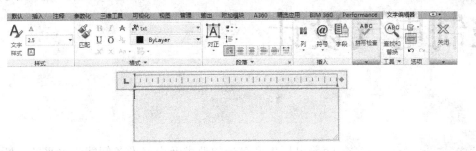

图 8-57 添加注释文字

（2）绘制文字边框。单击"默认"选项卡"绘图"面板中的"直线"按钮和"修改"面板中的"复制"按钮，绘制文字边框线。

（3）添加注释后的线路图如图 8-39 所示。

Chapter 9

控制电气设计

随着电厂生产管理的要求及电气设备智能化水平的不断提高，电气控制系统（ECS）功能得到了进一步扩展，理念和水平都有了更深意义的延伸。将 ECS 及电气各类专用智能设备（如同期、微机保护、自动励磁等）采用通信方式与分散控制系统接口，作为一个分散控制系统中相对独立的子系统，实现同一平台便于监控、管理和维护，即厂级电气综合保护监控的概念。

9.1 控制电气简介

9.1.1 控制电路简介

从研究电路的角度来看，一个实验电路一般可分为电源、控制电路和测量电路 3 部分。测量电路是事先根据实验方法确定好的，可以把它抽象地用一个电阻 R 来代替，称为负载。根据负载所要求的电压值 U 和电流值 I，就可选定电源。一般电学实验对电源并不苛求，只要选择电源的电动势 E 略大于 U，电源的额定电流大于工作电流即可。负载和电源都确定后，就可以安排控制电路，使负载能获得所需的各个不同的电压和电流值。一般来说，控制电路中电压或电流的变化，都可用滑线式可变电阻来实现。控制电路有制流和分压两种最基本接法，两种接法的性能和特点可由调节范围、特性曲线和细调程度来表征。

一般在安排控制电路时，不一定要求设计出一个最佳方案，只要根据现有的设备设计出既安全又省电，且能满足实验要求的电路就可以了。设计方法一般也不必做复杂的计算，可以边实验边改进。先根据负载的阻值 R 要求调节的范围，确定电源电压 E，然后综合比较采用分压还是制流，确定了 R 后，估计一下细调程度是否足够，然后做一些初步试验，看看在整个范围内细调是否满足要求，如果不能满足，则可以加接变阻器，分段逐级细调。

控制电路可分为开环控制系统和闭环控制系统（也称为反馈控

制系统)。其中,开环控制系统包括前向控制、程控(数控)、智能化控制等,如录音机的开/关机、自动录放、程序工作等。闭环控制系统则是反馈控制,受控物理量会自动调整到预定值。

反馈控制是最常用的一种控制电路,下面介绍3种常用的反馈控制方式。

(1) 自动增益控制 AGC (AVC)。反馈控制量为增益(或电平),以控制放大器系统中某级(或几级)的增益大小。

(2) 自动频率控制 AFC。反馈控制量为频率,以稳定频率。

(3) 自动相位控制 APC (PLL)。反馈控制量为相位,PLL 可实现调频、鉴频、混频、解调、频率合成等。

如图 9-1 所示是一种常见的反馈控制系统的模式。

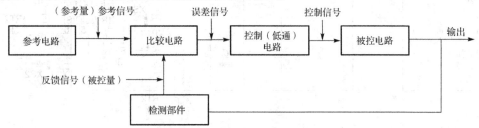

图 9-1 常见的反馈控制系统的模式

9.1.2 控制电路图简介

控制电路大致可以包括下面几种类型的电路:自动控制电路、报警控制电路、开关电路、灯光控制电路、定时控制电路、温控电路、保护电路、继电器控制电路、晶闸管控制电路、电机控制电路、电梯控制电路等。下面对其中几种控制电路的典型电路图进行举例。

如图 9-2 所示的电路是报警控制电路中的一种典型电路,即汽车多功能报警器电路图。它的功能要求为:当系统检测到汽车出现各种故障时进行语音提示报警。

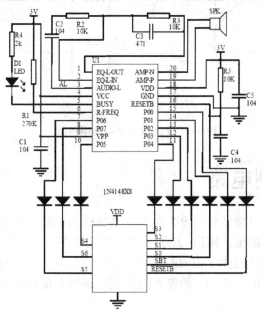

图 9-2 汽车多功能报警器电路图

如图 9-3 所示的电路就是温控电路中的一种典型电路。该电路是由双 D 触发器 CD4013 中的一个 D 触发器组成的，电路结构简单，具有上、下限温度控制功能。控制温度可通过电位器预置，当超过预置温度后，自动断电电路中将 D 触发器连接成一个 RS 触发器，以工业控制用的热敏电阻 MF51 作为温度传感器。

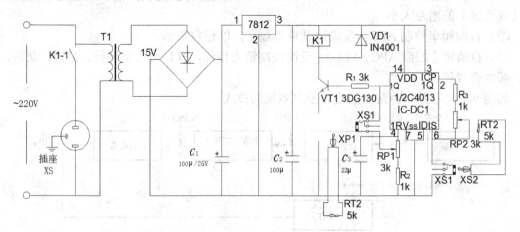

图 9-3　高低温双限控制器（CD4013）电路图

如图 9-4 所示的电路图是继电器电路中的一种典型电路。图 9-4(a)中，集电极为负，发射极为正，对于 PNP 型管而言，这种极性的电源是正常的工作电压；图 9-4(b)中，集电极为正，发射极为负，对于 NPN 型管而言，这种极性的电源是正常的工作电压。

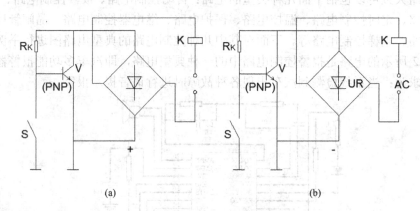

图 9-4　交流电子继电器电路图

9.2　水位控制电路

本例绘制的水位控制电路图如图 9-5 所示。水位控制电路是一种典型的自动控制电路，绘制时首先要观察并分析图纸的结构，绘制出主要的电路图导线，然后绘制出各个电子元件，接着将各个电子元件插入结构图中相应的位置，最后在电路图适当的位置添加相应的文字和注释说明，即可完成电路图的绘制。绘制水位控制电路图时可以分为供电线路、控制线路和负载线路 3 部分进行绘制。

控制电气设计

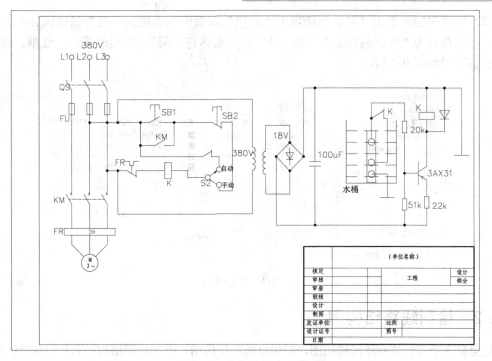

图 9-5 水位控制电路图

9.2.1 设置绘图环境

（1）建立新文件。打开 AutoCAD 2018 应用程序，单击"快速访问"工具栏中的"新建"按钮，系统打开"选择样板"对话框，用户在该对话框中选择需要的样板图。

在"创建新图形"对话框中选择已经绘制好的样板图，单击"打开"按钮，则会返回绘图区域，同时选择的样板图也会出现在绘图区域内，其中样板图左下端点坐标为（0,0）。本例选用 A3 样板图，如图 9-6 所示。

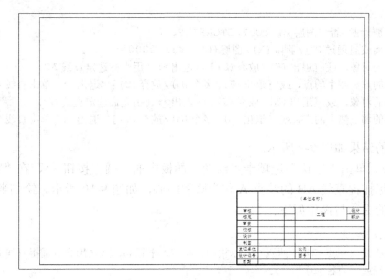

图 9-6 添加 A3 图形样板

（2）设置图层。单击"默认"选项卡"图层"面板中的"图层特性"按钮，新建3个图层，分别命名为"连接线图层""虚线层"和"实体符号层"。图层的颜色、线型、线宽等属性状态设置如图9-7所示。

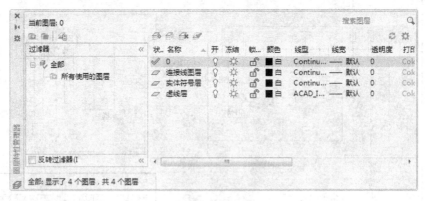

图9-7 新建图层

9.2.2 绘制线路结构图

这里分3个部分绘制线路结构图，即供电线路结构图、控制线路结构图和负载线路结构图。

（1）供电线路结构图。

① 绘制竖直直线。单击"默认"选项卡"绘图"面板中的"直线"按钮，在"正交"绘图方式下，在AutoCAD 2018界面找到一个合适位置作为直线的起点，向下绘制一条长为180mm的竖直直线，如图9-8所示。

② 偏移直线。单击"默认"选项卡"修改"面板中的"偏移"按钮，选择直线AB作为偏移对象，输入偏移的距离为16mm，单击竖直直线的右边，绘制竖直直线CD；按照同样的方法，在直线CD右边绘制一条直线，偏移距离仍然是16mm。命令行中的提示与操作如下：

命令：_offset↙
当前设置：删除源=否 图层=源 OFFSETGAPTYPE=0
指定偏移距离或 [通过(T)/删除(E)/图层(L)] <11.0000>：16↙
选择要偏移的对象，或 [退出(E)/放弃(U)] <退出>：(用光标选定直线AB)
指定要偏移的那一侧上的点，或 [退出(E)/多个(M)/放弃(U)]<退出>：(单击直线AB的右边区域)
选择要偏移的对象，或 [退出(E)/放弃(U)] <退出>：(用光标选定直线CD)
指定要偏移的那一侧上的点，或 [退出(E)/多个(M)/放弃(U)]<退出>：(单击直线CD的右边区域)

偏移直线的结果如图9-9所示。

③ 绘制圆。单击"默认"选项卡"绘图"面板中的"圆"按钮，在"对象捕捉"绘图方式下用光标捕捉直线AB的端点A作为圆的圆心，如图9-10所示。绘制半径为2mm的圆，命令行中的提示与操作如下：

命令：_circle ↙
指定圆的圆心或 [三点(3P)/两点(2P)/相切、相切、半径(T)]：(用光标捕捉直线AB的端点)
指定圆的半径或 [直径(D)]：2↙

绘制结果如图9-11所示。

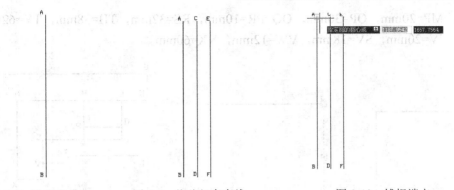

图 9-8　竖直直线　　　图 9-9　偏移竖直直线　　　图 9-10　捕捉端点

④ 绘制圆。单击"默认"选项卡"绘图"面板中的"圆"按钮，按照步骤（3）绘制圆的步骤分别捕捉直线 CD 的端点 C 和直线 EF 的端点 E 作为圆的圆心，输入半径为 2mm，绘制结果如图 9-12 所示。

⑤ 修剪图形。单击"默认"选项卡"修改"面板中的"修剪"按钮，选择直线 AB、CD、EF 作为剪切对象，3 个圆作为剪切边。修剪的结果如图 9-13 所示。

图 9-11　绘制圆　　　图 9-12　绘制圆　　　图 9-13　修剪图形

（2）绘制控制线路结构图。控制线路结构图部分主要由水平直线和竖直直线构成，在"正交"和"捕捉对象"绘图方式下可以有效地提高绘图效率。

① 绘制矩形。单击"默认"选项卡"绘图"面板中的"矩形"按钮，绘制一个长为 120mm、宽为 100mm 的矩形。命令行中的提示与操作如下。

```
命令：_rectang↙
指定第一个角点或 [倒角(C)/标高(E)/圆角(F)/厚度(T)/宽度(W)]：
指定另一个角点或 [面积(A)/尺寸(D)/旋转(R)]：d↙
指定矩形的长度 <100.0000>：120↙
指定矩形的宽度 <80.0000>：100↙
指定另一个角点或 [面积(A)/尺寸(D)/旋转(R)]：↙
```

绘图结果如图 9-14 所示。

② 分解矩形。单击"默认"选项卡"修改"面板中的"分解"按钮，将矩形分解成直线 GH、IJ、GI 和 HJ。结果如图 9-15 所示。

③ 绘制直线。单击"默认"选项卡"修改"面板中的"偏移"按钮，在图 9-15 内部绘制一些水平和竖直的直线，单击"默认"选项卡"修改"面板中的"修剪"按钮和"删除"按钮，绘制如图 9-16 所示的图形。其中，GK=20mm，KL=20mm，LM=30mm，MN=52mm，

LO=20mm、MP=20mm、OP=30mm、OQ=PR=10mm、RS=32mm、TH=38mm、TY=62mm、YU=6mm、UV=20mm、SV=18mm、VW=12mm、NX=60mm。

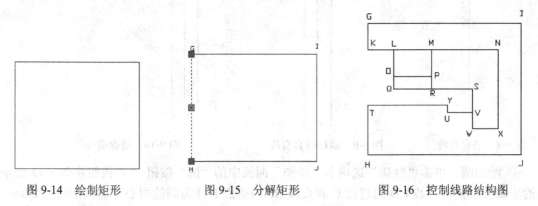

图 9-14 绘制矩形　　　　图 9-15 分解矩形　　　　图 9-16 控制线路结构图

（3）绘制负载线路结构图。

① 绘制矩形。单击"默认"选项卡"绘图"面板中的"矩形"按钮▭，在图纸的合适位置绘制一个长为 100mm、高为 120mm 的矩形，如图 9-17 所示。

② 分解矩形。单击"默认"选项卡"修改"面板中的"分解"按钮，将矩形分解成直线 A1B1、B1D1、A1C1、C1D1。

③ 偏移直线。单击"默认"选项卡"修改"面板中的"偏移"按钮，选择直线 B1D1 作为偏移对象，输入偏移距离为 20mm，用光标单击直线 B1D1 的左边，绘制出偏移直线 E1F1。按照同样的方法，在直线 E1F1 的左边 20mm 处绘制一条直线 G1H1。另外，选择直线 A1B1 为偏移对象，输入偏移距离为 10mm，单击直线 A1B1 的左边，绘制一条直线 I1J1，绘制结果如图 9-18 所示。

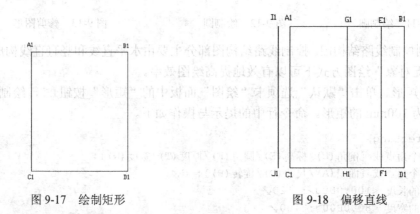

图 9-17 绘制矩形　　　　　　　　图 9-18 偏移直线

④ 绘制连接的直线。单击"默认"选项卡"绘图"面板中的"直线"按钮，打开"对象捕捉"功能，用光标捕捉直线 I1J1 的端点 I1，捕捉直线 A1C1 的端点 A1，绘制直线 I1A1。按照同样的方法，连接点 J1 和 C1，绘制结果如图 9-19 所示。

⑤ 绘制正方形。单击"默认"选项卡"绘图"面板中的"多边形"按钮，在"正交"绘图方式下输入正多边形的边数为 4。指定四边形的一边，用光标捕捉直线 I1J1 的中点 K1 作为该边的一个端点，捕捉直线 I1J1 的其他位置上的一个合适的点作为该边的另外一个端点，绘制出一个正方形。命令行中的提示与操作如下。

```
命令: _polygon
输入侧面数<4>:
指定正多边形的中心点或 [边(E)]: E↙
指定边的第一个端点: （用光标捕捉直线 I1J1 的中点）
指定边的第二个端点: <正交 开>（用鼠标在直线 I1J1 上捕捉 I1J1 的中点正下方的一个点）
```

绘制结果如图 9-20 所示。

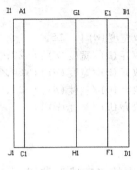

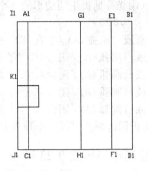

图 9-19　绘制连接直线　　　　　　　　图 9-20　绘制正方形

⑥ 旋转正方形。单击"默认"选项卡"修改"面板中的"旋转"按钮，选择正方形为旋转对象，指定 K1 点为旋转基点，输入旋转角度为 225°。命令行中的提示与操作如下。

```
命令: _rotate↙
UCS 当前的正角方向: ANGDIR=逆时针 ANGBASE=0
选择对象: 找到 1 个
选择对象: ↙
指定基点: <对象捕捉 开>（用光标捕捉 K1 点）
指定旋转角度，或 [复制(C)/参照(R)] <0>: 225↙
```

旋转结果如图 9-21 所示。

⑦ 拉长直线。单击"默认"选项卡"修改"面板中的"拉长"按钮，选择直线 D1J1 作为拉长对象，输入拉长的增量为 40mm，将 D1J1 向左边拉长。命令行中的提示与操作如下。

```
命令: _lengthen↙
当前长度: 11.0000
选择对象或 [增量(DE)/百分数(P)/全部(T)/动态(DY)]: de↙
输入长度增量或 [角度(A)] <20.0000>: 40↙
选择要修改的对象或 [放弃(U)]:
选择要修改的对象或 [放弃(U)]:↙
```

拉长结果如图 9-22 所示。

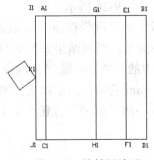

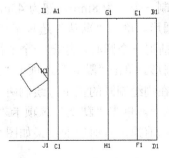

图 9-21　旋转四边形　　　　　　　　图 9-22　拉长直线

⑧ 绘制多段线。单击"默认"选项卡"绘图"面板中的"多段线"按钮，在"正交"绘图方式下分别捕捉四边形的两个对角方向上的顶点作为多段线的起点和终点，使得L1M1 = 15mm，M1N1 = 22mm，N1O1 = 60mm，O1P1 = 22mm，P1Q1 = 15mm。命令行中的提示与操作如下。

```
命令：_pline↙
指定起点：（用光标捕捉正四边形的一个顶点）
当前线宽为 0.0000
指定下一个点或 [圆弧(A)/半宽(H)/长度(L)/放弃(U)/宽度(W)]：15↙
指定下一点或 [圆弧(A)/闭合(C)/半宽(H)/长度(L)/放弃(U)/宽度(W)]：22↙
指定下一点或 [圆弧(A)/闭合(C)/半宽(H)/长度(L)/放弃(U)/宽度(W)]：60↙
指定下一点或 [圆弧(A)/闭合(C)/半宽(H)/长度(L)/放弃(U)/宽度(W)]：22↙
指定下一点或 [圆弧(A)/闭合(C)/半宽(H)/长度(L)/放弃(U)/宽度(W)]：
（用光标捕捉正四边形的另外一个顶点）↙
```

多段线的绘制结果如图 9-23 所示。

⑨ 绘制直线。单击"默认"选项卡"绘图"面板中的"直线"按钮，用光标捕捉四边形的端点 R1 作为直线端点，捕捉 R1 到直线 J1D1 的垂足作为直线的另一个端点，绘制结果如图 9-24 所示。

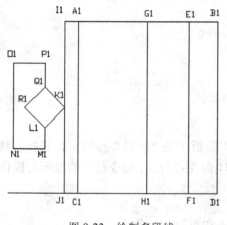

图 9-23 绘制多段线

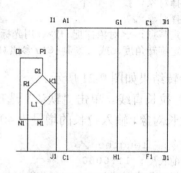

图 9-24 绘制多段线

⑩ 修剪图形。单击"默认"选项卡"修改"面板中的"修剪"按钮，选择需要修剪的对象，修剪掉多余的线段，修剪结果如图 9-25 所示。

⑪ 绘制矩形。单击"默认"选项卡"绘图"面板中的"矩形"按钮，以直线 G1H1 为对称轴，绘制一个长为 8mm、宽为 45mm 的矩形，如图 9-26 所示。

⑫ 绘制圆形。单击"默认"选项卡"绘图"面板中的"圆"按钮，在矩形范围内的直线 G1H1 上捕捉一个圆心，绘制一个半径为 3mm 的圆形，绘制结果如图 9-27 所示。

⑬ 绘制圆形。单击"默认"选项卡"绘图"面板中的"圆"按钮，同样在直线 G1H1 上捕捉圆心，在刚绘制圆的正下方绘制两个半径均为 3mm 的圆，绘制结果如图 9-28 所示。

⑭ 修剪图形。单击"默认"选项卡"修改"面板中的"修剪"按钮，将这些小圆之间多余的直线修剪掉，修剪后的结果如图 9-29 所示。

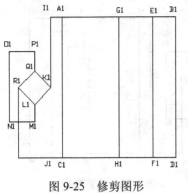

图 9-25　修剪图形

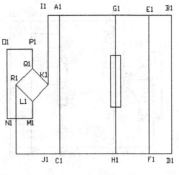

图 9-26　绘制矩形

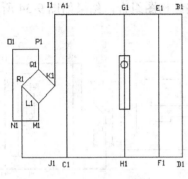

图 9-27　绘制圆形

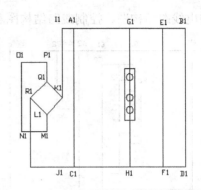

图 9-28　继续绘制圆形

⑮ 绘制直线。单击"默认"选项卡"绘图"面板中的"直线"按钮，在"正交"和"对象捕捉"绘图方式下捕捉直线 G1H1 上半段的一个点作为直线的起点，捕捉该点到直线 E1F1 的垂足作为直线的终点，绘制结果如图 9-30 所示。

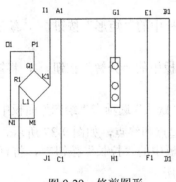

图 9-29　修剪图形

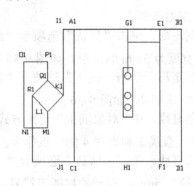

图 9-30　绘制直线

⑯ 绘制多段线。单击"默认"选项卡"绘图"面板中的"多段线"按钮，捕捉第二个小圆圆心作为起点，绘制如图 9-31 所示的多段线。

⑰ 修剪图形。单击"默认"选项卡"修改"面板中的"修剪"按钮，将多余的线段修剪掉，修剪结果如图 9-32 所示。

按照类似以上的一些方法来绘制线路结构图的其他的一些图形，最后的绘制结果如图 9-33 所示。

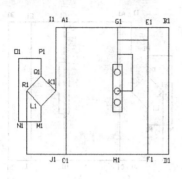
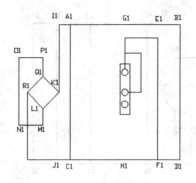

图 9-31　绘制多段线　　　　　图 9-32　修剪图形

将供电线路结构图、控制线路结构图和负载线路结构图组合,结果如图 9-34 所示。

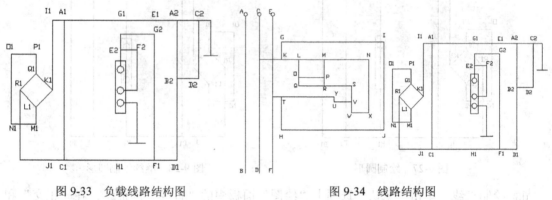

图 9-33　负载线路结构图　　　　　图 9-34　线路结构图

9.2.3　绘制实体符号

（1）绘制熔断器。

① 绘制矩形。单击"默认"选项卡"绘图"面板中的"矩形"按钮▭,绘制一个长度为 10mm、宽度为 5mm 的矩形,如图 9-35 所示。

② 分解矩形。单击"默认"选项卡"修改"面板中的"分解"按钮,将矩形分解成为直线 1、2、3 和 4,如图 9-36 所示。

③ 绘制直线。在"对象捕捉"绘图方式下单击"默认"选项卡"绘图"面板中的"直线"按钮 ,捕捉直线 2 和直线 4 的中点作为直线 5 的起点和终点,如图 9-37 所示。

④ 拉长直线。单击"默认"选项卡"修改"面板中的"拉长"按钮 ,将直线 5 分别向左和向右拉长 5mm,得到的熔断器符号如图 9-38 所示。

图 9-35　矩形　　　图 9-36　分解矩形　　　图 9-37　绘制直线 5　　　图 9-38　绘制成熔断器

（2）绘制开关。

① 绘制直线。单击"默认"选项卡"绘图"面板中的"直线"按钮 ,在"正交"和"对象捕捉"绘图方式下首先绘制一条长为 8mm 的直线 1,绘制结果如图 9-39 所示。

② 绘制直线。单击"默认"选项卡"绘图"面板中的"直线"按钮，用光标捕捉直线 1 的右端点作为新绘制直线 2 的起点，输入直线的长度为 8mm，绘制结果如图 9-40 所示。

③ 绘制直线。单击"默认"选项卡"绘图"面板中的"直线"按钮，用光标捕捉直线 2 的右端点作为新绘制直线 3 的起点，输入直线的长度为 8mm，绘制结果如图 9-41 所示。

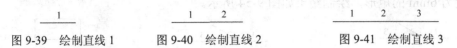

图 9-39　绘制直线 1　　　图 9-40　绘制直线 2　　　图 9-41　绘制直线 3

④ 旋转直线。单击"默认"选项卡"修改"面板中的"旋转"按钮，关闭"正交"命令，选择直线 2 作为旋转对象，如图 9-42 所示。用光标捕捉直线 2 的左端点作为旋转基点，如图 9-43 所示。输入旋转角度为 30°，旋转结果如图 9-44 所示。

图 9-42　选择旋转对象　　　　　　　图 9-43　捕捉旋转基点

⑤ 拉长直线。单击"默认"选项卡"修改"面板中的"拉长"按钮，选择直线 2 作为拉长对象，输入拉长增量为 2mm，拉长结果如图 9-45 所示。

（3）绘制接触器。绘制这样一种接触器，它在非动作位置时触点断开。

① 绘制直线。单击"默认"选项卡"绘图"面板中的"直线"按钮，在"正交"和"对象捕捉"绘图方式下，绘制一条长为 8mm 的直线 1，绘制结果如图 9-46 所示。

图 9-44　旋转直线　　　图 9-45　拉长直线　　　图 9-46　绘制直线 1

② 绘制直线。单击"默认"选项卡"绘图"面板中的"直线"按钮，用光标捕捉直线 1 的右端点作为新绘制直线 2 的起点，输入直线的长度为 8mm，绘制结果如图 9-47 所示。

③ 绘制直线。单击"默认"选项卡"绘图"面板中的"直线"按钮，用光标捕捉直线 2 的右端点作为新绘制直线 3 的起点，输入直线的长度为 8mm，绘制结果如图 9-48 所示。

④ 旋转直线。单击"默认"选项卡"修改"面板中的"旋转"按钮，关闭"正交"命令，选择直线 2 作为旋转对象，用光标捕捉直线 2 的左端点作为旋转基点，输入旋转角度为 30°，旋转结果如图 9-49 所示。

⑤ 拉长直线。单击"默认"选项卡"修改"面板中的"拉长"按钮，选择直线 2 作为拉长对象，输入拉长增量为 2mm，拉长结果如图 9-50 所示。

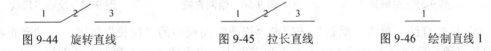

图 9-47　绘制直线 2　　图 9-48　绘制直线 3　　图 9-49　旋转直线　　图 9-50　拉长直线

⑥ 绘制圆。单击"默认"选项卡"绘图"面板中的"圆"按钮，在命令行选择"两点 2P"的绘制方式，捕捉直线 3 的左端点为直径的一个端点，如图 9-51 所示，在直线 3 上捕捉另外一个点作为直径的另一个端点，绘制结果如图 9-52 所示。

图 9-51　捕捉直径端点

⑦ 修剪图形。单击"默认"选项卡"修改"面板中的"修剪"按钮，选择圆作为修

剪对象，直线 3 为剪切边，将圆的下半部分修剪掉，修剪结果（图 9-53）即接触器的符号图形。

（4）绘制热继电器的驱动器件。

① 绘制矩形。单击"默认"选项卡"绘图"面板中的"矩形"按钮 ▭，绘制一个长为 14mm、宽为 6mm 的矩形，绘制结果如图 9-54 所示。

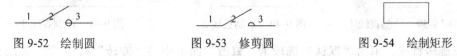

图 9-52　绘制圆　　　　　图 9-53　修剪圆　　　　　图 9-54　绘制矩形

② 分解矩形。单击"默认"选项卡"修改"面板中的"分解"按钮，将矩形分解成为直线 1、2、3 和 4，如图 9-55 所示。

③ 绘制直线。单击"默认"选项卡"绘图"面板中的"直线"按钮，打开"正交"和"对象捕捉"功能，用光标分别捕捉直线 2 和直线 4 的中点作为直线 5 的起点和终点，绘制结果如图 9-56 所示。

④ 绘制多段线。单击"默认"选项卡"绘图"面板中的"多段线"按钮，分别用光标在直线 5 上捕捉多段线的起点和终点，绘制如图 9-57 所示的多段线。

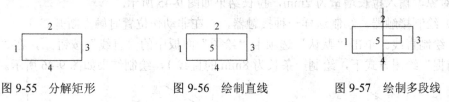

图 9-55　分解矩形　　　　　图 9-56　绘制直线　　　　　图 9-57　绘制多段线

⑤ 拉长直线。单击"默认"选项卡"修改"面板中的"拉长"按钮，选择直线 5 作为拉长对象，分别单击直线 5 的上端点和下端点，将直线 5 向上和向下分别拉长 4mm，绘制结果如图 9-58 所示。

⑥ 修剪和打断图形。单击"默认"选项卡"修改"面板中的"修剪"按钮和"打断"按钮，对直线 5 的多余部分进行修剪和打断，结果如图 9-59 所示，即绘制成的热继电器的驱动器件。

（5）绘制交流电动机。

① 绘制圆。单击"默认"选项卡"绘图"面板中的"圆"按钮，绘制一个直径为 15mm 的圆，绘制结果如图 9-60 所示。

② 输入文字。单击"默认"选项卡"注释"面板中的"多行文字"按钮 A，在圆的中央区域画一个矩形框，打开"文字编辑器"选项卡，在圆的中央输入字母 M，再输入数字 3，输入结果如图 9-61 所示。单击符号标志@，在打开的下拉菜单中选择"其他…"打开如图 9-62 所示的"字符映射表"对话框，选择符号"～"，复制后粘贴在如图 9-61 所示的字母 M 的正下方，绘制结果如图 9-63 所示。

图 9-58　拉长直线　　　图 9-59　修剪和打断图形　　　图 9-60　绘制圆　　　图 9-61　输入文字

控制电气设计

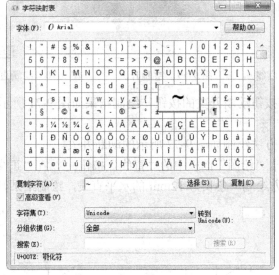

图 9-62 "字符映射表"对话框

图 9-63 交流电动机绘制完成

(6) 绘制按钮开关（不闭合）。

① 绘制开关。按照前面绘制开关的方法绘制如图 9-64 所示的开关。

② 绘制直线。单击"默认"选项卡"绘图"面板中的"直线"按钮，在开关正上方的中央绘制一条长为 4mm 的竖直直线，绘制结果如图 9-65 所示。

③ 偏移直线。单击"默认"选项卡"修改"面板中的"偏移"按钮，输入偏移距离为 4mm，选择直线 4 为偏移对象，分别单击直线 4 的左边区域和右边区域，在它的左右边分别绘制竖直直线 5 和直线 6，绘制结果如图 9-66 所示。

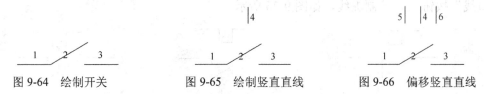

图 9-64 绘制开关　　　图 9-65 绘制竖直直线　　　图 9-66 偏移竖直直线

④ 绘制直线。单击"默认"选项卡"绘图"面板中的"直线"按钮，在"对象捕捉"绘图方式下用光标分别捕捉直线 5 和直线 6 的上端点作为直线的起点和终点，绘制结果如图 9-67 所示。

⑤ 绘制虚线。在"图层"下拉框中选择"虚线层"，单击"默认"选项卡"绘图"面板中的"直线"按钮，在"正交"绘图方式下用光标捕捉直线 4 的下端点作为虚线的起点，在直线 4 的正下方捕捉直线 2 上的点作为虚线的终点，绘制结果（图 9-68）即绘制成的按钮开关（不闭合）。

(7) 绘制按钮动断开关。

① 绘制开关。按照前面绘制开关制方法绘制如图 9-69 所示的开关。

② 绘制直线。单击"默认"选项卡"绘图"面板中的"直线"按钮，在"对象捕捉"和"正交"绘图方式下用光标捕捉直线 3 的左端点作为直线的起点，沿着正交方向在直线 3 的正上方绘制一条长度为 6mm 的竖直直线，绘制结果如图 9-70 所示。

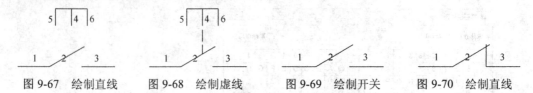

图 9-67　绘制直线　　图 9-68　绘制虚线　　图 9-69　绘制开关　　图 9-70　绘制直线

③ 按照绘制按钮开关的方法绘制按钮动断开关的按钮，绘制结果如图 9-71 所示。

（8）绘制热继电器触点。

① 按照上面绘制动断开关的绘制方法绘制如图 9-72 所示的动断开关。

② 绘制直线。单击"默认"选项卡"绘图"面板中的"直线"按钮，在"正交"绘图方式下，在如图 9-72 所示的图形正上方绘制一条长为 12mm 的水平直线，绘制结果如图 9-73 所示。

图 9-71　按钮动断开关　　　　图 9-72　动断开关　　　　图 9-73　绘制直线

③ 绘制正方形。单击"默认"选项卡"绘图"面板中的"多边形"按钮，输入边数为 4，选择指定正方形的边，将步骤（2）绘制的水平直线的一部分作为正方形的一条边长，用鼠标捕捉边长的起点和终点，绘制出的正方形如图 9-74 所示。

④ 修剪图形。单击"默认"选项卡"修改"面板中的"修剪"按钮，将多余的线段修剪掉，修剪结果如图 9-75 所示。

⑤ 绘制虚线。将"虚线层"图层置为当前图层，单击"默认"选项卡"绘图"面板中的"直线"按钮，绘制虚线，如图 9-76 所示。

图 9-74　绘制正方形　　　　图 9-75　修剪图形　　　　图 9-76　热继电器触点绘制完成

（9）绘制动断触点。

① 绘制开关。按照前面绘制开关的方法绘制如图 9-77 所示的开关。

② 绘制直线。单击"默认"选项卡"绘图"面板中的"直线"按钮，在"对象捕捉"和"正交"绘图方式下用光标捕捉直线 3 的左端点作为直线的起点，沿着正交方向在直线 3 的正上方绘制一条长度为 6mm 的竖直直线，绘制结果（图 9-78），即所绘制的动断触点开关。

图 9-77　绘制开关　　　　图 9-78　绘制直线

（10）绘制操作器件的一般符号。

① 绘制矩形。单击"默认"选项卡"绘图"面板中的"矩形"按钮，绘制一个长为 14mm、宽为 6mm 的矩形，绘制结果如图 9-79 所示。

② 绘制直线。单击"默认"选项卡"绘图"面板中的"直线"按钮，打开"正交"和"对象捕捉"功能，分别用光标捕捉上一步绘制的矩形的两条长边的中点作为新绘制直线的起点，沿着正交方向分别向上和向下绘制一条长为 5mm 的直线，绘制结果（图 9-80），即绘制成操作器件的一般符号。

图 9-79　绘制矩形　　　　　　图 9-80　绘制直线

（11）绘制箭头。

① 绘制水平直线。单击"默认"选项卡"绘图"面板中的"直线"按钮，在"正交"绘图方式下绘出一条长度为 23.66mm 的水平直线 1，如图 9-81(a)所示。

② 绘制竖直直线。单击"默认"选项卡"绘图"面板中的"直线"按钮，在"正交"和"对象捕捉"的绘图方式下，用光标捕捉水平直线的左端点；以其为起始点，向上绘制一条长为 4mm 的竖直直线 2，如图 9-81(b)所示。

③ 绘制直线 3。单击"默认"选项卡"绘图"面板中的"直线"按钮，关闭"正交"功能，用光标捕捉直线 1 的右端点和直线 2 的上端点，分别作为直线 3 的起点和终点绘制直线，如图 9-81(c)所示。

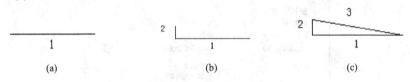

图 9-81　绘制等腰三角形

④ 镜像直线。单击"默认"选项卡"修改"面板中的"镜像"按钮，以直线 1 为镜像参考线，对直线 2、3 进行镜像操作，镜像后的结果如图 9-82(a)所示。

⑤ 删除直线。单击"默认"选项卡"修改"面板中的"删除"按钮，将直线 1 删除，绘制结果即所要绘制的等腰三角形，如图 9-82(b)所示。

图 9-82　完成等腰三角形

⑥ 填充等腰三角形。单击"默认"选项卡"绘图"面板中的"图案填充"按钮，打开"图案填充创建"选项卡，设置"图案填充图案"为"SOLID"图案，如图 9-83 所示。拾取填充三角形内一点，按 Enter 键，就完成了等腰三角形的填充，如图 9-84 所示。

⑦ 存储为块。

（a）在命令行中输入 "WBLOCK"命令，打开"写块"对话框，如图 9-85 所示。

（b）单击"拾取点"按钮，暂时回到绘图界面中，在"对象捕捉"模式下用光标获取等腰三角形的顶点作为插入点，回到"写块"对话框。

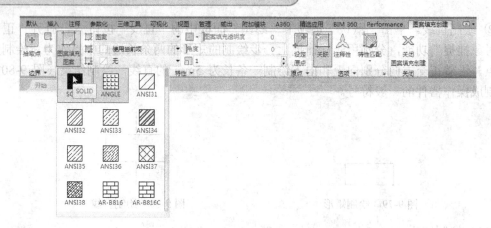

图 9-83 "填充图案创建"选项卡

（c）单击"选择对象"按钮，暂时回到绘图界面中，选择等腰三角形的 3 条边和填充部分作为选择对象，按 Enter 键，回到"写块"对话框中。选择图块保存的路径，并在后面输入"箭头"，记住这个路径，便于以后调用。

图 9-84 完成填充

（d）插入单位：在"单位"下拉列表中选择"毫米"。

图 9-85 "写块"对话框

（e）单击"确定"按钮，前面绘制完成并填充的等腰三角形就保存为"箭头块"了，并可随时调用。

（12）绘制线圈。

① 绘制圆。单击"默认"选项卡"绘图"面板中的"圆"按钮，选定圆的圆心，输入圆的半径，绘制一个半径为 2.5mm 的圆，如图 9-86 所示。

② 绘制阵列圆。单击"默认"选项卡"修改"面板中的"矩形阵列"按钮，设置"行数"为 1，"列数"设置为 4，"列间距"设置为 5mm，选择上步绘制的圆作为阵列对象，即得到阵列结果，如图 9-87 所示。

③ 绘制水平直线。首先绘制直线 1，单击"默认"选项卡"绘图"面板中的"直线"按

钮，在"对象捕捉"绘图方式下,选择捕捉到圆心命令,分别用光标捕捉圆1和圆4的圆心作为直线的起点和终点,绘制水平直线L,绘制结果如图9-88所示。

图9-86　圆形

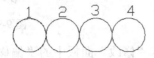
图9-87　绘制阵列圆

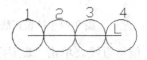
图9-88　绘制水平直线

④ 拉长直线。单击"默认"选项卡"修改"面板中的"拉长"按钮，将直线L分别向左和向右拉长2.5mm,结果如图9-89所示。

⑤ 修剪图形。单击"默认"选项卡"修改"面板中的"修剪"按钮，以直线L为修剪边,对圆1、2、3、4进行修剪。首先选中剪切边,然后选择需要剪切的对象。修剪后的结果如图9-90所示。

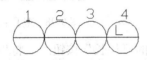
图9-89　拉长直线

图9-90　修剪图形

（13）绘制二极管。

① 绘制等边三角形。单击"默认"选项卡"绘图"面板中的"多边形"按钮，绘制一个等边三角形,它的内接圆的半径设置为5mm,绘制结果如图9-91所示。

② 旋转三角形。单击"默认"选项卡"修改"面板中的"旋转"按钮，以B点为旋转中心点,逆时针旋转30°,旋转结果如图9-92所示。

③ 绘制水平直线。单击"默认"选项卡"绘图"面板中的"直线"按钮，在"对象捕捉"绘图方式下用光标分别捕捉线段AB的中点和C点作为水平直线的起点和终点绘制直线,绘制结果如图9-93所示。

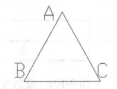
图9-91　等边三角形

图9-92　旋转等边三角形

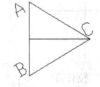
图9-93　水平直线

④ 拉长直线。单击"默认"选项卡"修改"面板中的"拉长"按钮，将步骤(3)中绘制的水平直线分别向左和向右拉长5mm,结果如图9-94所示。

⑤ 绘制竖直直线。单击"默认"选项卡"绘图"面板中的"直线"按钮，在"正交"绘图方式下,捕捉C点作为直线的起点,向上绘制一条长为4mm的竖直直线。单击"默认"选项卡"修改"面板中的"镜像"按钮，将水平直线为镜像参考线,将刚才绘制的竖直直线做镜像,得到的结果如图9-95所示,即所绘成的二极管。

（14）绘制电容。

① 绘制直线。单击"默认"选项卡"绘图"面板中的"直线"按钮，在"正交"绘图方式下绘制一条长度为10mm的水平直线,如图9-96所示。

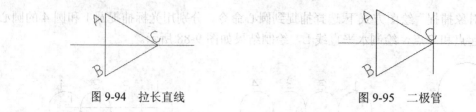

图 9-94　拉长直线　　　　　　　　　图 9-95　二极管

② 偏移直线。单击"默认"选项卡"修改"面板中的"偏移"按钮 ⚏，将步骤（1）绘制的直线向下偏移 4mm，偏移结果如图 9-97 所示。

③ 绘制直线。单击"默认"选项卡"绘图"面板中的"直线"按钮 ╱，在"对象捕捉"绘图方式下用光标分别捕捉两条水平直线的中点作为要绘制的竖直直线的起点和终点，绘制结果如图 9-98 所示。

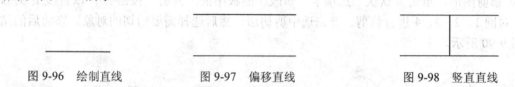

图 9-96　绘制直线　　　　　图 9-97　偏移直线　　　　　图 9-98　竖直直线

④ 拉长直线。单击"默认"选项卡"修改"面板中的"拉长"按钮 ╱，将步骤（3）中绘制的竖直直线分别向上和向下拉长 2.5mm，结果如图 9-99 所示。

⑤ 修剪图形。单击"默认"选项卡"修改"面板中的"修剪"按钮 ⊬，选择两条水平直线为修剪边，对竖直直线进行修剪，修剪结果如图 9-100 所示，即绘成的电容符号。

（15）绘制电阻符号。

① 绘制矩形。单击"默认"选项卡"绘图"面板中的"矩形"按钮 ▭，绘制一个长为 10mm、宽为 4mm 的矩形，绘制结果如图 9-101 所示。

② 绘制直线。单击"默认"选项卡"绘图"面板中的"直线"按钮 ╱，在"对象捕捉"绘图方式下分别捕捉矩形两条宽的中点作为直线的起点和终点绘制直线，绘制结果如图 9-102 所示。

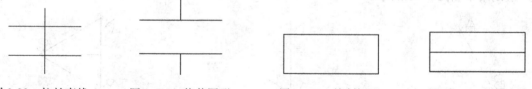

图 9-99　拉长直线　　　图 9-100　修剪图形　　　图 9-101　绘制矩形　　　图 9-102　绘制直线

③ 拉长直线。单击"默认"选项卡"修改"面板中的"拉长"按钮 ╱，将上一步中绘制的直线分别向左和向右拉长 2.5mm，结果如图 9-103 所示。

④ 修剪图形。单击"默认"选项卡"修改"面板中的"修剪"按钮 ⊬，选择矩形为修剪边，对水平直线进行修剪，修剪结果如图 9-104 所示，即绘成的电阻符号。

图 9-103　拉长直线　　　　　图 9-104　修剪图形

（16）绘制晶体管。

① 绘制等边三角形。前面在绘制二极管时已详细介绍了等边三角形的画法，这里复制过

来并修改整理即可。结果仍然是边长为 20mm 的等边三角形，如图 9-105(a)所示。绕底边的右端点逆时针旋转 30°，得到如图 9-105(b)所示的三角形。

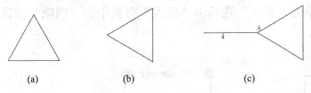

图 9-105　绘制等边三角形

② 绘制水平直线。单击"默认"选项卡"绘图"面板中的"直线"按钮，激活"正交"和"对象捕捉"模式，用光标捕捉端点 A，向左边绘制一条长为 20mm 的水平直线 4，如图 9-105(c)所示。

③ 拉长直线。单击"默认"选项卡"修改"面板中的"拉长"按钮，将直线 4 向右拉 20mm，拉长后直线如图 9-106(a)所示。

④ 修剪直线。单击"默认"选项卡"修改"面板中的"修剪"按钮，以直线 5 为修剪参照线，对直线 4 进行修剪，修剪后的结果如图 9-106(b)所示。

⑤ 分解三角形。单击"默认"选项卡"修改"面板中的"分解"按钮，将等边三角形分解成 3 条线段。

⑥ 偏移竖直直线。单击"默认"选项卡"修改"面板中的"偏移"按钮，将竖直直线 5 向左偏移 15mm，结果如图 9-107(a)所示。

⑦ 修剪图形。单击"默认"选项卡"修改"面板中的"修剪"按钮和"删除"按钮，对图形多余的部分进行修剪和删除边，得到如图 9-107(b)所示的结果。

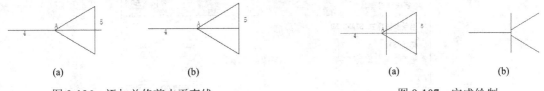

图 9-106　添加并修剪水平直线　　　　　　　图 9-107　完成绘制

⑧ 绘制直线。单击"默认"选项卡"绘图"面板中的"直线"按钮，捕捉上方斜线为起点，绘制适当长度直线，如图 9-108 所示。

⑨ 镜像直线。单击"默认"选项卡"修改"面板中的"镜像"按钮，捕捉图 9-108 中的下斜向线镜像直线，结果如图 9-109 所示。

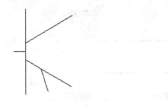

图 9-108　绘制直线　　　　　　　图 9-109　捕捉镜像线

（17）绘制水箱。

① 绘制矩形。单击"默认"选项卡"绘图"面板中的"矩形"按钮，绘制一个长为 45mm、高为 55mm 的矩形，如图 9-110 所示。

② 分解矩形。单击"默认"选项卡"修改"面板中的"分解"按钮，将上面绘制的矩形分解成直线 1、2、3、4，如图 9-111 所示。

③ 删除直线。单击"默认"选项卡"修改"面板中的"删除"按钮，将直线 2 删除，结果如图 9-112 所示。

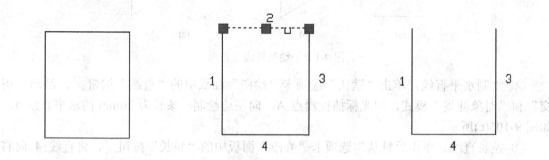

图 9-110　绘制矩形　　　图 9-111　分解矩形　　　图 9-112　删除直线

④ 绘制多段虚线。这里首先需要新建一个多线样式。选择菜单栏中的"格式"→"多线样式"命令，打开"多线样式"对话框（图 9-113），新建一个多线样式名为"虚线"。单击"修改"按钮，打开如图 9-114 所示的对话框，单击"添加"按钮，添加新的多线的属性。这里多线的条数设计为 5 条，分别设计每条线段的线型。选择菜单栏中的"绘图"→"多线"命令，在"正交"和"对象捕捉"绘图方式下，在如图 9-112 所示的直线 1 和直线 3 上分别捕捉一个合适的点作为多线的起点和终点插入新建的"虚线"，绘制结果即水箱，如图 9-115。

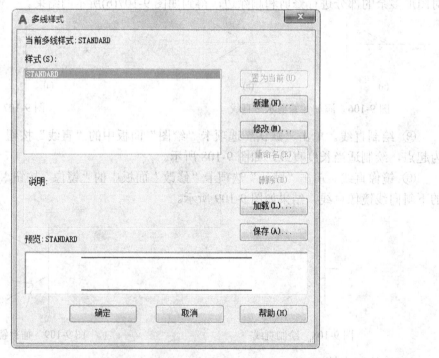

图 9-113　"多线样式"对话框

控制电气设计

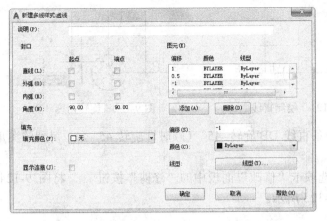

图 9-114 "新建多线样式、虚线"对话框

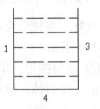

图 9-115 水箱绘制完成

9.2.4 将实体符号插入线路结构图中

根据水位控制电路的原理,将 9.2.3 节中绘制的实体符号插入 9.2.2 节中绘制的线路结构图中。完成这个步骤需要调用移动命令 ，并结合运用修剪 、复制 或删除 等命令,打开"对象捕捉"功能,根据需要打开或关闭"正交"功能。由于在单独绘制实体符号的时候,大小以方便能看清楚为标准,所以插入线路结构中时可能会出现不协调。这个时候,可以根据实际需要调用"缩放"功能来及时调整。这里的关键是选择合适的插入点。下面将通过选择几个典型的实体符号插入结构线路图来介绍具体的操作步骤。

(1) 插入交流电动机。将如图 9-116 所示的交流电动机符号插入如图 9-117 所示的导线上,插入标准为圆形符号的圆心与导线的端点 D 重合。

① 平移图形。单击"默认"选项卡"修改"面板中的"移动"按钮 ，在"对象捕捉"绘图方式下,选择交流电动机的图形符号为平移对象,按 Enter 键确定后,用光标捕捉它的圆心作为移动的基点,如图 9-118 所示。将图形移动到导线的位置,用光标捕捉导线的端点 D 作为插入点,如图 9-119 所示。插入后的结果如图 9-120 所示。

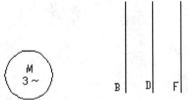

图 9-116 交流电动机　　图 9-117 导线　　图 9-118 捕捉圆心　　图 9-119 捕捉端点

② 绘制直线。单击"默认"选项卡"绘图"面板中的"直线"按钮 ，在"正交"绘图方式下,在水平方向上分别绘制直线 DB'和 DF',长度均为 25mm,绘制结果如图 9-121 所示。

③ 旋转直线。单击"默认"选项卡"修改"面板中的"旋转"按钮 ，关闭"正交"功能,选择直线 DF'为旋转对象,用光标捕捉 D 点作为旋转基点,绘图界面提示输入旋转角度(这里输入 45),如图 9-122 所示。旋转结果如图 9-123 所示。

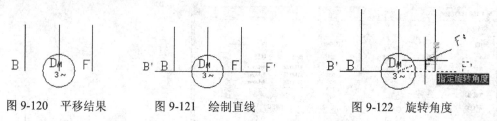

图 9-120　平移结果　　　图 9-121　绘制直线　　　图 9-122　旋转角度

重复"旋转"命令，将另外一条直线 DB′旋转–45°（顺时针旋转 45°），得到的图形如图 9-124 所示。

④ 修剪图形。单击"默认"选项卡"修改"面板中的"修剪"按钮 ，将图 9-124 中多余的线修剪掉，修剪结果如图 9-125 所示。

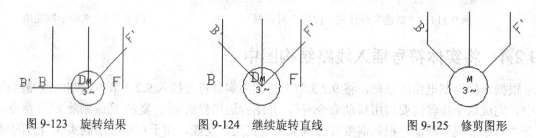

图 9-123　旋转结果　　　图 9-124　继续旋转直线　　　图 9-125　修剪图形

这样，就完成了将交流电动机插入线路结构图中的工作。

（2）插入晶体管。将如图 9-126 所示的晶体管插入如图 9-127 所示的导线中。

① 平移图形。单击"默认"选项卡"修改"面板中的"移动"按钮 ，在"对象捕捉"绘图方式下捕捉如图 9-126 所示的点 F2 作为移动基点，选择整个晶体管图形符号作为移动对象，将它移动到如图 9-127 所示的导线处，使得点 F2 在导线 G2F1 的一个合适的位置上，移动结果如图 9-128 所示。

② 继续平移图形。单击"默认"选项卡"修改"面板中的"移动"按钮 ，在"正交"绘图方式下选择晶体管为移动对象，捕捉 F2 点为移动基点，输入位移为（–5,0,0），即将它向左边平移 5mm。命令行中的提示与操作如下。

```
命令：_move↙
选择对象：指定对角点：找到 6 个
选择对象：↙
指定基点或 [位移(D)] <位移>：d↙
指定位移 <0.0000, 0.0000, 0.0000>：-5,0,0↙
```

平移结果如图 9-129 所示。

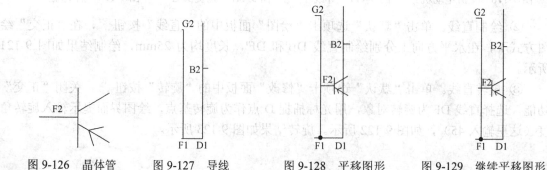

图 9-126　晶体管　　　图 9-127　导线　　　图 9-128　平移图形　　　图 9-129　继续平移图形

③ 修剪图形。单击"默认"选项卡"修改"面板中的"修剪"按钮 -/-，将多余的线段修剪掉，修剪结果如图 9-130 所示。这样，就成功的将晶体管插入导线中了。

按照以上类似的思路和步骤，将其他实体符号一一插入线路结构图中，并找到合适的位置，最后得到如图 9-131 所示的图形。

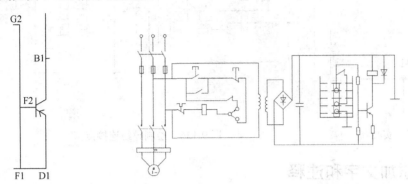

图 9-130　修剪图形　　　　　图 9-131　实体符号插入线路结构图中

如图 9-131 所示的电路还不够完整，因为它没有标出导线之间的连接情况。下面先给出导线连接实心点的绘制步骤，以如图 9-132 所示的连接点 A1 为例。

单击"默认"选项卡"绘图"面板中的"圆"按钮 ⊙，在"对象捕捉"绘图方式下捕捉点 A1 为圆心，绘制一个半径为 1mm 的圆，如图 9-133 所示。在圆中填充图案，单击"默认"选项卡"绘图"面板中的"图案填充"按钮 ▨，打开"图案填充创建"选项卡，如图 9-134 所示。选定圆为填充对象，按 Enter 键确定，完成图案的填充，填充结果如图 9-135 所示。按照上面绘制实心圆的方法根据需要在其他导线节点处绘制导线连接点，绘制结果如图 9-136 所示。

图 9-132　导线　　　　　　　　图 9-133　绘制圆

图 9-134　"图案填充创建"选项卡

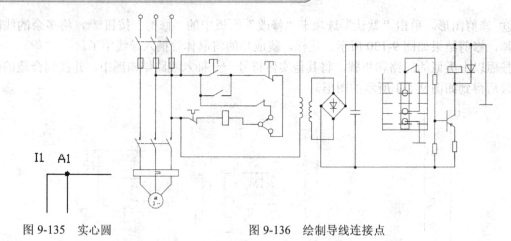

图 9-135　实心圆　　　　　　图 9-136　绘制导线连接点

9.2.5 添加文字和注释

（1）单击"默认"选项卡"注释"面板中的"文字样式"按钮 A，打开"文字样式"对话框，如图 9-137 所示。

图 9-137　"文字样式"对话框

（2）新建文字样式。单击"新建"按钮，打开"新建样式"对话框，输入"注释"。确定后回到"文字样式"对话框。在"字体"下拉框中选择"仿宋_GB2312"，"高度"为默认值 5，"宽度因子"输入为 0.7，"倾斜角度"为默认值 0。将"注释"置为当前文字样式，单击"应用"按钮回到绘图区。

（3）添加文字和注释到图中。

① 单击"默认"选项卡"注释"面板中的"多行文字"按钮按钮 A，在需要注释的地方划定一个矩形框，弹出"文字样式"对话框。

② 选择"注释"作为文字样式，根据需要可以调整文字的高度，还可以结合应用"左对齐""居中"和"右对齐"等功能。

③ 按照以上步骤给如图 9-136 所示的图添加文字和注释，得到的结果如图 9-138 所示。

控制电气设计

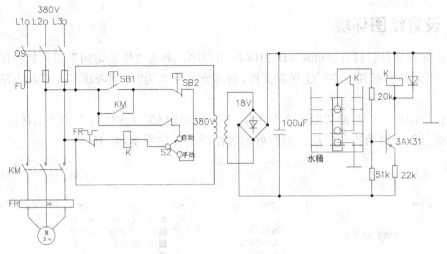

图 9-138　添加文字和注释

图 9-5 所示的电路图即绘制成功的水位自动控制电路图。

9.3　电动机自耦降压启动控制电路

本例绘制三相鼠笼异步电动机的自耦降压启动控制电路，如图 9-139 所示。它是一种自耦降压启动控制电路，合上断路器 QS，信号灯 HL 亮，表明控制电路已接通电源；按下启动按钮 SB2，接触器 KM2 得电吸合，电动机经自耦变压器降压启动；中间继电器 KA1 也得电吸合，其常开触点闭合，同时接通通电延时时间继电器 KT1 回路。当时间继电器 KT1 延时时间到，其延时动合触点闭合，使中间继电器 KA2 得电吸合自保，接触器 KM2 失电释放，自耦变压器退出运行，同时通电延时时间继电器 KT2 得电；当 KT2 延时时间到，其延时动合触点闭合，使中间继电器 KA3 得电吸合，接触器 KM1 也得电吸合，电动机转入正常运行工作状态，时间继电器 KT1 失电。

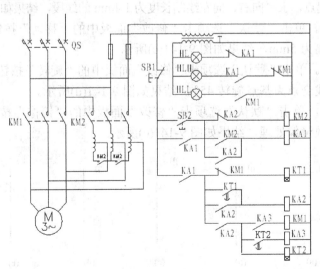

图 9-139　三相鼠笼异步电动机的自耦降压启动控制电路

9.3.1 设置绘图环境

（1）建立新文件。打开 AutoCAD 2018 应用程序，单击"快速访问"工具栏中的"新建"按钮，以"无样板打开-公制"建立新文件，将新文件命名为"自耦降压起动控制电路图.dwg"并保存。

（2）设置图层。一共设置以下 3 个图层："连接线层""虚线层"和"实体符号层"。将"连接线层"设置为当前图层。设置好的各图层属性如图 9-140 所示。

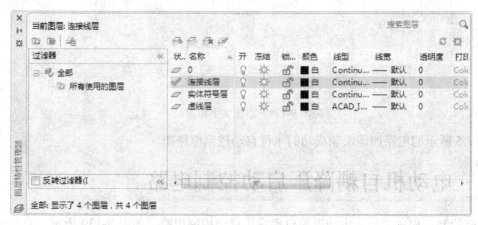

图 9-140 图层设置

9.3.2 绘制各元器件图形符号

（1）绘制断路器。

① 绘制竖线。单击"默认"选项卡"绘图"面板中的"直线"按钮，在"正交"方式下绘制一条长度为 15mm 的竖线，结果如图 9-141(a)所示。

② 绘制水平线。单击"默认"选项卡"绘图"面板中的"直线"按钮，以图 9-141(a)中所示竖线上端点 m 为起点，水平向右、向左绘制长度为 1.4mm 的线段，结果如图 9-141(b)所示。

③ 平移水平线。单击"默认"选项卡"修改"面板中的"移动"按钮，竖直向下移动水平线，移动距离为 5mm，结果如图 9-141(c)所示。

④ 旋转水平线。单击"默认"选项卡"修改"面板中的"旋转"按钮，将图 9-141(c)中水平线以其与竖线交点为基点旋转 45°，结果如图 9-141(d)所示。

⑤ 镜像旋转线。单击"默认"选项卡"修改"面板中的"镜像"按钮，将旋转后的线以竖线为对称轴做镜像处理，结果如图 9-141(e)所示。

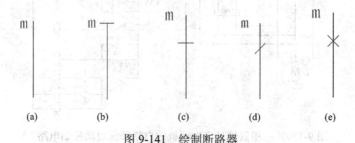

图 9-141 绘制断路器

⑥ 设置极轴追踪。选择菜单栏中的"工具"→"绘图设置"命令,在打开的"草图设置"对话框中启用"极轴追踪",增量角设置为30°,如图9-142所示。

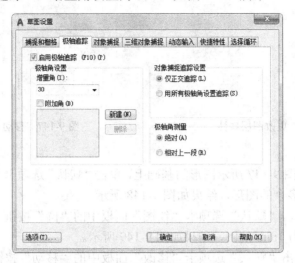

图9-142 "草图设置"对话框

⑦ 绘制斜线。单击"默认"选项卡"绘图"面板中的"直线"按钮，捕捉图9-141(c)中竖直直线的下端点,以其为起点,绘制与竖直直线成30°角、长度为7.5mm的线段,结果如图9-143(a)所示。

⑧ 偏移斜线。单击"默认"选项卡"修改"面板中的"移动"按钮，竖直向上移动斜线,移动距离为5mm,结果如图9-143(b)所示。

⑨ 修剪图形。单击"默认"选项卡"修改"面板中的"修剪"按钮，对图9-141(b)中的竖直直线进行修剪,结果如图9-143(c)所示。

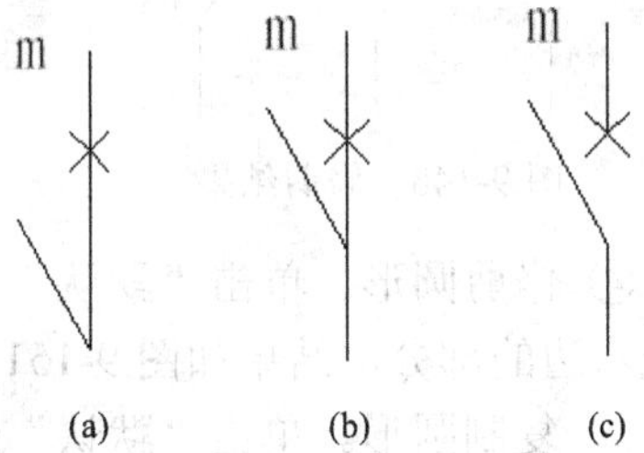

⑩ 阵列图形。单击"默认"选项卡"修改"面板中的"矩形阵列"按钮，选择如图9-143(c)所示的图形为阵列对象,设置"行"为1,"列"为3,"列间距"为10mm,结果如图9-144所示。

⑪ 绘制水平直线。单击"默认"选项卡"绘图"面板中的"直线"按钮，以图9-144所示端点n为起始点,p为终止点绘制水平直线,绘制结果如图9-145所示。

图9-143 绘制完成

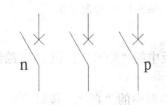

图9-144 阵列图形

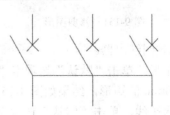

图9-145 绘制水平线

⑫ 更改图形对象的图层属性。选中水平直线,单击"默认"选项卡"图层"面板中的"图层特性"下拉列表框处的"虚线层",将其图层属性设置为"虚线层"。更改图层后的结果如图9-146所示。

⑬ 移动水平直线。单击"默认"选项卡"修改"面板中的"移动"按钮，将水平线向上移动 2mm，向左移动 1.15mm，结果如图 9-147 所示。

图 9-146　更改图层属性　　　　　　图 9-147　移动水平线

（2）绘制接触器。

① 修剪图形。在图 9-147 所示图形的基础上，单击"默认"选项卡"修改"面板中的"删除"按钮，删除掉多余的图形，结果如图 9-148 所示。

② 绘制圆形。单击"默认"选项卡"绘图"面板中的"圆"按钮，以图 9-148 中 O 点为圆心，绘制半径为 1mm 的圆，结果如图 9-149 所示。

③ 平移圆形。单击"默认"选项卡"修改"面板中的"移动"按钮，以圆的圆心为基准点，将圆向上移动 1mm，结果如图 9-150 所示。

图 9-148　修剪结果　　　　图 9-149　绘制圆形　　　　图 9-150　移动圆形

④ 修剪圆形。单击"默认"选项卡"修改"面板中的"修剪"按钮，修剪掉圆在竖直线右边的部分，结果如图 9-151 所示。

⑤ 复制圆形。单击"默认"选项卡"修改"面板中的"复制"按钮，在"正交"绘图方式下将图 9-151 中的半圆向左复制两份，复制距离为 10mm，结果如图 9-152 所示。

图 9-151　修剪图形　　　　　　图 9-152　绘制完成

（3）绘制时间继电器。

① 绘制矩形。单击"默认"选项卡"绘图"面板中的"矩形"按钮，绘制一个长为 5mm、宽为 10mm 的矩形，结果如图 9-153 所示。

② 绘制水平线。单击"默认"选项卡"绘图"面板中的"直线"按钮，在"对象捕捉"绘图方式下用光标捕捉矩形两个长边的中点，以其为起点，分别向左、向右绘制长度为 5mm 的直线，结果如图 9-154 所示。

③ 绘制矩形。单击"默认"选项卡"绘图"面板中的"矩形"按钮，以图 9-154 中的 e 点为起点，绘制一个长为 2.5mm、宽为 5mm 的矩形，结果如图 9-155 所示。

④ 绘制斜线。单击"默认"选项卡"绘图"面板中的"直线"按钮，连接矩形对角的两个顶点，结果如图 9-156 所示。

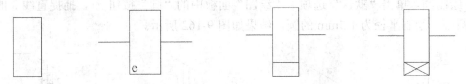

图 9-153　绘制矩形　　图 9-154　绘制直线　　图 9-155　绘制矩形　　图 9-156　绘制斜线

（4）绘制动合触点。

① 绘制水平直线。单击"默认"选项卡"绘图"面板中的"直线"按钮，以屏幕上合适位置为起点，绘制长度为 10mm 的水平直线，结果如图 9-157(a)所示。

② 绘制斜线。单击"默认"选项卡"绘图"面板中的"直线"按钮，以水平直线右端点为起点，绘制与水平直线成 30°角、长度为 6mm 的直线，结果如图 9-157(b)所示。

③ 平移斜线。单击"默认"选项卡"修改"面板中的"移动"按钮，将斜线水平向左移动 2.5mm，结果如图 9-157(c)所示。

④ 绘制竖直直线。单击"默认"选项卡"绘图"面板中的"直线"按钮，以斜线的下端点为起点，竖直向上绘制长度为 3mm 的直线，结果如图 9-157(d)所示。

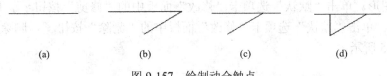

(a)　　　　　(b)　　　　　(c)　　　　　(d)

图 9-157　绘制动合触点

⑤ 修剪图形。单击"默认"选项卡"修改"面板中的"修剪"按钮，以斜线和竖直直线为修剪边，对水平直线进行修剪，结果如图 9-158 所示。这就是绘制完成的动合触点图形符号。

（5）绘制时间继电器动合触点。

① 绘制竖直直线。在图 9-158 所示的动合触点图形符号的基础上，单击"默认"选项卡"绘图"面板中的"直线"按钮，以 q 点为起点，竖直向下绘制长度为 4mm 的直线 1，结果如图 9-159(a)所示。

② 偏移竖直直线。单击"默认"选项卡"修改"面板中的"偏移"按钮，将直线 1 向左偏移 0.7mm，得到直线 2，结果如图 9-159(b)所示。

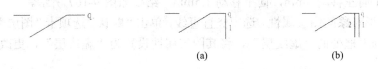

(a)　　　　　　　　　(b)

图 9-158　绘制完成　　　　图 9-159　绘制竖直直线

③ 移动竖直直线。单击"默认"选项卡"修改"面板中的"移动"按钮，将图 9-159(b)图形中的竖直直线向左移动 5mm，向下移动 1.5mm，结果如图 9-160(a)所示。

④ 修剪图形。单击"默认"选项卡"修改"面板中的"修剪"按钮，对整个图形进行修剪，修剪结果如图 9-160(b)所示。

⑤ 绘制直线。单击"默认"选项卡"绘图"面板中的"直线"按钮，以图 9-160 中直线 1 的下端点为起点，直线 2 的下端点为终点，绘制水平直线 3，结果如图 9-161 所示。

⑥ 绘制圆。单击"默认"选项卡"绘图"面板中的"圆"按钮，捕捉直线 3 的中点，以其为圆心，绘制半径为 1.5mm 的圆，结果如图 9-162 所示。

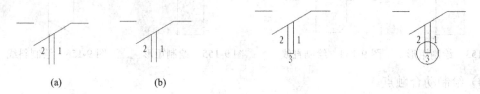

图 9-160　移动修剪直线　　　图 9-161　绘制直线　　　图 9-162　绘制圆

⑦ 绘制斜线。单击"默认"选项卡"绘图"面板中的"直线"按钮，以直线 3 中点为起点，分别向左、向右绘制与水平线成 25°角，长度为 1.5mm 的线段，结果如图 9-163 所示。

⑧ 修剪图形。单击"默认"选项卡"修改"面板中的"修剪"按钮，以图 9-163 中两条斜线为修剪边，修剪圆形，单击"默认"选项卡"修改"面板中的"删除"按钮，删除两条斜线，结果如图 9-164 所示。

⑨ 移动圆弧。单击"默认"选项卡"修改"面板中的"移动"按钮，将图 9-164 中的圆弧向上移动 1.5mm。

⑩ 修剪图形。单击"默认"选项卡"修改"面板中的"修剪"按钮，以圆弧为修剪边，修剪圆形，单击"默认"选项卡"修改"面板中的"删除"按钮，删除水平直线 3，结果如图 9-165 所示。

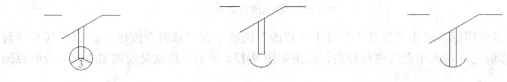

图 9-163　绘制斜线　　　图 9-164　修剪图形　　　图 9-165　完成绘制

（6）绘制起动按钮。

① 绘制竖直直线。在如图 9-159 所示的动合触点图形符号的基础上，单击"默认"选项卡"绘图"面板中的"直线"按钮，以 q 点为起点，竖直向下绘制长度为 3.5mm 的直线 1，结果如图 9-166 所示。

② 移动竖直直线。单击"默认"选项卡"修改"面板中的"移动"按钮，将图 9-166 中的竖直直线 1 向左移动 5mm，向下移动 1.5mm，结果如图 9-167 所示。

③ 更改图形对象的图层属性。选中竖直直线，单击"默认"选项卡"图层"面板中的"图层特性"下拉列表框处的"虚线层"，将其图层属性设置为"虚线层"，更改图层后的结果如图 9-168 所示。

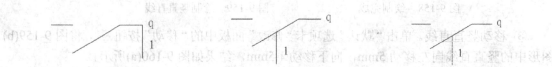

图 9-166　绘制竖直直线　　　图 9-167　移动竖直直线　　　图 9-168　更改图层属性

控制电气设计

④ 绘制水平直线。单击"默认"选项卡"绘图"面板中的"直线"按钮，以直线 1 下端点为起点，水平向右绘制长度为 1.5mm 的直线 2，重复"直线"命令，以直线 2 右端点为起始点，竖直向上绘制长度为 0.7mm 的直线 3，结果如图 9-169 所示。

⑤ 镜像图形。单击"默认"选项卡"修改"面板中的"镜像"按钮，以如图 9-169 中直线 1 为对称轴，直线 2 和直线 3 为镜像对象，镜像结果如图 9-200 所示，即绘制完成的起动按钮符号。

图 9-169　绘制直线　　　　　　图 9-170　完成绘制

（7）绘制自耦变压器。

① 绘制竖直直线。单击"默认"选项卡"绘图"面板中的"直线"按钮，绘制竖直直线 1，长度为 20mm，结果如图 9-171(a)所示。

② 绘制圆。单击"默认"选项卡"绘图"面板中的"圆"按钮，捕捉直线 1 的上端点，以其为圆心，绘制半径为 1.25mm 的圆，结果如图 9-171(b)所示。

③ 移动圆。单击"默认"选项卡"修改"面板中的"移动"按钮，在"对象捕捉"绘图方式下将图 9-171(b)所示的圆向下平移 6.25mm，结果如图 9-171(c)所示。

④ 阵列圆。单击"默认"选项卡"修改"面板中的"矩形阵列"按钮，选择如图 9-202(c)所示的圆形为阵列对象，设置"行"为 4，"列"为 1，"行偏移"为 –2.5 mm，"阵列角度"为 0°，结果如图 9-171(d)所示。

⑤ 修剪图形。单击"默认"选项卡"修改"面板中的"修剪"按钮，修剪多余直线，得到如图 9-171(e)所示的结果，即绘制完成的自耦变压器图形符号。

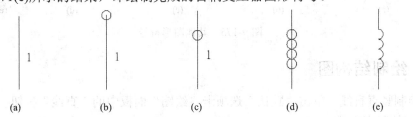

图 9-171　绘制自耦变压器

（8）绘制变压器。

① 绘制水平直线。单击"默认"选项卡"绘图"面板中的"直线"按钮，绘制水平直线 1，长度为 27.5mm，结果如图 9-172(a)所示。

② 绘制圆。单击"默认"选项卡"绘图"面板中的"圆"按钮，捕捉直线 1 的左端点，以其为圆心，绘制半径为 1.25mm 的圆，结果如图 9-172(b)所示。

③ 移动圆。单击"默认"选项卡"修改"面板中的"移动"按钮，在"对象捕捉"绘图方式下将图 9-172(b)所示的圆向右平移 6.25mm，结果如图 9-172(c)所示。

图 9-172　绘制变压器

④ 阵列圆。单击"默认"选项卡"修改"面板中的"矩形阵列"按钮🔢，选择如图 9-172(c) 所示的圆形为阵列对象，设置"行"为 1，"列"为 7，"列间距"为 2.5mm，"阵列角度"为 0，结果如图 9-173(a)所示。

⑤ 偏移直线。单击"默认"选项卡"修改"面板中的"偏移"按钮，将直线 1 向下偏移 2.5 mm 得到直线 2，结果如图 9-173(b)所示。

⑥ 修剪图形。单击"默认"选项卡"修改"面板中的"修剪"按钮，修剪掉多余直线，得到如图 9-173(c)所示的结果。

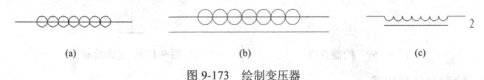

(a)　　　　　　　　　(b)　　　　　　　　　(c)

图 9-173　绘制变压器

⑦ 镜像图形。单击"默认"选项卡"修改"面板中的"镜像"按钮，以直线 1 为镜像线，对直线 2 以上的部分做镜像操作，结果如图 9-174 所示。

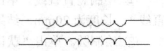

图 9-174　完成绘制

（9）绘制其他元器件符号。本例中用到的元器件比较多，有一些在其他章节中已介绍过，在此不再一一赘述。其他元器件图形符号如图 9-175 所示。

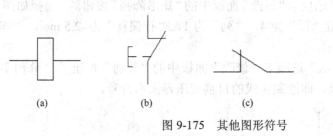
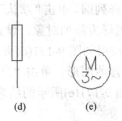

(a)　　　　(b)　　　　(c)　　　　(d)　　　　(e)

图 9-175　其他图形符号

9.3.3　绘制结构图

（1）绘制竖直直线。单击"默认"选项卡"绘图"面板中的"直线"按钮，绘制长度为 121.5mm 的竖直直线 1。

（2）偏移竖直直线。单击"默认"选项卡"修改"面板中的"偏移"按钮，将直线 1 向右偏移 10mm、20mm、35mm、45mm、55mm、70mm、80mm、97mm、118mm、146mm、156mm，得到 11 条竖直直线，结果如图 9-176 所示。

（3）绘制水平直线。单击"默认"选项卡"绘图"面板中的"直线"按钮，以图 9-176 中的 a 点为起始点、b 点为终止点绘制直线 ab。

（4）偏移水平直线。单击"默认"选项卡"修改"面板中的"偏移"按钮，将直线 ab 向下偏移，并将每次偏移后的直线再进行偏移蹓分别为 5mm、5mm、8mm、8mm、8mm、14mm、10mm、10mm、10mm、8.5mm、8mm、10mm、9mm、8mm，得到水平直线，结果如图 9-177 所示。

（5）修剪图形。单击"默认"选项卡"修改"面板中的"修剪"按钮，修剪多余的线段，结果如图 9-178 所示。

图 9-176 绘制竖直直线

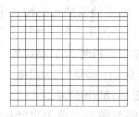
图 9-177 绘制水平线

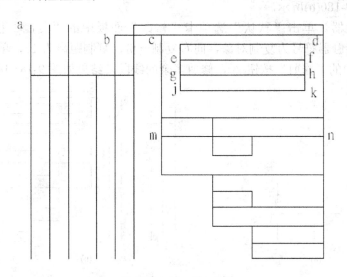
图 9-178 结构图

9.3.4 将元器件图形符号插入结构图中

（1）将断路器插入结构图。

① 移动图形。单击"默认"选项卡"修改"面板中的"移动"按钮 ✥，选择图 9-179(a) 所示的断路器符号为平移对象，用光标捕捉断路器符号的 P 点为平移基点，以图 9-178 中的 a 点为目标点，平移结果如图 9-179(b)所示。

② 修剪图形。单击"默认"选项卡"修改"面板中的"修剪"按钮 ⊸⁄⊸，修剪掉多余的线段，结果如图 9-179(b)所示。

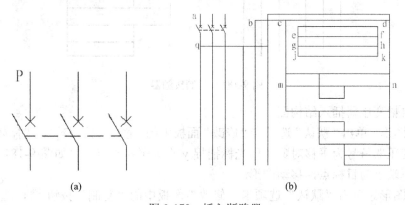
图 9-179 插入断路器

(2) 将接触器插入结构图中。

① 移动图形。单击"默认"选项卡"修改"面板中的"移动"按钮 ✥，选择如图 9-180(a) 所示的接触器符号为平移对象，用光标捕捉断接触符号的 Z 点为平移基点，以如图 9-180 中 q 点为目标点。重复"移动"命令，选择刚插入的接触器符号为平移对象，竖直向下平移 15mm，结果如图 9-180(b)所示。

② 修剪图形。单击"默认"选项卡"修改"面板中的"修剪"按钮 ⊬，修剪掉多余的线段，结果如图 9-180(b)所示。

③ 复制接触器。单击"默认"选项卡"修改"面板中的"复制"按钮 ⅽ，选择如图 9-180(b)中的接触器符号为复制对象，向右复制一份，复制距离为 15，单击"默认"选项卡"修改"面板中的"修剪"按钮 ⊬，修剪多余的线段，结果如图 9-181 所示。

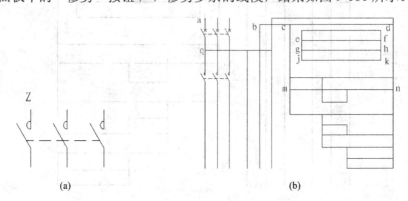

图 9-180 插入接触器

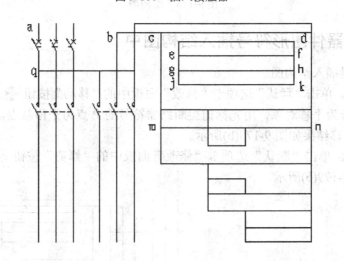

图 9-181 复制接触器

(3) 将自耦变压器插入结构图。

① 移动图形。单击"默认"选项卡"修改"面板中的"移动"按钮 ✥，选择如图 9-182(a) 所示的自耦变压器符号为平移对象，用光标捕捉 y 点为平移基点，以如图 9-181 中最右边的接触器符号下端点为目标点，移动图形。

② 复制图形。单击"默认"选项卡"修改"面板中的"复制"按钮 ⅽ，选择刚插入的自耦变压器符号为复制对象，向左复制两份，复制距离均为 10mm。

③ 修剪图形。单击"默认"选项卡"修改"面板中的"修剪"按钮 和"删除"按钮 ，修剪掉多余的线段，结果如图 9-182(b)所示。

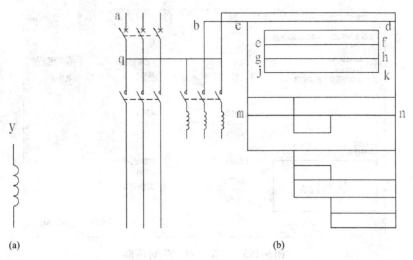

图 9-182 插入自耦变压器

④ 绘制连接线。单击"默认"选项卡"绘图"面板中的"直线"按钮 ，绘制连接线，结果如图 9-183 所示。

单击"默认"选项卡"修改"面板中的"移动"按钮 ，将绘制的其他元器件的图形符号插入结构图中的对应位置，单击"默认"选项卡"修改"面板中的"修剪"按钮 和"删除"按钮 ，删除掉多余的图形。在插入图形符号的时候，根据需要可以单击"默认"选项卡"修改"面板中的"缩放"按钮 ，调整图形符号的大小，以保持整个图形的美观整齐。完成后的图形如图 9-184 所示。

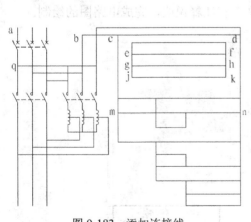

图 9-183 添加连接线

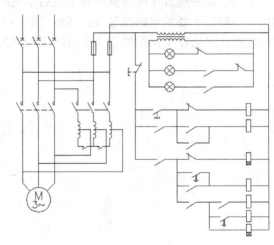

图 9-184 完成绘制

9.3.5 添加注释

（1）创建文字样式。单击"默认"选项卡"注释"面板中的"文字样式"按钮 ，打开"文字样式"对话框，创建一个样式名为"自耦降压起动控制电路"的文字样式。"字体名"

为"仿宋_GB2312", 0. "字体样式"为"常规", "高度"为6, "宽度因子"为0.7, 如图9-185所示。

图9-185 "文字样式"对话框

(2) 添加注释文字。单击"默认"选项卡"注释"面板中的"文字样式"按钮 A，输入几行文字，然后调整其位置，以对齐文字。调整位置的时候，结合使用正交命令。

(3) 使用文字编辑命令修改文字来得到需要的文字。添加注释文字操作的具体过程不再赘述。至此自耦降压起动控制电路图绘制完毕，结果如图9-139所示。

9.4　并励直流电动机串联电阻启动电路

本例绘制并励直流电动机串联电阻启动电路，如图9-186所示。首先观察并分析图纸的结构，绘制出主要的电路图导线；然后绘制各个电子元件，将各个电子元件插入结构图中的相应位置；最后在电路图的适当位置添加相应的文字和注释说明，完成电路图的绘制。

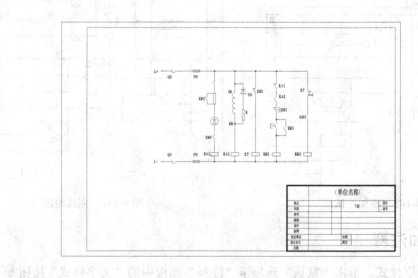

图9-186　并励直流电动机串联电阻启动电路

9.4.1 设置绘图环境

（1）新建文件。启动 AutoCAD 2018 应用程序，在命令行输入"NEW"，或单击"快速访问"工具栏中的"新建"按钮，系统弹出"选择样板"对话框。在对话框中选择所需的样板，单击"打开"按钮，添加图形样板，其中图形样板左下端点的坐标为（0,0）。本例选用 A3 图形样板，如图 9-187 所示。

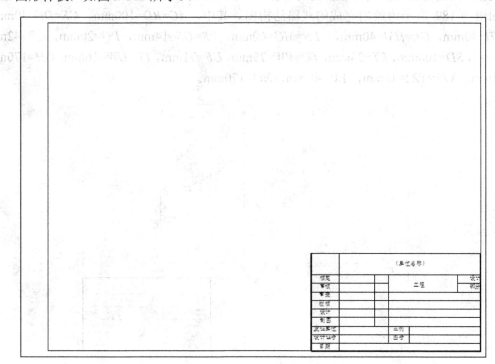

图 9-187　添加 A3 图形样板

（2）设置图层。单击"默认"选项卡"图层"面板中的"图层特性"按钮，在弹出的"图层特性管理器"对话框中新建两个图层，分别命名为"连接线层"和"实体符号层"，图层的颜色、线型、线宽等属性设置如图 9-188 所示。

图 9-188　新建图层

9.4.2 绘制线路结构图

在绘制并励直流电动机串联电阻启动电路的线路结构图时，可以调用"直线"命令，绘制若干条水平直线和竖直直线。在绘制过程中，开启"对象捕捉"和"正交模式"。绘制相邻直线时，可以捕捉直线的端点作为起点；也可以调用"偏移"命令，将已经绘制好的直线进行偏移，同时保留原直线。综合运用"镜像"和"修剪"命令，使得线路图变得完整。

如图 9-189 所示为绘制完成的线路结构图。其中，$AC=BD=100mm$，$CE=DF=40mm$，$EG=FH=40mm$，$GL=HM=40mm$，$LN=MO=60mm$，$PR=QS=14mm$，$PQ=20mm$，$CR=42mm$，$RS=20mm$，$SD=108mm$，$ET=24mm$，$TU=VW=75mm$，$UF=71mm$，$TV=UW=16mm$，$GH=170mm$，$LX=91mm$，$XZ1=YZ2=18mm$，$YM=49mm$，$NO=170mm$。

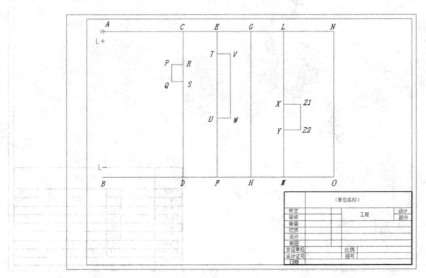

图 9-189　线路结构图

9.4.3 绘制电气元件

（1）绘制直流电动机。

① 绘制圆。单击"默认"选项卡"绘图"面板中的"圆"按钮⊙，绘制直径为 15mm 的圆，如图 9-190 所示。

② 输入文字。单单击"默认"选项卡"注释"面板中的"多行文字"按钮A，在圆的中间位置输入字母 M。

③ 绘制直线。单击"默认"选项卡"绘图"面板中的"直线"按钮／，绘制一条实线和一条虚线，如图 9-191 所示，完成直流电动机的绘制。

图 9-190　绘制圆　　　　　　　　　　图 9-191　直流电动机

(2) 绘制动断触点。

① 绘制直线 1。单击"默认"选项卡"绘图"面板中的"直线"按钮，开启"正交模式"，在竖直方向上绘制一条长度为 8mm 的直线 1，如图 9-192 所示。

② 绘制直线 2。单击"默认"选项卡"绘图"面板中的"直线"按钮，开启"对象捕捉"模式，捕捉直线 1 的下端点作为直线的起点，绘制一条长度为 8mm 的竖直直线 2，如图 9-193 所示。

③ 绘制直线 3。单击"默认"选项卡"绘图"面板中的"直线"按钮，捕捉直线 2 的下端点作为直线的起点，绘制一条长度为 8mm 的竖直直线 3，绘制结果如图 9-194 所示。

图 9-192 绘制直线 1　　　　图 9-193 绘制直线 2　　　　图 9-194 绘制直线 3

④ 旋转直线。单击"默认"选项卡"修改"面板中的"旋转"按钮，关闭"正交模式"，捕捉直线 2 的下端点作为旋转基点，输入旋转角度为–30°（顺时针旋转 30°），旋转结果如图 9-195 所示。

⑤ 绘制水平直线。单击"默认"选项卡"绘图"面板中的"直线"按钮，开启"正交模式"，捕捉直线 1 的下端点，水平向右绘制一条长度为 6mm 的直线，如图 9-196 所示。

⑥ 拉长直线。单击"默认"选项卡"修改"面板中的"拉长"按钮，关闭"正交模式"，输入拉长增量为 3mm，将直线 2 拉长，如图 9-197 所示。

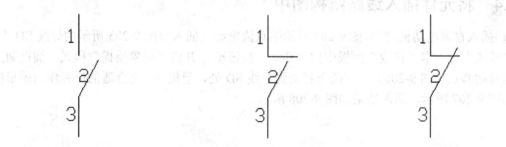

图 9-195 旋转直线 2　　　　图 9-196 绘制水平直线　　　　图 9-197 拉长直线

⑦ 绘制直线。单击"默认"选项卡"绘图"面板中的"直线"按钮，开启"正交模式"，捕捉直线 3 的上端点，水平向右绘制一条长度为 10mm 的直线 4，如图 9-198 所示。

⑧ 偏移直线。单击"默认"选项卡"修改"面板中的"偏移"按钮，将直线 4 向上偏移 2mm，如图 9-199 所示。

⑨ 修剪直线。单击"默认"选项卡"修改"面板中的"修剪"按钮，以直线 2 为修剪边，对直线 5 进行修剪，修剪结果如图 9-200 所示。

⑩ 偏移直线。单击"默认"选项卡"修改"面板中的"偏移"按钮，将直线 4 向上偏移 1mm，如图 9-201 所示。

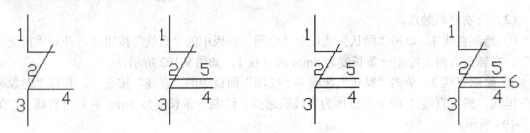

图 9-198　绘制直线 4　　图 9-199　偏移直线 1　　图 9-200　修剪直线　　图 9-201　偏移直线 2

⑪绘制圆。单击"默认"选项卡"绘图"面板中的"圆"按钮⊙，关闭"正交模式"，捕捉直线 6 的中点为圆心，捕捉直线 5 的右端点作为圆周上的一点，绘制结果如图 9-202 所示。

⑫绘制直线。单击"默认"选项卡"绘图"面板中的"直线"按钮，开启"正交模式"，在右半圆上绘制一条竖直直线，如图 9-203 所示。

⑬修剪图形。单击"默认"选项卡"修改"面板中的"修剪"按钮，将图 9-148 中多余的部分进行修剪，完成动断触点的绘制，结果如图 9-204 所示。

图 9-202　绘制圆　　　　图 9-203　绘制竖直直线　　　　图 9-204　动断触点

9.4.4　将元件插入线路结构图中

（1）插入直流电动机。将如图 9-201 所示的直流电动机插入如图 9-205 所示的导线 SD 上。单击"默认"选项卡"修改"面板中的"移动"按钮，开启"对象捕捉"模式，捕捉圆的圆心为移动基点（图 9-206），将图形移动到导线 SD 处，捕捉 SD 上合适的位置作为图形插入点如图 9-207 所示，插入结果如图 9-208 所示。

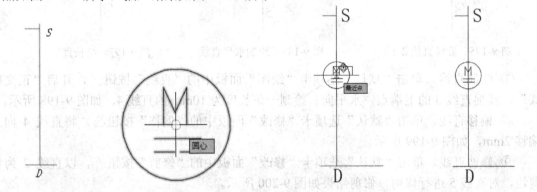

图 9-205　导线 SD　　图 9-206　捕捉移动基点　　图 9-207　捕捉插入点　　图 9-208　插入结果

（2）修剪图形。单击"默认"选项卡"修改"面板中的"修剪"按钮，对图中多余的直线进行修剪，修剪结果如图 9-209 所示。

（3）插入按钮开关。将如图 9-210 所示的按钮开关符号插入如图 9-211 所示的导线上。

图 9-209　修剪图形　　　图 9-210　按钮开关符号　　　图 9-211　导线 XY

（4）旋转图形。单击"默认"选项卡"修改"面板中的"旋转"按钮，开启"对象捕捉"模式，选择按钮开关符号作为旋转对象，捕捉直线 3 的右端点为旋转基点，输入旋转角度为 90°，旋转结果如图 9-212 所示。

（5）移动对象，捕捉直线 3 的上端点作为移动基点，移动到导线 XY 处，捕捉导线 XY 上的端点 X 作为插入点，插入结果如图 9-213 所示。

（6）修剪图形。单击"默认"选项卡"修改"面板中的"修剪"按钮，将导线 XY 上多余的直线修剪掉，修剪结果如图 9-214 所示。

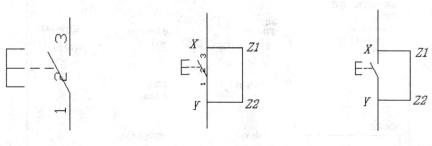

图 9-212　旋转图形　　　图 9-213　平移图形　　　图 9-214　修剪图形

其他实体符号也可以按照上述方法进行插入，在此不再赘述。将所有的元器件符号插入线路结构图中，如图 9-215 所示。

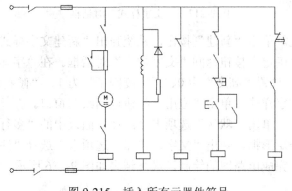

图 9-215　插入所有元器件符号

单击"默认"选项卡"绘图"面板中的"圆"按钮⊙和"图案填充"按钮▨，绘制导线连接点，结果如图 9-216 所示。

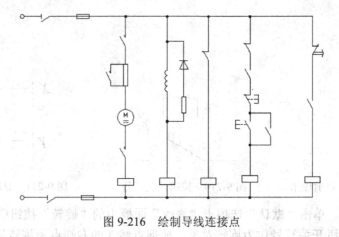

图 9-216　绘制导线连接点

9.4.5　添加文字和注释

（1）单击"默认"选项卡"注释"面板中的"文字样式"按钮A，系统弹出"文字样式"对话框，如图 9-217 所示。

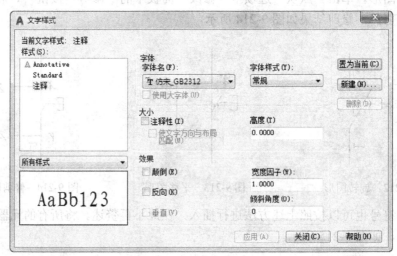

图 9-217　"文字样式"对话框

（2）新建文字样式。单击"新建"按钮，系统弹出"新建文字样式"对话框，输入样式名为"注释"，单击"确定"按钮返回"文字样式"对话框。在"字体名"下拉列表中选择"仿宋_GB2312"选项，设置"高度"为 0、"宽度因子"为 1、"倾斜角度"为 0°，将"注释"样式设置为当前文字样式，单击"应用"按钮返回绘图窗口。

（3）添加注释文字。单击"默认"选项卡"注释"面板中的"多行文字"按钮A，在需要注释的位置拖出一个矩形框，弹出"文字编辑器"选项卡。选择"注释"样式，根据需要在图中添加注释文字，完成电路图的绘制，最终结果如图 9-186 所示。

Chapter 10

通信电气设计

通信工程图是一类比较特殊的电气图，和传统的电气图不同，是最近发展起来的一类电气图，主要应用于通信领域。本章将介绍通信系统的相关基础知识，并通过几个通信工程的实例来学习绘制通信工程图的一般方法。

10.1 通信工程图简介

通信就是信息的传递与交流。通信系统是传递信息所需要的一切技术设备和传输媒介，其过程如图 10-1 所示。通信工程主要分为移动通信和固定通信，但无论是移动通信还是固定通信，它们在通信原理上都是相同的。通信的核心是交换机，在通信过程中，数据通过传输设备传输到交换机上，在交换机上进行交换，选择目的地。这就是通信的基本过程。

图 10-1 通信过程

通信系统工作流程如图 10-2 所示。

图 10-2 通信系统工作流程

10.2 程控交换机系统图

本例绘制的程控交换机系统图如图 10-3 所示。随着通信网和综合业务数字网（ISDN）的快速发展，用户对通信提出了更高的要求。

而作为这一领域有代表性的程控交换机,对其的了解尤为重要。本节将通过介绍如图 10-3 所示的 HJC-SDS 数字程控用户交换机系统图的绘制方法,帮助读者对这种交换机进行了解。

主要的电路板介绍:

ATI——话务台控制电路板　　　　DLC——数字式用户电路
MEM——存储器电路板　　　　　DTD——拨号音检测器
LLC——远距离用户板　　　　　　DIT——直入拨号中继
LDT——环路拨号中继　　　　　　ODT——4 线 E 和 M 中继
EMT——2 线 E 和 M 中继

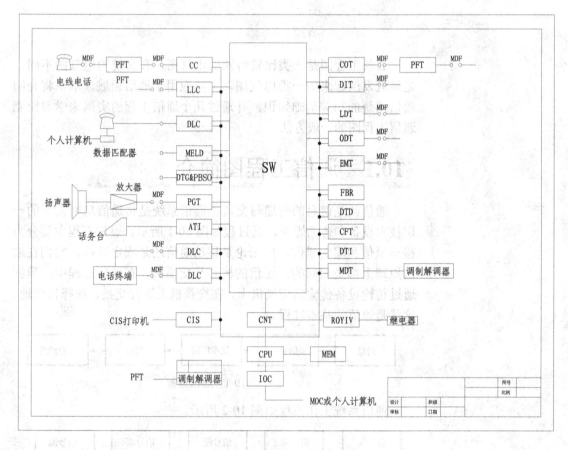

图 10-3　程控交换机系统图

10.2.1　设置绘图环境

(1)新建文件。启动 AutoCAD 2018 应用程序,单击"快速访问"工具栏中的"新建"按钮，系统弹出"选择样板"对话框。在该对话框中选择所需的样板,单击"打开"按钮添加图形样板,其中图形样板左下端点的坐标为(0,0)。本例选用 A3 图形样板。

(2)设置图层。单击"默认"选项卡"图层"面板中的"图层特性"按钮，弹出"图层特性管理器"对话框,新建图层并设置参数,如图 10-4 所示。

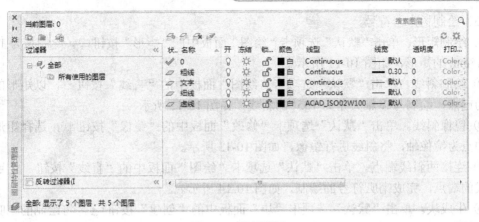

图 10-4　设置图层

10.2.2　绘制元件

（1）绘制话务台符号。

① 绘制矩形。单击"默认"选项卡"绘图"面板中的"矩形"按钮▭，绘制一个长为 50mm、宽为 35mm 的矩形，如图 10-5 所示。

② 绘制斜线。单击"默认"选项卡"绘图"面板中的"直线"按钮╱，关闭"正交模式"，绘制一条斜线，如图 10-6 所示。

③ 修剪矩形。单击"默认"选项卡"修改"面板中的"修剪"按钮，以斜线为剪切线，对矩形进行修剪，修剪效果如图 10-7 所示。

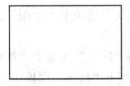
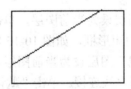
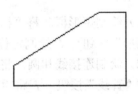

图 10-5　绘制矩形 1　　　　图 10-6　绘制斜线 1　　　　图 10-7　修剪矩形

（2）绘制放大器符号。

① 绘制矩形。单击"默认"选项卡"绘图"面板中的"矩形"按钮▭，绘制一个长为 60mm、宽为 30mm 的矩形，如图 10-8 所示。

② 绘制斜线。单击"默认"选项卡"绘图"面板中的"直线"按钮╱，捕捉矩形的角点和短边的中点绘制斜线，如图 10-9 所示。

③ 镜像图形。单击"默认"选项卡"修改"面板中的"镜像"按钮，以绘制的斜线为镜像对象，捕捉矩形宽边的中点为镜像轴，镜像效果如图 10-10 所示。

④ 生成块。单击"默认"选项卡"块"面板中的"创建"按钮，将以上绘制的芯片放大器符号生成块并保存，以方便后面绘制数字电路系统时调用。

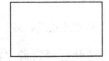
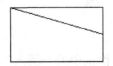
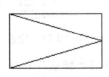

图 10-8　绘制矩形 2　　　　图 10-9　绘制斜线 2　　　　图 10-10　镜像效果

(3) 绘制杨声器符号。

① 绘制矩形。单击"默认"选项卡"绘图"面板中的"矩形"按钮 ▭，绘制长为 18mm、宽为 45mm 的矩形，如图 10-11 所示。

② 绘制斜线。单击"默认"选项卡"绘图"面板中的"直线"按钮 ╱，以矩形的左上角点为起点，绘制与 X 轴夹角为 135°的斜线，如图 10-12 所示。

③ 镜像斜线。单击"默认"选项卡"修改"面板中的"镜像"按钮 ⚐，选择矩形两宽边的中点为镜像轴，将斜线进行镜像，如图 10-13 所示。

④ 连接两斜线端点。单击"默认"选项卡"绘图"面板中的"直线"按钮 ╱，连接两条斜线的端点，完成喇叭符号的绘制，如图 10-14 所示。

⑤ 生成块。单击"默认"选项卡"块"面板中的"创建"按钮 ▭，将绘制的喇叭符号生成块并保存，以方便后面绘制数字电路系统时调用。

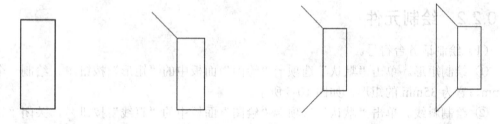

图 10-11　绘制矩形 3　　　图 10-12　绘制斜线 3　　　图 10-13　镜像斜线　　　图 10-14　喇叭符号

10.2.3　绘制 HJC-SDS 系统框图

（1）绘制矩形框。将"粗线"图层设为当前图层，单击"默认"选项卡"绘图"面板中的"矩形"按钮 ▭，绘制定位设备的矩形框，如图 10-15 所示。

（2）绘制连接线和圆。将"细线"图层设为当前图层，单击"默认"选项卡"绘图"面板中的"直线"按钮 ╱，将矩形框用直线连接。单击"默认"选项卡"绘图"面板中的"圆"按钮 ⊙，在直线的端点处绘制圆，如图 10-16 所示。

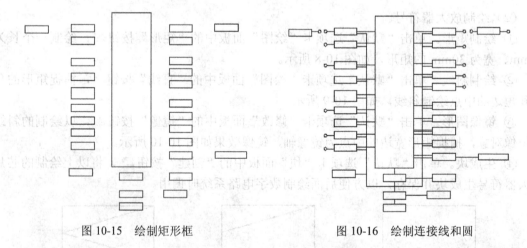

图 10-15　绘制矩形框　　　　　　　图 10-16　绘制连接线和圆

（3）单击"默认"选项卡"块"面板中的"插入"按钮 ▭，打开配套资源"源文件\第 10 章\程控交换机系统图"文件夹中的"话务台、放大器和扬声器等外围设备.dwg"文件，将图块插入当前图形中。单击"默认"选项卡"绘图"面板中的"直线"按钮，将各个元器件连接，如图 10-17 所示。

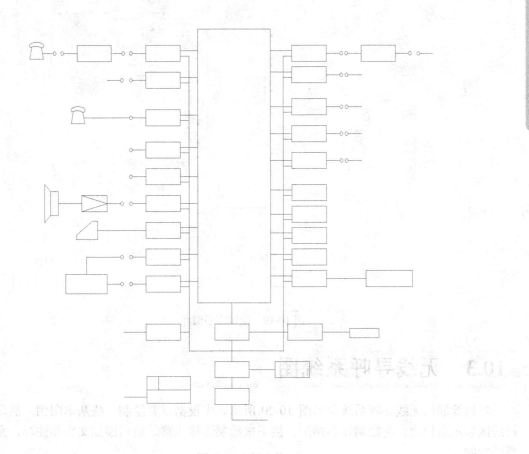

图 10-17　插入块

（4）绘制圆环。单击"默认"选项卡"绘图"面板中的"圆环"按钮，设置圆环的内径为 5mm、外径为 10mm，如图 10-18 示。

图 10-18　绘制圆环

如果要绘制实心圆环，只要将圆环内径设为 0，再设置适当的外径即可。在连接线的交点处绘制实心圆环，图形显示如图 10-19 所示。

（5）标注文字。

将"文字"图层设为当前图层，单击"默认"选项卡"注释"面板中的"多行文字"按钮A，设置字体为"宋体"、字号为"7"号，在图形中添加注释文字，完成 HJC-SDS 数字程控交换机系统图的绘制。

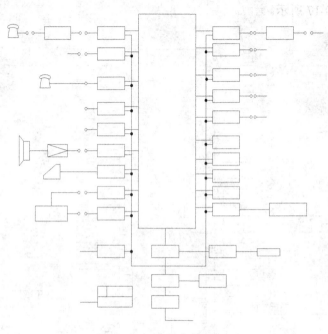

图 10-19　绘制实心圆环

10.3　无线寻呼系统图

本例绘制的无线寻呼系统图如图 10-20 所示。先根据需要绘制一些基本图例，然后绘制机房区域示意模块，再绘制设备图形，接下来绘制连接线路，最后添加文字和注释，完成图形的绘制。

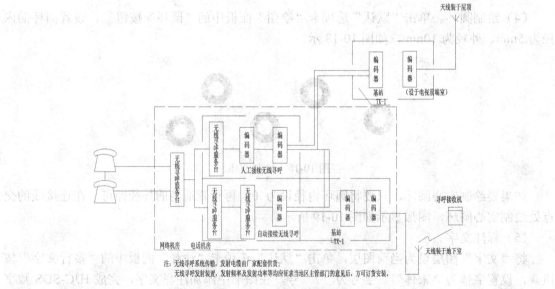

图 10-20　无线寻呼系统图

通信电气设计

10.3.1 设置绘图环境

（1）新建文件。启动 AutoCAD 2018 应用程序，单击"快速访问"工具栏中的"新建"按钮，以"无样板打开-公制"创建一个新的文件，将新文件命名为"无线寻呼系统图.dwg"并保存。

（2）设置图层。单击"默认"选项卡"图层"面板中的"图层特性"按钮，在弹出的"图层特性管理器"对话框中新建图层，各图层的颜色、线型、线宽等设置如图 10-21 所示。将"虚线"图层设置为当前图层。

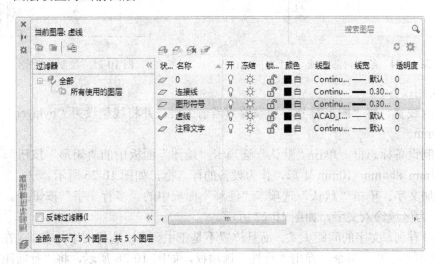

图 10-21　设置图层

10.3.2 绘制电气元件

（1）绘制机房区域模块。

① 绘制矩形。单击"默认"选项卡"绘图"面板中的"矩形"按钮，绘制一个长度为 70mm、宽度为 40mm 的矩形，并将线型比例设置为 0.3，如图 10-22 所示。

② 分解矩形。单击"默认"选项卡"修改"面板中的"分解"按钮，将矩形分解。

③ 分隔区域。单击"默认"选项卡"绘图"面板中的"定数等分"按钮，将底边 5 等分，用辅助线分隔，如图 10-23 所示。

图 10-22　绘制矩形

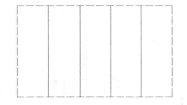
图 10-23　分隔区域

④ 绘制内部区域。单击"默认"选项卡"绘图"面板中的"矩形"按钮，绘制两个矩形，删除辅助线，如图 10-24 所示。

⑤ 绘制前端室。单击"默认"选项卡"绘图"面板中的"矩形"按钮，在大矩形的

右上角绘制一个长度为 20mm、宽度为 15mm 的小矩形，作为前端室的模块区域，如图 10-25 所示。

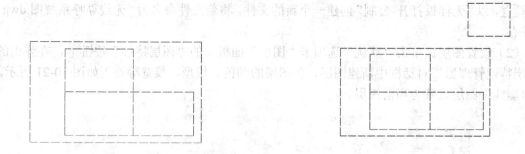

图 10-24　绘制内部区域　　　　　　图 10-25　绘制前端室

（2）绘制设备。

① 修改线宽。将"图形符号"层设置为当前图层，并将线型设为"bylayer"，并将线宽设为 0.5mm。

② 绘制设备标志框。单击"默认"选项卡"绘图"面板中的"矩形"按钮▭，分别绘制 4mm×15mm 和 4mm×10mm 矩形，作为设备的标志框，如图 10-26 所示。

③ 添加文字。单击"默认"选项卡"注释"面板中的"多行文字"按钮 A，以刚刚绘制的标志框为区域输入文字，如图 10-27 所示。

④ 可以看到，文字的间距太大，而且位置不是正中。可以选择文字并右击，在弹出的快捷菜单中单击"特性"命令，弹出"特性"选项板，如图 10-28 所示，将"行间距"设置为 1.8，将文字的位置设置为"正中"，修改后的效果如图 10-29 所示。

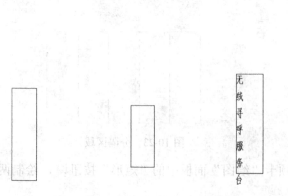

图 10-26　绘制设备标志框　　　图 10-27　输入文字　　　图 10-28　"特性"选项板

⑤ 单击"默认"选项卡"修改"面板中的"复制"按钮,将绘制的图形复制移动到相应的机房区域内,结果如图 10-30 所示。

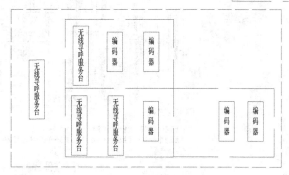

图 10-29 修改后的效果　　　　　　　　图 10-30 插入设备标签

⑥ 插入图块。将"电话"图块插入图形左侧适当位置,按照同样的方法将"天线"和"寻呼接收机"图块插入图形右侧适当位置,如图 10-31 所示。

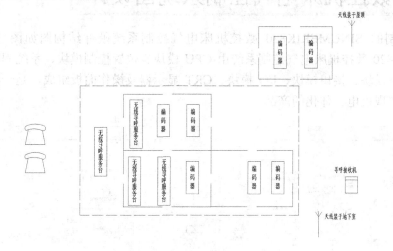

图 10-31 插入其他块

10.3.3 绘制连接线

将图层转换为"连接线"层,单击"默认"选项卡"绘图"面板中的"直线"按钮,绘制设备之间的线路,"电话"模块之间的线路用虚线进行连接,如图 10-32 所示。

（1）创建文字样式。将"注释文字"层设置为当前图层,单击"默认"选项卡"注释"面板中的"文字样式"按钮,系统弹出"文字样式"对话框,创建一个名为"标注"的文字样式。设置"字体名"为"仿宋 GB_2312","字体样式"为"常规","宽度因子"为 0.7。

（2）添加注释文字。单击"默认"选项卡"注释"面板中的"多行文字"按钮,在图形中添加注释文字,完成无线寻呼系统的绘制。

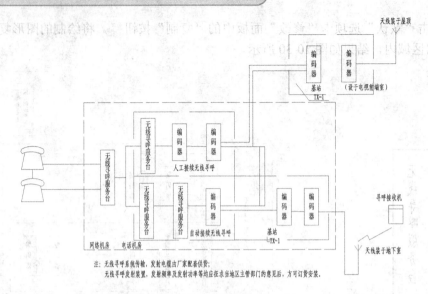

图 10-32 绘制线路

10.4 数控机床电气控制系统图设计

本例绘制的 SINUMERIK820 数控机床电气控制系统硬件结构图如图 10-33 所示。SINUMERIK820 数控机床电气控制系统由 CPU 模块、位置控制模块、系统程序存储模块、文字图形处理模块、接口模块、I/O 模块、CRT 显示器及操作面板组成，是一种结构紧凑、经济、易于实现机电一体化的产品。

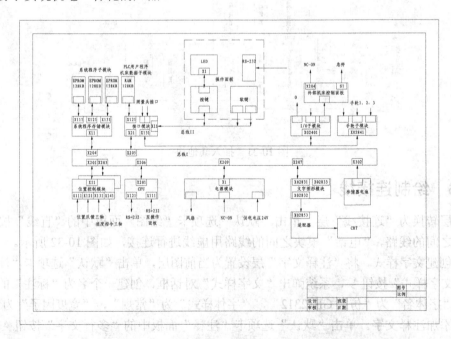

图 10-33 SINUMERIK820 数控机床电气控制系统硬件结构图

通信电气设计

10.4.1 配置绘图环境

（1）新建文件。启动 AutoCAD 2018 应用程序，以"A4 样板图.dwt"样板文件为模板，新建文件。

（2）保存文件。将新文件命名为"SINUMERIK820 数控机床电气控制系统图.dwg"，设置保存路径并保存。

（3）新建图层。为了方便图层的管理和操作，新建"系统层"、"模块层"和"标注层"3 个图层，各图层的属性设置如图 10-34 所示。

图 10-34 新建图层

10.4.2 模块绘制

在该类控制图中，各个功能模块通常以矩形代替，同类的模块大小相同，各个模块按逻辑功能布局。在布局模块的过程中，可重复调用"矩形"命令绘制各类模块，再调用"复制"命令复制生成同类模块，避免多次绘制矩形。

（1）绘制矩形。

将"模块层"设为当前图层。单击"默认"选项卡"绘图"面板中的"矩形"按钮▭，绘制各类模块，如图 10-35 所示（注：其中的虚线矩形框属于"虚线层"。）。

（2）复制和镜像矩形。

单击"默认"选项卡"修改"面板中的"复制"按钮%和"镜像"按钮⚠，完成模块的绘制，效果如图 10-36 所示。

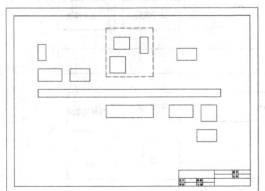

图 10-35 绘制矩形

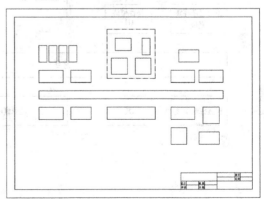

图 10-36 复制和镜像矩形

297

其中各个模块的大小见下表。

名 称	规 格
EPROM 模块	20*40
RAM 模块	20*40
LED 模块	40*30
RS-232 模块	20*40
外部机床控制面板	50*30
系统程序存储模块	60*30
接口模块	50*30
按键	40*40
软键	40*40
I/O 子模块	60*30
手轮子模块	60*30
总线	460*20
位置控制模块	60*30
CPU	50*30
电源模块	120*30
文字图形模块	60*30
存储器电池	40*40
适配器	40*40
CRT	50*30

（3）注释模块。

将"标注层"设为当前图层，单击"默认"选项卡"注释"面板中的"多行文字"按钮 A，为各个模块添加注释文字，字体设置为"仿宋_GB2312"，字号为 5 号，为模块添加文字注释后的效果如图 10-37 所示。

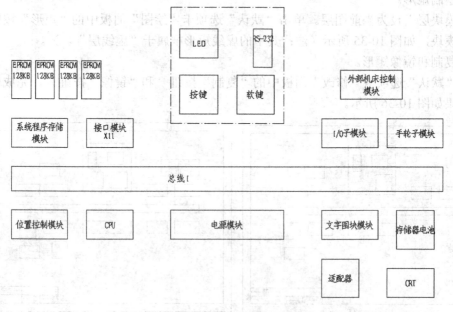

图 10-37　添加模块注释

(4)绘制模块接口。

将"模块层"设为当前图层,单击"默认"选项卡"绘图"面板中的"矩形"按钮▭,根据各个模块绘制模块接口,绘制后的效果如图10-38所示。

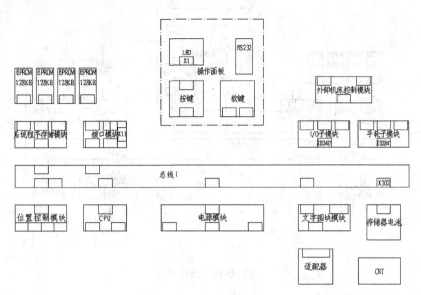

图 10-38　绘制模块接口

(5)注释模块接口。

将"标注层"设为当前图层,单击"默认"选项卡"注释"面板中的"多行文字"按钮 A ,字体设置为"仿宋_GB2312",字号为 5 号,为各个模块接口添加注释,添加注释后的效果如图10-39所示。

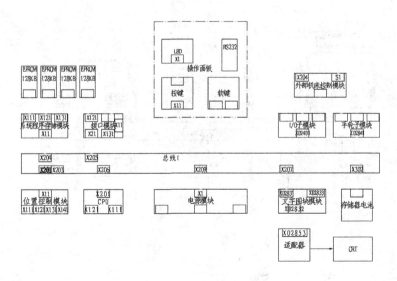

图 10-39　添加接口注释

(6)连接模块。

选择"连接层"为当前操作层,单击"默认"选项卡"绘图"面板中的"多段线"按钮,绘制箭头，从模块接口引出指向模块接口，按逻辑关系连接各个模块，连接后的效果如图10-40所示。

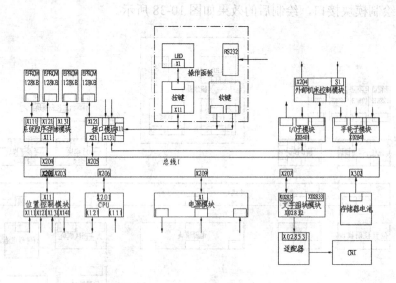

图 10-40　连接模块

（7）添加注释文字。

将"标注层"设为当前图层，单击"默认"选项卡"注释"面板中的"多行文字"按钮 A，字体设置为"仿宋_GB2312"，字号为 5 号，为控制系统图添加其他注释文字，以便于图纸的阅读，添加注释后的效果如图 10-41 所示，完成图纸的绘制。

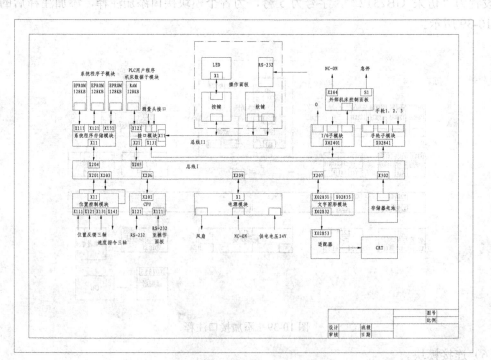

图 10-41　添加注释文字

Chapter 11 建筑电气设计

电气设施是建筑中必不可少的一部分，无论现代工业生产还是人们的日常生活，都与电器设备息息相关。因此，建筑电气工程图就变得极为重要。本章主要以办公楼为例讲述建筑电气平面图、配电平面图、低压配电干线系统图和照明系统图的绘制。

11.1 建筑电气工程图简介

建筑系统电气图是电气工程的重要图纸，是建筑工程的重要组成部分。它提供了建筑内电气设备的安装位置、安装接线、安装方法及设备的有关参数。根据建筑物的功能不同，电气图也不相同。主要包括建筑电气安装平面图、电梯控制系统电气图、照明系统电气图、中央空调控制系统电气图、消防安全系统电气图、防盗保安系统电气图，以及建筑物的通信、电视系统、防雷接地系统的电气平面图等。

建筑电气工程图是应用非常广泛的电气图之一。建筑电气工程图可以表明建筑电气工程的构成规模和功能，详细描述电气装置的工作原理，提供安装技术数据和使用维护方法。随着建筑物的规模和要求不同，建筑电气工程图的种类和图纸数量也是不同，常用的建筑电气工程图主要有以下几类。

1. 说明性文件

（1）图纸目录：内容有序号、图纸名称、图纸编号、图纸张数等。

（2）设计说明（施工说明）：主要阐述电气工程设计依据、工程的要求和施工原则、建筑特点、电气安装标准、安装方法、工程等级、工艺要求及有关设计的补充说明等。

(3) 图例：即图形符号和文字代号，通常只列出本套图纸中涉及到的一些图形符号和文字代号所代表的意义。

(4) 设备材料明细表（零件表）：列出该项电气工程所需要的设备和材料的名称、型号、规格和数量，供设计概算、施工预算及设备订货时参考。

2．系统图

系统图是表现电气工程的供电方式、电力输送、分配、控制和设备运行情况的图纸。从系统图中可以粗略地看出工程的概貌。系统图可以反映不同级别的电气信息，如变配电系统图、动力系统图、照明系统图、弱电系统图等。

3．平面图

电气平面图是表示电气设备、装置与线路平面布置的图纸，是进行电气安装的主要依据。电气平面图是以建筑平面图为依据，在图上绘出电气设备、装置及线路的安装位置，敷设方法等。常用的电气平面图有变配电所平面图、室外供电线路平面图、动力平面图、照明平面图、防雷平面图、接地平面图、弱电平面图等。

4．布置图

布置图是表现各种电气设备和器件的平面与空间的位置、安装方式及其相互关系的图纸。通常由平面图、立面图、剖面图及各种构件详图等组成。一般来说，设备布置图是按三视图原理绘制的。

5．接线图

安装接线图在现场常被称为安装配线图，主要是用来表示电气设备、电器元件和线路的安装位置、配线方式、接线方法、配线场所特征的图纸。

6．电路图

现场常称作电气原理图，主要是用来表现某一电气设备或系统的工作原理的图纸，它是按照各个部分的动作原理图采用分开表示法展开绘制的。通过对电路图的分析，可以清楚地看出整个系统的动作顺序。电路图可以用来指导电气设备和器件的安装、接线、调试、使用与维修。

7．详图

详图是表现电气工程中设备的某一部分的具体安装要求和做法的图纸。

11.2 实验室照明平面图

本例绘制实验室照明平面图，如图 11-1 所示。此图的绘制思路为：先绘制轴线和墙线，然后绘制门洞和窗洞，即可完成电气图所需建筑图的绘制，再在建筑图的基础上绘制电路图，其中包括灯具、开关、插座等电器元件，每类元件分别安装在不同的场所。

建筑电气设计

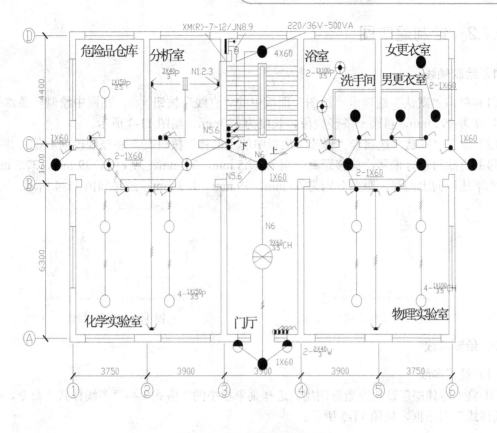

图 11-1　实验室照明平面图

11.2.1　设置绘图环境

（1）建立新文件。打开 AutoCAD 2018 应用程序，单击"快速访问"工具栏中的"新建"按钮，以"无样板打开-公制"建立新文件，将新文件命名为"实验室照明平面图.dwg"并保存。

（2）设置图层。一共设置以下图层："轴线层""墙体层""元件符号层""文字说明层""尺寸标注层""标号层"和"连线层"等。设置好的各图层属性如图 11-2 所示。

图 11-2　图层设置

303

11.2.2 绘制建筑图

1. 绘制轴线

（1）单击"默认"选项卡"绘图"面板中的"直线"按钮，在图中绘制一条水平线段，长度为 192 mm，再画一条竖线段，长度为 123mm，如图 11-3 所示。

（2）单击"默认"选项卡"修改"面板中的"偏移"按钮，将竖线段向右偏移并半每次偏移的直线再进行偏移，偏移距离分别为 37.5 mm、39 mm、39 mm、39 mm、37.5 mm。再将水平线段向上偏移，距离分别为 63 mm、79 mm、123 mm，结果如图 11-4 所示。

图 11-3　绘制直线　　　　　　图 11-4　偏移轴线

2. 绘制墙线

（1）设置多线。

① 将"墙体层"设置为当前图层。选择菜单栏中的"格式"→"多线样式"命令，弹出"多线样式"对话框，如图 11-5 所示。

图 11-5　"多线样式"对话框

② 在多线样式对话框中，可以看到样式栏中只有系统自带的 STANDARD 样式，单击右侧的"新建"按钮，弹出"创建新的多线样式"对话框，如图 11-6 所示。在新样式名的空白文本框中输入 240。单击"继续"按钮，打开如图 11-7 所示的对话框。

③ 单击"新建"继续设置多线，分别命名为"WALL_1""WALL_2"，参数设置如图 11-8 所示。

图 11-6 "创建新的多线样式"对话框　　　图 11-7 "新建多线样式：240"对话框

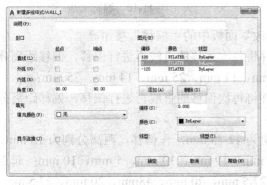

图 11-8 多线样式的设置

（2）绘制墙线。

① 选择菜单栏中的"绘图"→"多线"命令，进行设置及绘图。命令行中的提示与操作如下。

```
命令: mline
当前设置：对正 = 上，比例 = 20.00，样式 = STANDARD
指定起点或 [对正(J)/比例(S)/样式(ST)]: st✓（设置多线样式）
输入多线样式名或 [?]: 240✓（多线样式为240）
当前设置：对正 = 上，比例 = 20.00，样式 = 240
指定起点或 [对正(J)/比例(S)/样式(ST)]: j✓
输入对正类型 [上(T)/无(Z)/下(B)] <上>: z✓（设置对中模式为无）
当前设置：对正 = 无，比例 = 20.00，样式 = 240
指定起点或 [对正(J)/比例(S)/样式(ST)]: s✓
输入多线比例 <20.00>: 0.0125✓（设置线型比例为0.0125）
当前设置：对正 = 无，比例 = 0.0125，样式 = 240
指定起点或 [对正(J)/比例(S)/样式(ST)]:（选择底端水平轴线左端）
指定下一点:（选择底端水平轴线右端）
指定下一点或 [放弃(U)]:✓
```

继续绘制其他外墙墙线，如图 11-9 所示。

② 单击"默认"选项卡"修改"面板中的"分解"按钮，将步骤 1）中绘制的多线分解。单击"默认"选项卡"绘图"面板中的"直线"按钮，在距离上边框左端点 7.75 mm

处为起点画竖直线段，长度为 3 mm；在距离左边框端点 11 mm 处为起点画水平线段，长度为 3 mm，如图 11-10 所示。

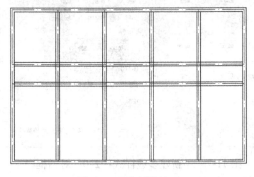

图 11-9 绘制墙线

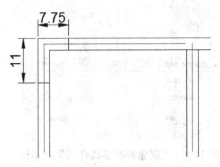

图 11-10 编辑墙线

③ 关闭轴线层。单击"默认"选项卡"修改"面板中的"偏移"按钮。

将步骤 2）画的竖直线段依次向右偏移，并将每次偏移的直线再进行偏移，偏移距离分别为 25 mm、12.25 mm、25 mm、14 mm、25 mm、14 mm、25 mm、14 mm、25 mm；

将步骤 2）画的水平线段依次向下偏移，并将每次偏移的直线再进行偏移，偏移距离分别为 25 mm、12 mm、10 mm、21 mm、25 mm；

参考按上述步骤继续绘制线段：起点偏移量为 12.75 mm，作偏移，距离分别为 15 mm、22.5 mm、15 mm、56 mm、10 mm、5 mm、10 mm、19 mm、10 mm、5 mm、10 mm；起点偏移量为 6 mm，作偏移，距离分别为 20 mm、27.5 mm、20 mm、48 mm、20 mm、27.5 mm、20 mm，结果如图 11-11 所示。

④ 单击"默认"选项卡"修改"面板中的"修剪"按钮，修剪出窗线，如图 11-12 所示。

⑤ 选择菜单栏中的"绘图"→"多线"命令，设置多线样式为 wall_1，绘制多线如图 11-13 所示。

⑥ 选择菜单栏中的"绘图"→"多线"命令，设置多线样式为 wall_2，绘制多线如图 11-14 所示。

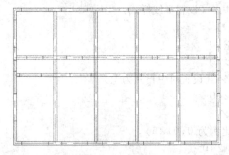

图 11-11 编辑墙线

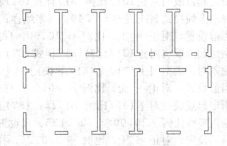

图 11-12 修剪墙线

(3) 绘制楼梯

(1) 绘制矩形。

单击"默认"选项卡"绘图"面板中的"矩形"按钮，以图 11-15 中 A 点为起始点，绘制一个长度为 30 mm、宽度为 4 mm 的矩形。单击"默认"选项卡"修改"面板中的"移动"按钮，将上步绘制的矩形向右移动 16 mm，向下移动 10 mm，结果如图 11-16 所示。

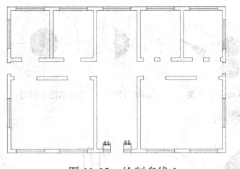
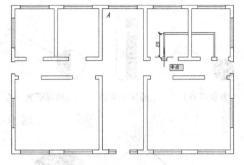

　　图 11-13　绘制多线 1　　　　　　　图 11-14　绘制多线 2

（2）偏移矩形。

单击"默认"选项卡"修改"面板中的"偏移"按钮⊂，将 4 mm×30mm 的矩形向内偏移 1mm，结果如图 11-17 所示。

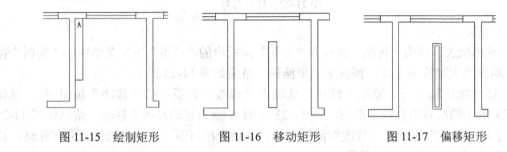

　　图 11-15　绘制矩形　　　　图 11-16　移动矩形　　　　图 11-17　偏移矩形

（3）绘制直线。

单击"默认"选项卡"绘图"面板中的"直线"按钮╱，以 4mm×30mm 矩形的右边中点为起点，水平向右绘制长度为 16 mm 的直线，如图 11-18 所示；单击"默认"选项卡"修改"面板中的"移动"按钮✥，将上一步绘制的线段向上移动 14 mm，如图 11-19 所示。

（4）阵列直线。

单击"默认"选项卡"修改"面板中的"矩形阵列"按钮▦，设置行数为 15，列数为 2，行间距为–2mm，列间距为–20mm，图 11-20 所示为阵列结果。

　　图 11-18　绘制线段　　　　图 11-19　偏移线段　　　　图 11-20　阵列结果

11.2.3　安装各元件符号

（1）打开各元件符号。打开源文件中的各元件符号，如图 11-21 所示，将其复制到已绘制图形中。

（2）打开其他灯具图形符号。打开源文件中的灯具符号，如图 11-22 所示，将其复制到已绘制图形中。

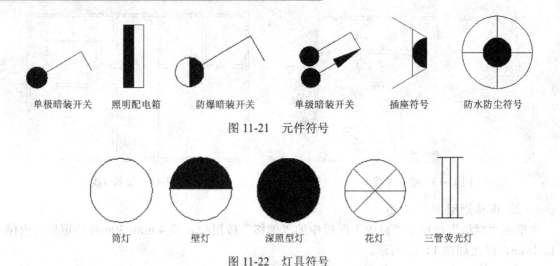

图 11-21 元件符号

图 11-22 灯具符号

（3）安装配电箱。

① 局部放大。单击"视图"选项卡"导航"面板中的"范围"下拉菜单中的"实时"按钮，局部放大墙线中上部，预备下一步操作，结果如图 11-23 所示。

② 移动配电箱符号。单击"默认"选项卡"修改"面板中的"移动"按钮，以如图 11-24 所示的端点为移动基准点，图 11-23 中的 A 点为移动目标点移动，结果如图 11-25 所示。单击"默认"选项卡"修改"面板中的"移动"按钮，把配电箱垂直向下移动，移动距离为 1，结果如图 11-26 所示。

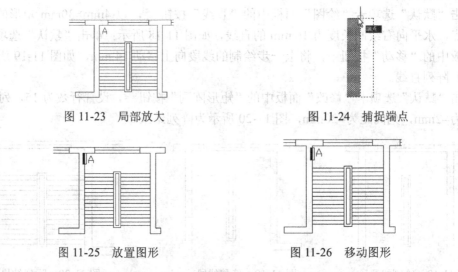

图 11-23 局部放大　　　　　　　图 11-24 捕捉端点

图 11-25 放置图形　　　　　　　图 11-26 移动图形

（4）安装单极暗装拉线开关。单击"默认"选项卡"修改"面板中的"移动"按钮，将单极暗装拉线开关移动到左边下部，如图 11-27 所示。

（5）安装单极暗装开关。

① 移动图形。单击"默认"选项卡"修改"面板中的"移动"按钮，将单极暗装开关向右边墙角移动，结果如图 11-28 所示。

② 复制图形。单击"默认"选项卡"修改"面板中的"复制"按钮，将刚才移动的单极暗装开关向下垂直复制一份，结果如图 11-29 所示。

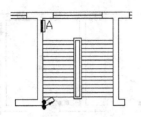
图 11-27 安装单极安装拉线开关

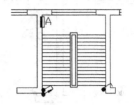
图 11-28 移动开关

③ 绘制直线。单击"默认"选项卡"绘图"面板中的"直线"按钮，绘制如图 11-30 所示的折线。

图 11-29 复制开关

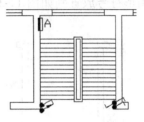
图 11-30 绘制折线

④ 单击"默认"选项卡"修改"面板中的"复制"按钮，将单极暗装开关复制到其他位置，如图 11-31 所示。

（6）安装防爆暗装开关。

① 移动图形。单击"默认"选项卡"修改"面板中的"移动"按钮，将防爆暗装开关放置到危险品仓库、化学实验室门旁边，如图 11-32 所示。

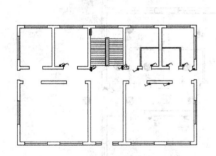
图 11-31 复制暗装单极开关

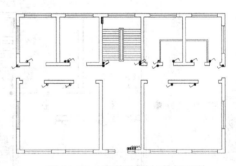
图 11-32 安装防爆与单极开关

② 复制图形。单击"默认"选项卡"修改"面板中的"复制"按钮，将单极暗装开关的轮廓复制 5 份，分别安装在门厅、浴室，结果如图 11-33 所示。

（7）安装灯。

① 局部放大。单击"视图"选项卡"导航"面板中的"范围"下拉菜单中的"窗口"按钮，局部放大墙线左上部，预备下一步操作，结果如图 11-33 所示。

② 复制图形符号。单击"默认"选项卡"修改"面板中的"复制"按钮，将日光灯、防水防尘灯、普通吊灯图形符号放置到如图 11-34 所示的位置上。

③ 局部放大。单击"视图"选项卡"导航"面板中的"范围"下拉菜单中的"窗口"按钮，局部放大墙线左下部，预备下一步操作，结果如图 11-35 所示。

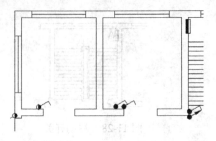
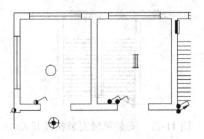

图 11-33　局部放大　　　　　　图 11-34　安装灯

④ 复制图形符号。单击"默认"选项卡"修改"面板中的"复制"按钮 ，将球形灯、壁灯和花灯图形符号放置到如图 11-36 所示的位置上。

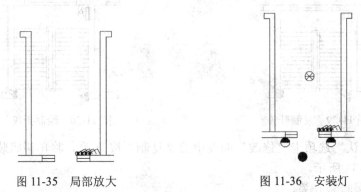

图 11-35　局部放大　　　　　　图 11-36　安装灯

⑤ 复制图形。单击"默认"选项卡"修改"面板中的"复制"按钮 ，将球形灯、日光灯、防水防尘灯、普通吊灯、花灯的图形符号向如图 11-37 所示的位置复制。

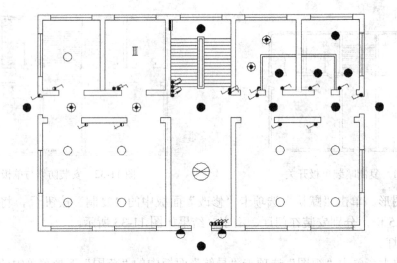

图 11-37　复制灯具符号

（8）安装暗装插座。

① 局部放大。单击"视图"选项卡"导航"面板中的"范围"下拉菜单中的"窗口"按钮 ，局部放大墙线左下部，预备下一步操作，结果如图 11-38 所示。

② 复制插座符号。单击"默认"选项卡"修改"面板中的"旋转"按钮 ，将插座图形符号旋转 90°，单击"默认"选项卡"修改"面板中的"复制"按钮 ，将暗装插座图形

符号放置到如图 11-39 所示的中点位置上，单击"默认"选项卡"修改"面板中的"移动"按钮 ，将插座符号向下移动适当的距离。

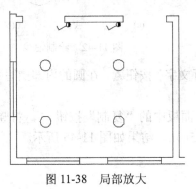
图 11-38　局部放大

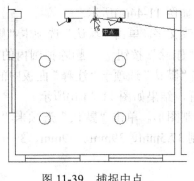
图 11-39　捕捉中点

③ 复制插座符号到其他位置：单击"默认"选项卡"修改"面板中的"复制"按钮 ，将插座图形符号复制到如图 11-40 所示的位置上。

（9）绘制连接线。检查图形，配电箱旁边缺变压器一个，配电室缺开关一个，通过复制和绘制直线补上它们，单击"默认"选项卡"绘图"面板中的"直线"按钮 ，连接各个元器件，并且在一些连接线上绘制平行的斜线，表示它们的相数，结果如图 11-41 所示。

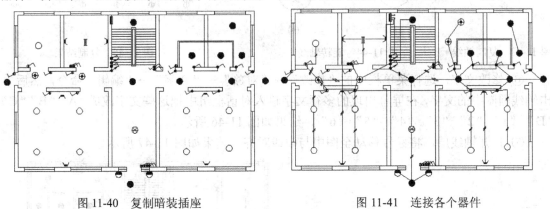

图 11-40　复制暗装插座　　　　　　　　图 11-41　连接各个器件

（10）绘制标号。

① 绘制轴线。

（a）将标号层设置为当前图层，单击"默认"选项卡"绘图"面板中的"圆"按钮 ，在屏幕中适当位置绘制一个半径为 3 的圆。

（b）单击"默认"选项卡"绘图"面板中的"直线"按钮 ，在"对象捕捉"和"正交"绘图方式下，用光标捕捉圆心作为起点，向右绘制长度为 15mm 的直线，结果如图 11-42(a) 所示。

（c）单击"默认"选项卡"修改"面板中的"修剪"按钮 ，以圆为剪切边，对直线进行修剪。

（d）单击"默认"选项卡"注释"面板中的"多行文字"按钮 ，在圆的内部撰写元件符号，调整其位置，如图 11-42(b)所示。

② 复制图形。单击"默认"选项卡"修改"面板中的"复制"按钮 ，将横向轴线依次向上复制 63mm、16mm、44mm，结果如图 11-43 所示。

③ 旋转图形。单击"默认"选项卡"修改"面板中的"旋转"按钮,将横向轴线旋转90°,结果如图11-44(a)所示。

④ 修改文字。单击"默认"选项卡"修改"面板中的"删除"按钮,删除掉圆内的字母"A",单击"默认"选项卡"注释"面板中的"多行文字"按钮A,在圆的内部撰写数字"1",调整其位置,结果如图11-44(b)所示。

⑤ 复制图形。单击"默认"选项卡"修改"面板中的"复制"按钮,将竖向轴线依次向右复制37.5mm、39mm、39mm、39mm、37.5mm,结果如图11-45所示。

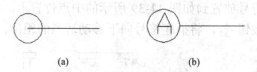

图11-42 绘制轴线

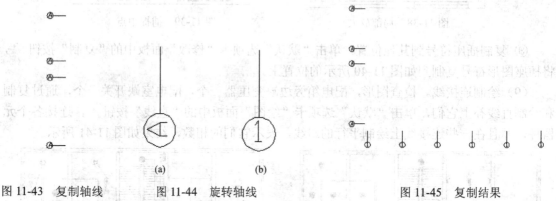

图11-43 复制轴线　　图11-44 旋转轴线　　图11-45 复制结果

⑥ 修改文字。选择菜单栏中的"修改"→"对象"→"文字"→"编辑"命令,然后单击轴线圆圈中的文字,在屏幕出现的多行文字输入对话框组中把这些文字改成"A""B""C""D""1""2""3""4""5""6",结果如图11-46所示。

⑦ 打开轴线层,将标号移动至图中与中线对齐,结果如图11-47所示

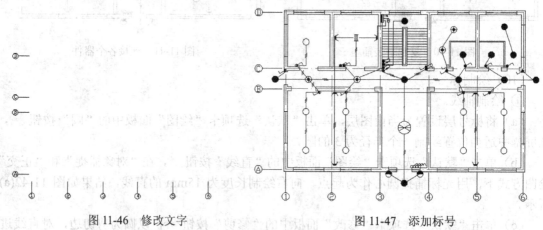

图11-46 修改文字　　　　　　　　图11-47 添加标号

11.2.4 添加文字

(1) 添加文字。将图层设置为"文字说明层",单击"默认"选项卡"注释"面板中的"多行文字"按钮A,书写各个房间的文字代号及元器件符号,结果如图11-48所示。

建筑电气设计

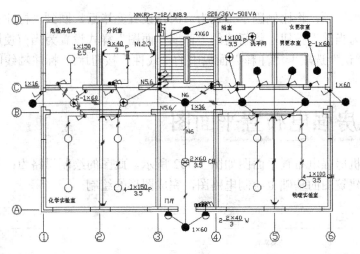

图 11-48 添加文字

(2) 添加标注。

① 单击"默认"选项卡"注释"面板中的"标注样式"按钮，系统弹出"标注样式管理器"对话框，如图 11-49 所示。

② 单击"新建"按钮，系统弹出"创建新标注样式"对话框。在"新样式名"文本框中输入"照明平面图"，基础样式为"ISO-25"，用于"所有标注"，如图 11-50 所示。

③ 单击"继续"按钮，弹出"新建标注样式"对话框，设置符号和箭头选项的属性，如图 11-51 所示。

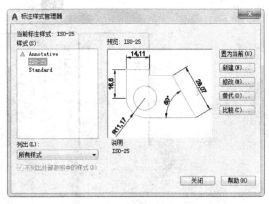

图 11-49 "标注样式管理器"对话框

图 11-50 "创建新标注样式"对话框

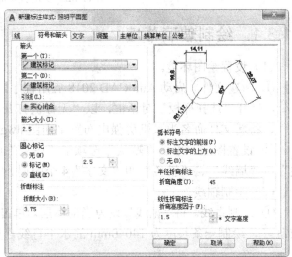

图 11-51 "符号和箭头"选项卡设置

接着设置其他选项，将比例因子设置为 100，设置完毕后，回到"标注样式管理器"对话框，单击"置为当前"按钮，将新建的"照明平面图"样式设置为当前使用的标注样式。

④ 单击"默认"选项卡"注释"面板中的"线性"按钮，标注轴线间的尺寸，结果如图 11-1 所示。

11.3　机房强电布置平面图

本例绘制的机房强电布置平面图如图 11-52 所示。此图的绘制思路为：首先绘制墙线等建筑图，然后在建筑图的基础上绘制电路图，完成图形的绘制。

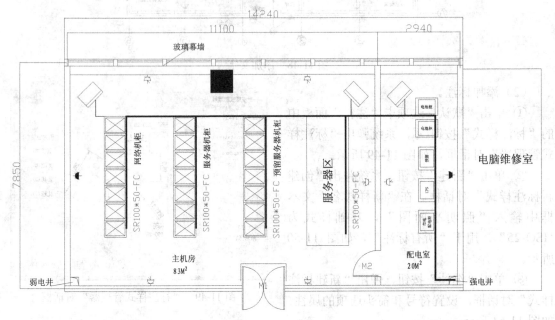

图 11-52　机房强电布置平面图

11.3.1　绘制玻璃幕墙

（1）设置绘图环境。

① 新建文件。启动 AutoCAD 2018 应用程序，单击"快速访问"工具栏中的"新建"按钮，打开"选择样板"对话框，以"无样板打开-公制（M）"方式打开一个新的空白图形文件，将新文件命名为"机房强电布置平面图.dwg"并保存。

② 设置图层。单击"默认"选项卡"图层"面板中的"图层特性"按钮，新建"轴线"、"墙线"、"设备"和"文字"4 个图层。

（2）绘制轴线。

① 绘制直线。将"轴线"设为当前图层。单击"默认"选项卡"绘图"面板中的"直线"按钮，绘制一条长度为 14040mm 的水平直线，如图 11-53 所示。

图 11-53　绘制直线

② 偏移直线。单击"默认"选项卡"修改"面板中的"偏移"按钮，将绘制的直线向下偏移 7850mm，如图 11-54(a)所示。单击"默认"选项卡"绘图"面板中的"直线"按钮，连接两条直线的左端点得到竖直线，如图 11-54(b)所示。单击"默认"选项卡"修改"面板中的"偏移"按钮，将竖直直线分别向右偏移 11100mm 和 14040mm，如图 11-54(c)所示。

图 11-54 偏移直线

（3）绘制墙线。

① 设置多线样式。将"墙线"设为当前图层，单击菜单栏中的"格式"→"多线样式"命令，弹出"多线样式"对话框，如图 11-55 所示。

② 单击"新建"按钮，弹出"创建新的多线样式"对话框，在"新样式名"文本框中输入"wall_F"，作为多线的名称，如图 11-56 所示。单击"继续"按钮，弹出"新建多线样式"对话框，设置对话框中的参数，如图 11-57 所示，单击"确定"按钮返回"多线样式"对话框。将"wall_F"样式设为当前样式。

③ 单击"新建"按钮，继续新建多线样式"wall_B"，参数设置如图 11-58(a)所示；然后新建多线样式"wall_LR"，参数设置如图 11-58(b)所示；再新建多线样式"wall_BOLI"，参数设置如图 11-58(c)所示。

图 11-55 "多线样式"对话框

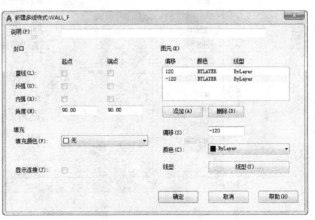

图 11-56 "创建新的多线样式"对话框　　　　图 11-57 "新建多线样式"对话框

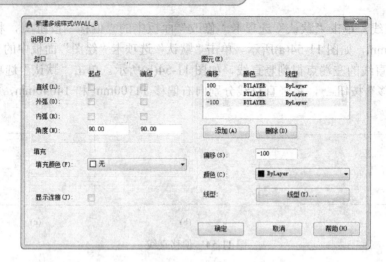

(a)

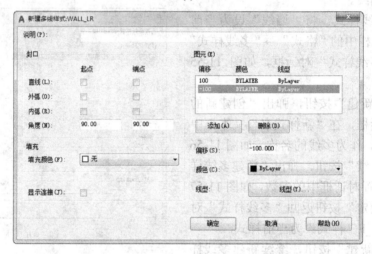

(b)

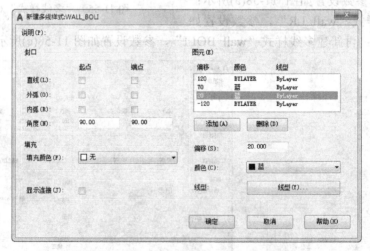

(c)

图 11-58　新建多线样式

④ 绘制多线。单击菜单栏中的"绘图"→"多线"命令，或在命令行输入"mline"，命令行中的提示与操作如下。

```
命令：_mline
当前设置：对正 = 上，比例 = 20.00，样式 = STANDARD
指定起点或 [对正(J)/比例(S)/样式(ST)]: st✓（设置多线样式）
输入多线样式名或 [?]: wall_F✓（设置多线样式为 wall_F）
当前设置：对正 = 上，比例 = 20.00，样式 = WALL_F
指定起点或 [对正(J)/比例(S)/样式(ST)]: j✓
输入对正类型 [上(T)/无(Z)/下(B)] <上>: z✓（设置对正模式为无）
当前设置：对正 = 无，比例 = 20.00，样式 = WALL_F
指定起点或 [对正(J)/比例(S)/样式(ST)]: s✓
输入多线比例 <20.00>: 1✓（设置线型比例为1）
当前设置：对正 = 无，比例 = 1.00，样式 = WALL_F
指定起点或 [对正(J)/比例(S)/样式(ST)]:（选择顶端水平轴线的左端点）
指定下一点：（选择顶端水平轴线的右端点）
指定下一点或 [放弃(U)]:✓
```

绘制的多线如图 11-59(a)所示。

⑤ 绘制其他外墙墙线。设置多线样式为"wall_LR"，绘制多线，效果如图 11-59(b)所示；设置多线样式为"wall_B"，分别以两侧竖直轴线的下端点为起点向内绘制多线，长度均为 6270mm，效果如图 11-59(c)所示。

⑥ 编辑墙线。单击"默认"选项卡"修改"面板中的"分解"按钮，将绘制的图形进行分解；单击"默认"选项卡"修改"面板中的"延伸"按钮和"偏移"按钮，将图形进行修正，效果如图 11-60 所示。

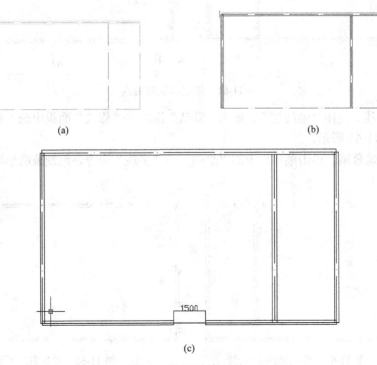

图 11-59　绘制外墙线

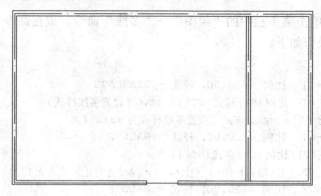

图 11-60　编辑墙线

⑦ 绘制直线。单击"默认"选项卡"绘图"面板中的"直线"按钮，在距离上边框左端点 140mm 处绘制竖直直线，直线长度为 240mm。单击"默认"选项卡"修改"面板中的"偏移"按钮，将刚刚绘制的直线向右偏移，距离分别为 1622.5mm 和 1762.5mm，如图 11-61(a)所示。

⑧ 单击"默认"选项卡"修改"面板中的"复制"按钮，将偏移得到的两条直线向右复制，并将复制后的直线进行复制，复制距离均为 1762.5mm，图 11-61(b)所示。

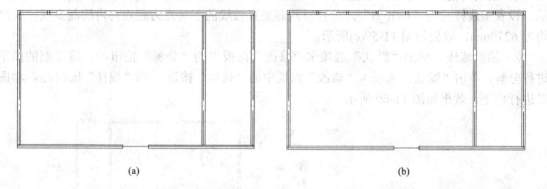

(a)　　　　　　　　　　　　　　　(b)

图 11-61　绘制和复制墙线

⑨ 修剪直线。关闭"轴线层"，单击"默认"选项卡"修改"面板中的"修剪"按钮，修剪结果如图 11-62 所示。

⑩ 绘制玻璃幕墙。单击菜单栏中的"绘图"→"多线"命令，绘制玻璃幕墙，如图 11-63 所示。

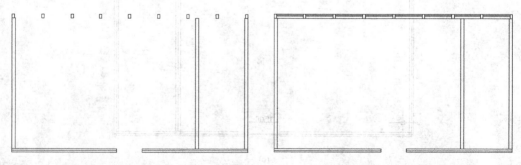

图 11-62　修剪墙线　　　　　　　图 11-63　绘制玻璃幕墙

⑪ 编辑图形。单击"默认"选项卡"修改"面板中的"偏移"按钮 和"修剪"按钮 ，对图形进行编辑，如图 11-64 所示。

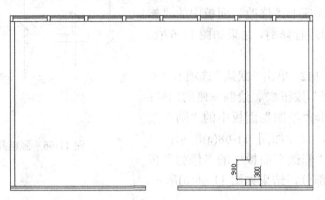

图 11-64　编辑图形

11.3.2　绘制其他图形

① 绘制电脑维修室。单击"默认"选项卡"绘图"面板中的"矩形"按钮 ，在图形右侧绘制一个 2800mm×7700mm 的矩形，矩形的左侧边与玻璃幕墙的右侧重合。

② 绘制矩形并填充。单击"默认"选项卡"绘图"面板中的"直线"按钮 ，绘制一条水平线 1；将当前图层设为"0"层，单击"默认"选项卡"绘图"面板中的"矩形"按钮 ，绘制一个矩形，接着单击"默认"选项卡"绘图"面板中的"图案填充"按钮 ，用"SOLID"图案填充矩形，如图 11-65 所示。

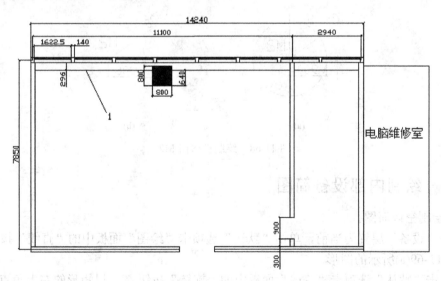

图 11-65　绘制矩形并填充

③ 绘制强电井和弱电井。单击"默认"选项卡"绘图"面板中的"直线"按钮 ，绘制如图 11-66 所示的图形。绘制直线 1 为对称轴，单击"默认"选项卡"修改"面板中的"镜像"按钮 ，镜像出另一侧的强电井图形。绘制完成后将图形加入到主图中的适当位置，主图中左侧为弱电井，右侧为强电井。

④ 绘制机房门 M1。利用"绘图"面板中的基本绘图命令，绘制如图 11-67(a)所示的图形；然后单击"默认"选项卡"修改"面板中的"修剪"按钮，对图形进行修剪，结果如图 11-67(b)所示。

⑤ 绘制机房门 M2。单击"默认"选项卡"绘图"面板中的"矩形"按钮，绘制一侧的门轴；单击"默认"选项卡"绘图"面板中的"圆"按钮，绘制一个圆，尺寸如图 11-68(a)所示；单击"默认"选项卡"修改"面板中的"修剪"按钮，修剪多余的部分，结果如图 11-68(b)所示。

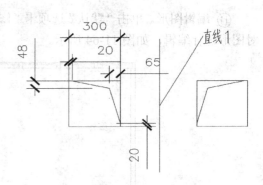

图 11-66　强电井和弱电井图

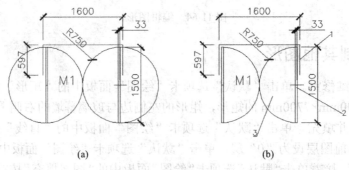

图 11-67　绘制机房门 M1

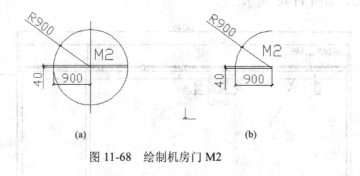

图 11-68　绘制机房门 M2

11.3.3　绘制内部设备简图

（1）绘制空调简图。

① 将"设备"层置为当前，单击"默认"选项卡"绘图"面板中的"直线"按钮，绘制如图 11-69(a)所示的图形。

② 单击"默认"选项卡"修改"面板中的"旋转"按钮，以矩形的左上角点为圆心，顺时针旋转 45°，旋转结果如图 11-69(b)所示。

③ 绘制一条辅助垂线作为镜像的中心线，单击"默认"选项卡"修改"面板中的"镜像"按钮，

镜像一个对称的空调符号，结果如图 11-69(c)所示。

（2）绘制电池柜、市电配电柜和UPS简图。

① 单击"默认"选项卡"绘图"面板中的"矩形"按钮，分别绘制两个尺寸为 800mm×610mm 和 680mm×490mm 的矩形。

② 单击"默认"选项卡"注释"面板中的"多行文字"按钮A，在矩形内添加文字，文字高度为120mm，结果如图11-70所示。

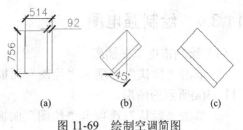

图 11-69　绘制空调简图

（3）绘制机柜简图。

① 单击"默认"选项卡"绘图"面板中的"矩形"按钮，分别绘制尺寸为 800mm×600mm 和 700mm×500mm 的矩形。单击"默认"选项卡"绘图"面板中的"直线"按钮，绘制小矩形的对角线，如图11-71(a)所示。

② 单击"默认"选项卡"修改"面板中的"矩形阵列"按钮，设置行数为7、列数为1、行间距为−600mm，选择上步绘制的图形为阵列对象，阵列结果如图11-71(b)所示。

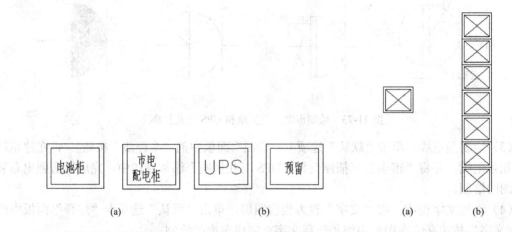

图 11-70　绘制电池柜、市电配电柜、UPS 简图　　　　图 11-71　绘制机柜简图

（4）插入简图。简图绘制完成后，把它们放置到图中的适当位置，即可得到如图 11-72 所示的图形。

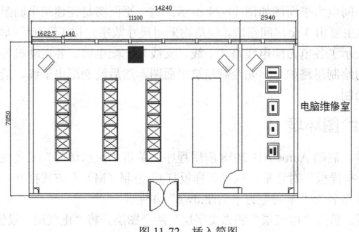

图 11-72　插入简图

11.3.4 绘制强电图

（1）绘制市电二三插座。

① 单击"默认"选项卡"绘图"面板中的"直线"按钮 ╱ 和"圆"按钮 ⊙，绘制如图 11-73(a)所示的图形。

② 单击"默认"选项卡"绘图"面板中的"直线"按钮 ╱，绘制如图 11-73(b)所示的图形。

③ 单击"默认"选项卡"修改"面板中的"修剪"按钮 ⊬，对图形中的曲线进行裁剪，完成市电二三插座的绘制，如图 11-73(c)所示。

（2）绘制 UPS 三孔插座。在如图 11-73(c)所示的基础上，单击"默认"选项卡"绘图"面板中的"图案填充"按钮 ▨，用"SOLID"图案填充半圆；单击"默认"选项卡"修改"面板中的"删除"按钮 ✎，删除多余的斜线，绘制结果如图 11-73(d)所示。

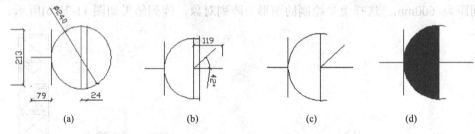

图 11-73　绘制市电二三插座和 UPS 三孔插座

（3）绘制强电线。单击"默认"选项卡"绘图"面板中的"多段线"按钮 ⊃，在建筑图上添加强电线，并将"市电二三插座"和"UPS 三孔插座"添加到图中，完成机房强电布置平面图的绘制。

（4）添加文字说明。将"文字"设为当前图层，单击"默认"选项卡"注释"面板中的"多行文字"按钮 A，在图形中添加注释文字，完成图形的绘制。

11.4　车间电力平面图

本例绘制的车间电力平面图如图 11-74 所示。这一平面图是在建筑平面图的基础上绘制出来的。该建筑物主要由 3 个房间组成，建筑物采用尺寸数字定位（没有绘制出定位轴线）。此图比较详细地表示了各电力配电线路（干线、支线）、配电箱、各电动机等的平面布置及有关内容。本图的绘制思路如下：先绘制建筑平面图，然后绘制配电干线，最后添加注释文字，完成图形的绘制。

11.4.1　设置绘图环境

（1）新建文件。启动 AutoCAD 2018 应用程序，单击"快速访问"工具栏中的"新建"按钮 ▢，打开"选择样板"对话框，以"无样板打开-公制（M）"方式打开一个新的空白图形文件，将新文件命名为"车间电力平面图.dwg"并保存。

（2）设置图层。新建"电气层"和"文字层"两个图层，将"电气层"设置为当前图层，设置各图层的属性，如图 11-75 所示。

建筑电气设计

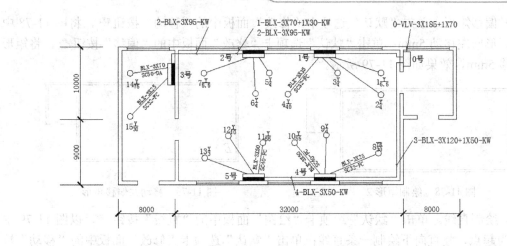

图 11-74 车间电力平面图

图 11-75 图层设置

11.4.2 绘制轴线与墙线

（1）绘制矩形。单击"默认"选项卡"绘图"面板中的"矩形"按钮▭，绘制长度为 400mm、宽度为 190mm 的矩形，效果如图 11-76 所示。

（2）偏移矩形。单击"默认"选项卡"修改"面板中的"偏移"按钮，把矩形向内偏移 5mm，如图 11-77 所示。

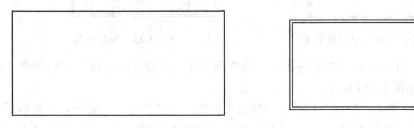

图 11-76 绘制矩形 1　　　　　　　　图 11-77 偏移矩形

（3）绘制矩形。单击"默认"选项卡"绘图"面板中的"矩形"按钮▭，以图 11-77 中的 A 点为起点，绘制长度为 80mm、宽度为 100mm 的矩形，如图 11-78 所示。

(4)偏移矩形。单击"默认"选项卡"修改"面板中的"移动"按钮✥,将图 11-78 中绘制的矩形向左移动 5mm;单击"默认"选项卡"修改"面板中的"偏移"按钮⊂,将矩形向内偏移 5mm,效果如图 11-79 所示。

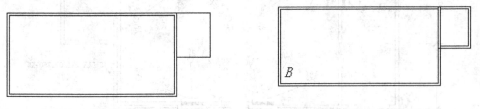

图 11-78　绘制矩形 2　　　　　　　图 11-79　移动并偏移矩形

(5)绘制直线。单击"默认"选项卡"绘图"面板中的"直线"按钮╱,以图 11-79 中的 B 点为起点,竖直向下绘制一条直线;单击"默认"选项卡"修改"面板中的"移动"按钮✥,将绘制的直线向右移动 75mm,如图 11-80 所示。

(6)绘制矩形。单击"默认"选项卡"绘图"面板中的"矩形"按钮▭,以 C 点为起点,绘制长度为 190mm、宽度为 5mm 的矩形;单击"默认"选项卡"修改"面板中的"删除"按钮✎,删除直线,如图 11-81 所示。

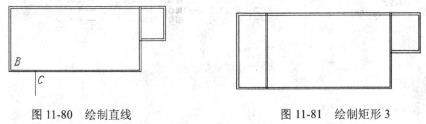

图 11-80　绘制直线　　　　　　　图 11-81　绘制矩形 3

(7)绘制矩形。单击"默认"选项卡"绘图"面板中的"矩形"按钮▭,绘制长度为 30mm、宽度为 20mm 的矩形,如图 11-82 所示。

(8)复制矩形。单击"默认"选项卡"修改"面板中的"复制"按钮%,将刚刚绘制的矩形以其底边中点为基点,以图 11-82 中直线 BD 和直线 NP 的中点为目标点复制图形,效果如图 11-83 所示。

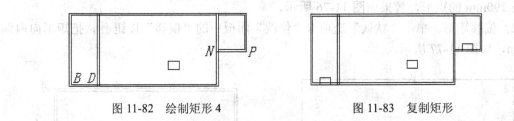

图 11-82　绘制矩形 4　　　　　　　图 11-83　复制矩形

(9)旋转矩形。单击"默认"选项卡"修改"面板中的"旋转"按钮↻,将步骤 7 绘制制矩形旋转 90°,如图 11-84 所示。

(10)移动矩形。单击"默认"选项卡"修改"面板中的"移动"按钮✥,以旋转后矩形左侧边的中点为基点,以图 11-84 中直线 NK 的中点为目标点进行移动,效果如图 11-85 所示。

(11)修剪图形。单击"默认"选项卡"修改"面板中的"修剪"按钮⊱,以 3 个小矩形为修剪边,修剪出门洞;再次单击"默认"选项卡"修改"面板中的"修剪"按钮⊱,修剪掉墙线内的线头,修剪结果如图 11-86 所示。

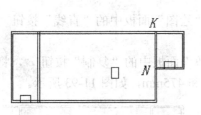 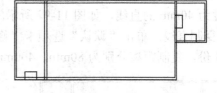

图 11-84　旋转矩形　　　　　　　图 11-85　移动矩形

（12）分解矩形。单击"默认"选项卡"修改"面板中的"分解"按钮，将墙线分解为直线。

（13）绘制矩形及中线。单击"默认"选项卡"绘图"面板中的"矩形"按钮，绘制长度为 60mm、宽度为 5mm 的矩形；单击"默认"选项卡"绘图"面板中的"直线"按钮，连接刚刚绘制的矩形两短边的中点，如图 11-87 所示。

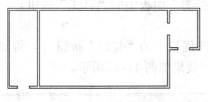 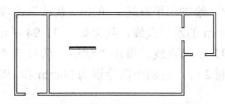

图 11-86　修剪图形　　　　　　　图 11-87　绘制矩形及中线

（14）复制矩形及中线。单击"默认"选项卡"修改"面板中的"复制"按钮，以刚刚绘制矩形的底边中点为基点，以如图 11-88 所示直线的中点为目标点复制矩形及其中线，效果如图 11-89 所示。

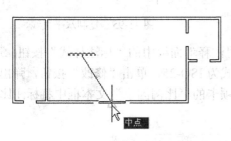 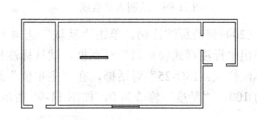

图 11-88　捕捉中点　　　　　　　图 11-89　复制矩形及中线

（15）复制矩形。单击"默认"选项卡"修改"面板中的"复制"按钮，将复制得到的矩形及其中线向左右各复制一份，复制距离均为 100mm，效果如图 11-90 所示。再次单击"默认"选项卡"修改"面板中的"复制"按钮，用相同的方法将 60mm×5mm 矩形及其中线向上复制 5 份；单击"默认"选项卡"修改"面板中的"删除"按钮，删除掉多余的图形，如图 11-91 所示。

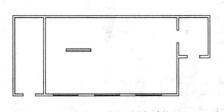 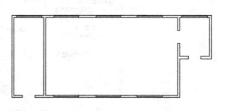

图 11-90　向两侧复制矩形　　　　　图 11-91　向上复制矩形

（16）绘制竖直直线。单击"默认"选项卡"绘图"面板中的"直线"按钮，竖直向下绘制长度为40mm的直线，如图11-92所示。

（17）复制直线。单击"默认"选项卡"修改"面板中的"复制"按钮，将竖直直线向右复制3份，复制距离分别为80mm、400mm和475mm，如图11-93所示。

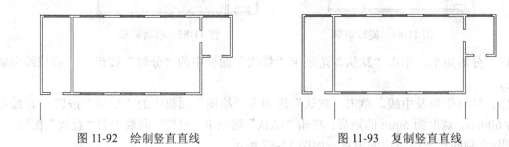

图 11-92　绘制竖直直线　　　　　　图 11-93　复制竖直直线

（18）绘制水平直线。单击"默认"选项卡"绘图"面板中的"直线"按钮，绘制长度为60mm的水平直线，效果如图11-94所示。

（19）复制直线。单击"默认"选项卡"修改"面板中的"复制"按钮，将水平直线向上复制2份，复制距离分别为90mm和190mm，效果如图11-95所示。

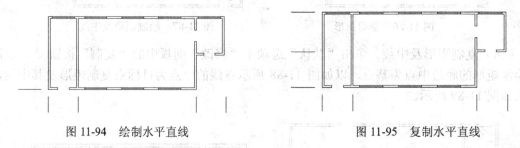

图 11-94　绘制水平直线　　　　　　图 11-95　复制水平直线

（20）修改标注比例。单击"默认"选项卡"注释"面板中的"标注样式"按钮，系统弹出"标注样式管理器"对话框，默认标注样式为ISO-25，单击"修改"按钮，弹出"修改标注样式：ISO-25"对话框，在"主单位"选项卡的"比例因子"文本框中将标注比例修改为100，"精度"修改为0，如图11-96所示。

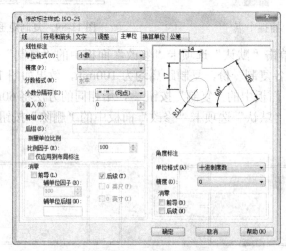

图 11-96　"修改标注样式"对话框

（21）标注尺寸。单击"默认"选项卡"注释"面板中的"线性"按钮，标注轴线之间的距离，效果如图11-97所示。

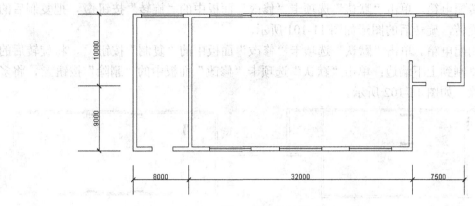

图 11-97　标注尺寸

11.4.3　绘制配电箱

（1）绘制矩形。单击"默认"选项卡"绘图"面板中的"矩形"按钮，绘制一个长度为30mm、宽度为10mm的矩形。

（2）绘制直线。开启"对象捕捉"模式，单击"默认"选项卡"绘图"面板中的"直线"按钮，捕捉矩形宽边的中点，将矩形平分，如图11-98所示。

（3）填充矩形。单击"默认"选项卡"绘图"面板中的"图案填充"按钮，用"SOLID"图案填充图形，完成配电箱的绘制，如图11-99所示。

图 11-98　绘制矩形 6　　　　图 11-99　配电箱

（4）移动配电箱。单击"默认"选项卡"修改"面板中的"移动"按钮，将绘制的配电箱移动到如图11-100所示的位置。

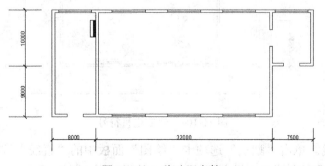

图 11-100　移动配电箱

(5) 复制配电箱。单击"默认"选项卡"修改"面板中的"复制"按钮，将配电箱图形向右复制两份。

(6) 旋转配电箱。单击"默认"选项卡"修改"面板中的"旋转"按钮，把复制后的配电箱进行旋转，旋转后的图形如图 11-101 所示。

(7) 复制配电箱。单击"默认"选项卡"修改"面板中的"复制"按钮，将旋转后的配电箱图形复制到上下墙边；单击"默认"选项卡"修改"面板中的"删除"按钮，将多余的图形删除，如图 11-102 所示。

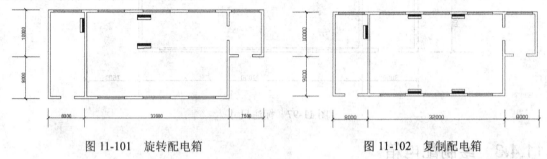

图 11-101　旋转配电箱　　　　　　图 11-102　复制配电箱

(8) 绘制配电柜。单击"默认"选项卡"绘图"面板中的"矩形"按钮，绘制长度为 20mm、宽度为 10mm 的矩形作为配电柜符号。然后单击"默认"选项卡"修改"面板中的"移动"按钮，将矩形移动到如图 11-103 所示的位置。

图 11-103　安装配电柜

(9) 绘制电机。单击"默认"选项卡"绘图"面板中的"圆"按钮，绘制半径为 4mm 的圆作为电机符号，如图 11-104 所示。

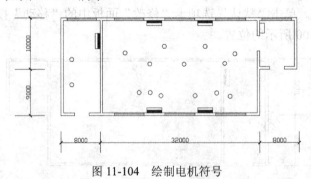

图 11-104　绘制电机符号

(10) 绘制连线。单击"默认"选项卡"绘图"面板中的"直线"按钮，绘制配电柜与配电箱之间，以及配电箱与电机之间的连线，效果如图 11-105 所示。

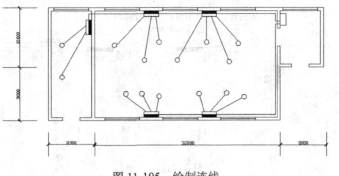

图 11-105 绘制连线

11.4.4 添加注释文字

（1）添加配电箱与配电柜编号。将"文字层"设为当前图层，单击"默认"选项卡"注释"面板中的"多行文字"按钮 A，添加配电箱和配电柜的编号，如图 11-106 所示。

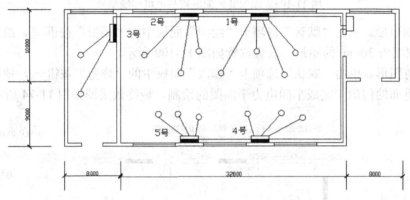

图 11-106 添加配电箱与配电柜编号

（2）添加电机编号。单击"默认"选项卡"注释"面板中的"多行文字"按钮 A，添加各个电机的编号，效果如图 11-107 所示。

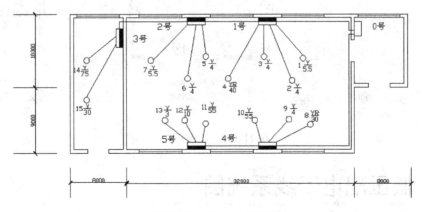

图 11-107 添加电机编号

（3）添加其他配电箱与电机连线型号。单击"默认"选项卡"注释"面板中的"多行文字"按钮 A，按照同样的方法，添加其他配电箱与电机连线的型号，如图 11-108 所示。

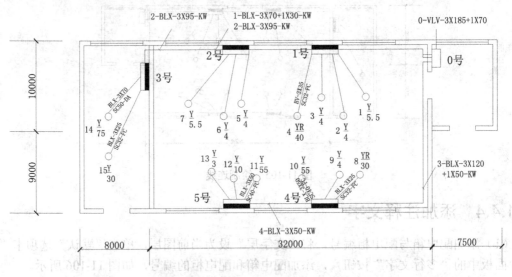

图 11-108　添加其他配电箱与电机连线型号

（4）绘制矩形。单击"默认"选项卡"绘图"面板中的"矩形"按钮▭，绘制一个长度为 30mm、宽度为 30mm 的矩形，放置位置如图 11-109 所示。

（5）修剪图形。单击"默认"选项卡"修改"面板中的"修剪"按钮，使用刚刚绘制矩形修剪出里面的门洞，完成车间电力平面图的绘制，最终效果图如图 11-74 所示。

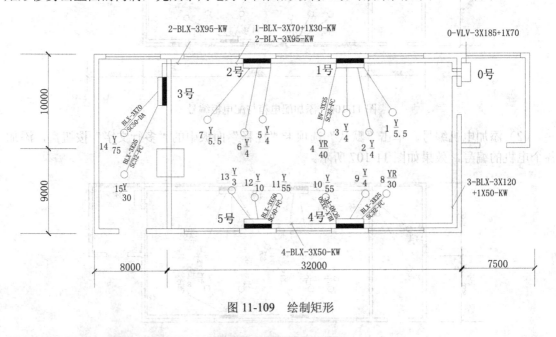

图 11-109　绘制矩形

11.5　低压配电干线系统图

本例绘制的低压配电干线系统图如图 11-110 所示。配电干线系统图具有无尺寸标注、难以对图中的对象进行定位的特点。我们在本例的绘制过程中着重讲述如何将一个图形绘制得美观、整齐。

建筑电气设计

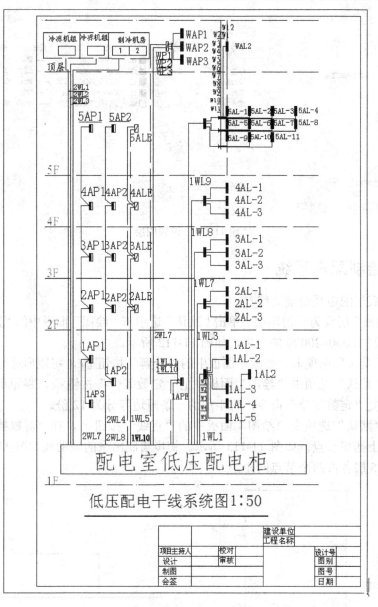

图 11-110 低压配电干线系统图

本实例的制作思路为：先用辅助线定位出各个对象的位置；然后从模块库中调入所需的模块插入图形中；再绘制总线，标注文字说明；最后插入图框和标题栏。

11.5.1 图层的设置

（1）建立新文件。打开 AutoCAD 2018 应用程序，单击"标准"工具栏中的"新建"按钮，弹出"选择样板"对话框，单击"打开"按钮右侧的按钮，以"无样板打开－公制（mm）"方式建立新文件，将新文件命名为"配电干线系统.dwg"并保存。

（2）设置图层。单击"默认"选项卡"图层"面板中的"图层特性"按钮，弹出"图层特性管理器"对话框，新建并设置每一个图层，如图 11-111 所示。

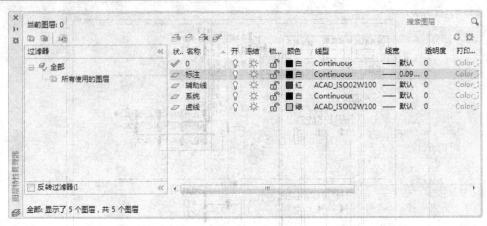

图 11-111　设置图层

11.5.2　绘制配电系统

（1）绘制底层配电系统辅助线。

① 将"虚线"层设为当前图层。单击"默认"选项卡"绘图"面板中的"矩形"按钮 ▢，在适当位置绘制 12000×20000 的矩形，如图 11-112 所示。

② 单击"默认"选项卡"修改"面板中的"分解"按钮，将矩形进行分解。

③ 单击"默认"选项卡"绘图"面板中的"定数等分"按钮，将矩形的一条长边等分为 9 份；重复"定数等分"命令，将矩形的一条短边等分为 12 份。

④ 单击"默认"选项卡"绘图"面板中的"直线"按钮，在"对象捕捉"绘图方式下，在矩形边上捕捉节点，如图 11-113 所示。初步绘制出来的辅助线如图 11-114 所示，其中第 1 层和第 5 层各占两个节点间距。

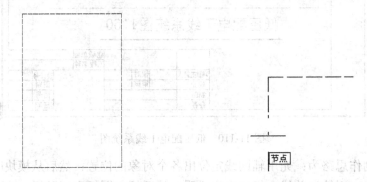

图 11-112　绘制矩形　　　　　　图 11-113　捕捉节点

⑤ 单击"默认"选项卡"绘图"面板中的"直线"按钮，以第 8 根竖直辅助线的端点为起点，在第 1 层间绘制如图 11-115 所示的局部辅助线 1。

⑥ 单击"默认"选项卡"绘图"面板中的"定数等分"按钮，将局部辅助线 1 等分为 7 份。

（2）插入配电模块。

① 单击"默认"选项卡"块"面板中的"插入"按钮，弹出"插入"对话框，单击"浏览"按钮，弹出"选择图形文件"对话框，选择配套资源中的"源文件\第 11 章\照明配

电箱"图块插入。单击"默认"选项卡"修改"面板中的"分解"按钮 ，分解模块，这样是为了方便在操作的时候捕捉图块的中心。

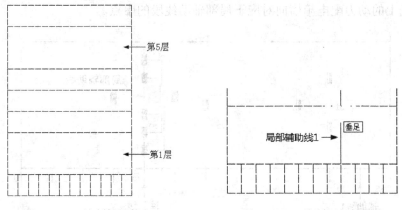

图 11-114　绘制辅助线　　　　图 11-115　绘制局部辅助线

②　单击"默认"选项卡"修改"面板中的"复制"按钮 ，捕捉图块的中心，如图 11-116 所示。复制到局部辅助线 1 的上数第 1 个节点处，如图 11-117 所示。

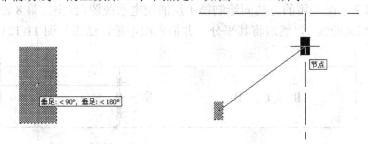

图 11-116　捕捉图块中心　　　　图 11-117　复制图块至第 1 节点处

③　采用相同的方法，在局部辅助线 1 的其他节点上安放照明配电箱。
④　捕捉节点 3 与第 7 根辅助线的交点，如图 11-118 所示，放置照明配电箱。
⑤单击"默认"选项卡"绘图"面板中的"直线"按钮 ，绘制连线，由于连线需要的线型是实线，则可以将图层切换到"0"层，并将照明配电箱的长边等分为 6 份，捕捉节点绘制连线，如图 11-119 所示。

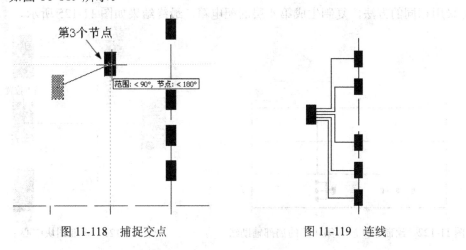

图 11-118　捕捉交点　　　　图 11-119　连线

⑥ 分别在第 2 根、第 3 根和第 6 根竖向辅助线上放置动力配电箱，如图 11-120 所示。其中，第 2 根辅助线上的两个动力配电箱，横向分别对应于第 2 节点和第 5 节点。第 3 根和第 6 根辅助线上的动力配电箱横向对应于局部辅助线段的中点。

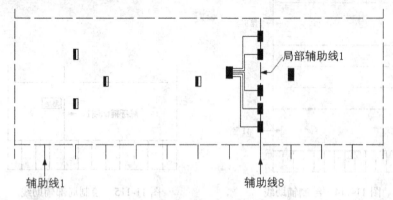

图 11-120　放置动力配电箱

（3）绘制第 2 层、第 3 层、第 4 层的配电系统。

① 绘制第 2 层配电箱的方法同绘制第 1 层的配电系统图，首先在第 8 根辅助线方向上在第 2 层间做局部辅助线 2，然后将其平分，并插入配电箱，结果如图 11-121 所示。

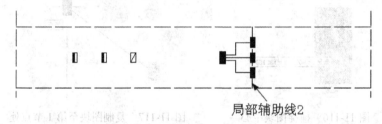

图 11-121　绘制第 2 层配电箱

② 分别绘制第 3 层、第 4 层的局部辅助线，并删除第 2 层辅助线，结果如图 11-122 所示。

③ 单击"默认"选项卡"修改"面板中的"复制"按钮 ，选择第 2 层的所有图形，基点选取为如图 11-123 所示的图块中心，复制的位置选取第 3 层辅助线的中心，如图 11-124 所示。

④ 采用相同的方法，复制生成第 4 层的配电箱，最终结果如图 11-125 所示。

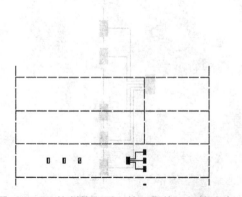

图 11-122　绘制第 3 层、第 4 层的局部辅助线

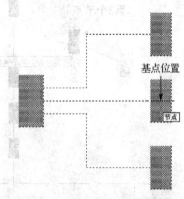

图 11-123　选取图块中心

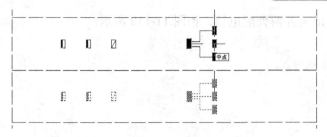

图 11-124 复制配电箱

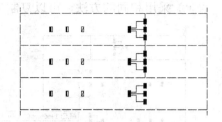

图 11-125 复制生成第 4 层的配电箱

⑤ 选择第 4 层中照明配电箱,将其复制至顶层,定位关系如图 11-126 所示。

⑥ 修改顶层的配电箱,删除照明配电箱,代之以双电源切换箱,结果如图 11-127 所示。

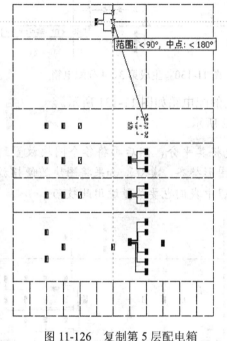

图 11-126 复制第 5 层配电箱

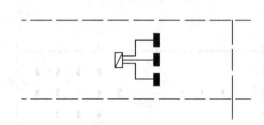

图 11-127 修改配电箱

(4) 绘制第 5 层配电箱。

① 绘制局部辅助线,并将其 4 等分,将照明配电箱放置到节点上,动力配电箱及双电源切换箱布局同第 4 层,复制后的图形如图 11-128 所示。

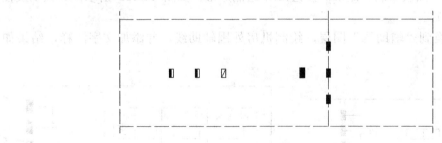

图 11-128 绘制第 5 层配电箱

② 选择竖直方向的 3 个配电箱,选取其中一个的中心为复制的基点,向右复制,如图 11-129 所示。

③ 采用相同的方法，可以复制生成另外两列配电箱，如图 11-130 所示。

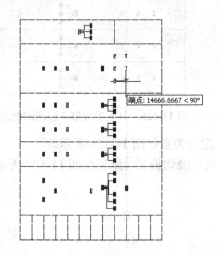

图 11-129　复制第 2 列配电箱　　　　图 11-130　生成第 3、4 列配电箱

④ 删除右下角的一个配电箱，生成的第 5 层的配电箱如图 11-131 所示。
⑤ 在各个配电箱之间连线，结果如图 11-132 所示。

技巧：对于各个局部的辅助线，我们都是先将其平分，然后再将各个图块放置到节点上，这样各个图块之间的距离均等，绘制出来的图形整齐、美观。如果将图块随便摆放，则绘制出来的图形就显得杂乱。所以，在连线的过程中我们也要尽量运用此技巧。

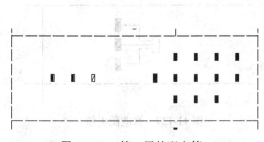 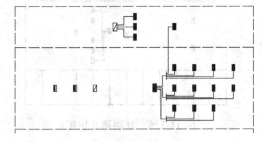

图 11-131　第 5 层的配电箱　　　　图 11-132　配电箱连线

⑥ 顶层上还要有"冷冻机组"和"制冷机房"，可以在配电箱左边进行绘制。单击"默认"选项卡"绘图"面板中的"矩形"按钮▭，绘制矩形，如图 11-133 所示，其大小及位置以和图形协调为宜。
⑦ 将图层转换到"辅助线"图层，绘制机房外围辅助线，并添加文字注释，结果如图 11-134 所示。

 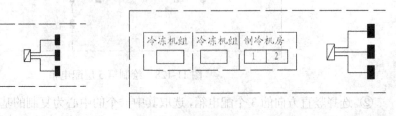

图 11-133　绘制矩形　　　　　　　图 11-134　添加文字注释 1

(5) 绘制主机图形。

① 主机图形很简单，只要绘制一个矩形，然后在矩形中写上"配电室低压配电柜"即可。

② 单击"默认"选项卡"绘图"面板中的"矩形"按钮▭，在最底层绘制一个矩形，如图 11-135 所示。

③ 单击"默认"选项卡"修改"面板中的"删除"按钮，删除辅助线；单击"默认"选项卡"注释"面板中的"多行文字"按钮A，输入"配电室低压配电柜"文字，如图 11-136 所示。

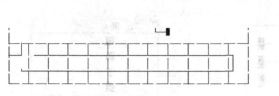

图 11-135 绘制主机矩形

图 11-136 添加文字注释 2

11.5.3 连接总线

在绘制总线的过程中，如果是双线，可以使用"平行线"命令，如果是多线，可以先绘制一条直线，然后使用"阵列"命令，再进行修剪。

(1) 绘制平行线。

① 选择菜单栏中的"绘图"→"多线"命令，以 120 为比例绘制多线，绘制的结果如图 11-137 所示。

② 单击"默认"选项卡"修改"面板中的"分解"按钮，将多线分解；单击"默认"选项卡"修改"面板中的"偏移"按钮，将右边的一根线向右偏移 100。分解、偏移及连接后的顶层总线如图 11-138 所示。

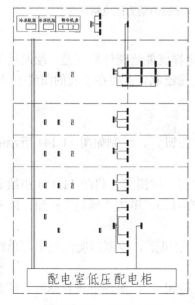

图 11-137 绘制平行线

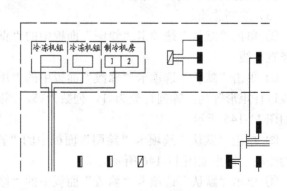

图 11-138 分解及偏移后的顶层总线

③ 选择菜单栏中的"绘图"→"多线"命令，绘制顶层的配电箱与配电室的配电柜之间的连线，如图 11-139 所示。

④ 单击"默认"选项卡"修改"面板中的"分解"按钮，将多线分解，单击选中左边的一根线，然后单击"默认"选项卡"图层"面板中的"图层特性"下拉列表框处的"虚线"选项，如图 11-140 所示，则被选中的直线就变为虚线，如图 11-141 所示。

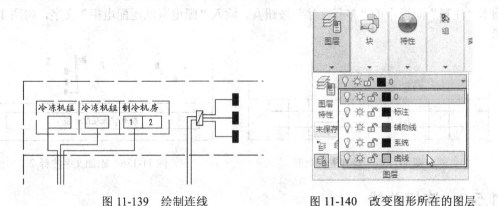

图 11-139　绘制连线　　　　　　图 11-140　改变图形所在的图层

⑤ 采用相同的方法，可以绘制一层的动力配电箱连线，如图 11-142 所示。

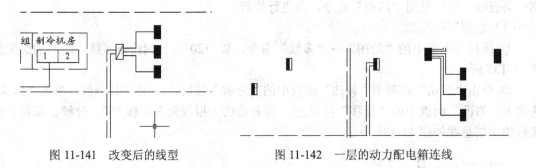

图 11-141　改变后的线型　　　　　图 11-142　一层的动力配电箱连线

（2）绘制单线。

在绘制单线的时候要在"正交模式"绘图方式下，这样就能避免倾斜误差，绘制结果如图 11-143 所示。在图 11-143 中既有实线，又有虚线的连线绘制，需要在不同的图层中进行，所以也把其归类到绘制单线之中。

（3）绘制总线。

① 单击"默认"选项卡"绘图"面板中的"直线"按钮，绘制如图 11-144 所示的一条竖直直线。

② 单击"默认"选项卡"修改"面板中的"矩形阵列"按钮，将图 11-144 中绘制的直线进行矩形阵列，阵列行数为 1，列数为 5，列间距为–120，单击"确定"按钮，阵列结果如图 11-145 所示。

③ 单击"默认"选项卡"绘图"面板中的"直线"按钮，绘制照明配电箱与总线之间的线段，结果如图 11-146 所示。

④ 单击"默认"选项卡"修改"面板中的"修剪"按钮，对图形进行修剪，结果如图 11-147 所示。

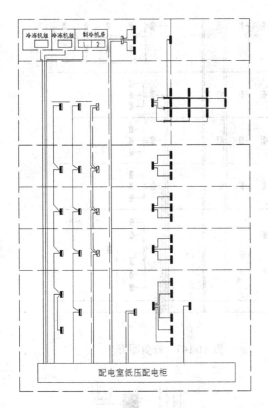

图 11-143 绘制单线

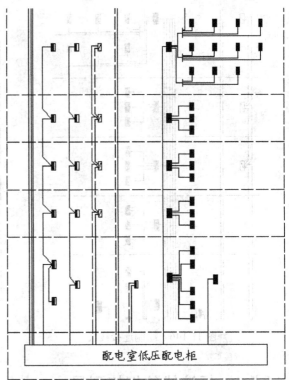

图 11-144 绘制单条竖直直线

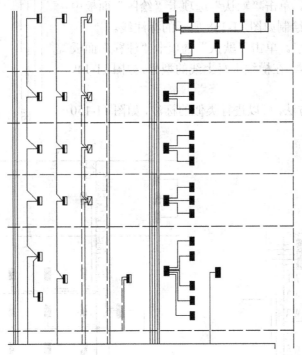

图 11-145 阵列直线

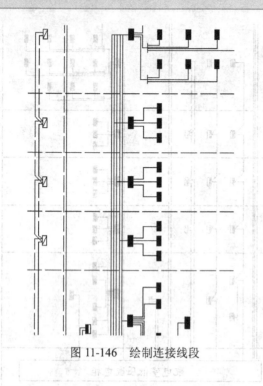

图 11-146 绘制连接线段

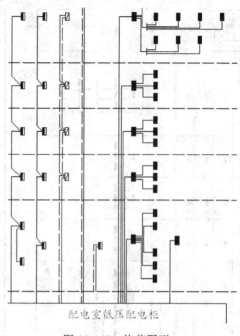

图 11-147 修剪图形

11.5.4 标注线的规格型号

（1）绘制标注线。单击"默认"选项卡"绘图"面板中的"直线"按钮，绘制如图 11-148 所示的标注线。

（2）添加注释文字。单击"默认"选项卡"注释"面板中的"多行文字"按钮A，在横线上写上线的型号，如图 11-149 所示。

（3）采用相同的方法，可以进行类似的标注，如图 11-150 所示。

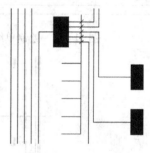

图 11-148 绘制标注线

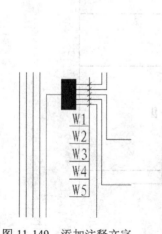

图 11-149 添加注释文字

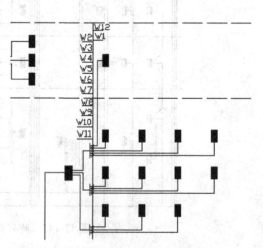

图 11-150 标注 5 层线型符号

（4）对于其他配电箱型号说明，单击"默认"选项卡"注释"面板中的"多行文字"按钮 A，进行标注即可，最终结果如图 11-151 所示。

（5）单击"默认"选项卡"修改"面板中的"删除"按钮，删除两侧的辅助线，得到如图 11-152 所示的图形。

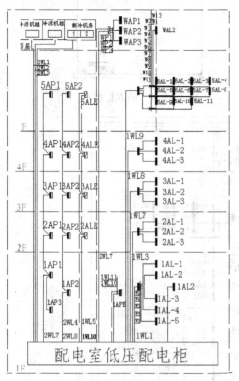

图 11-151　标注其他线型符号

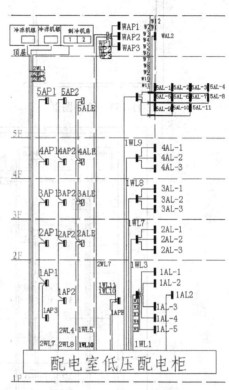

图 11-152　删除辅助线

技巧： 对于文字下面的短横线的绘制有很多种方法，读者可以一条一条的绘制，尽量保持各个横线段之间的距离相等，也可以先绘制出一条，然后使用"偏移"功能，输入偏移距离，这样就能保证各小横线之间等距。

11.5.5　插入图框

由于在绘制之初绘制的辅助矩形的尺寸为 20000×12000，如果我们使用 1∶50 的比例，则 A3 的图纸放大 50 倍尺寸为 21000×14850，则显然我们可以使用 A3 的图框。

（1）绘制图框。单击"默认"选项卡"绘图"面板中的"矩形"按钮，绘制图框，尺寸为 21000×14850，如图 11-153 所示。

（2）插入标题栏。单击"默认"选项卡"块"面板中的"插入"按钮，选择配套资源中的"源文件\第 11 章\标题栏"图块插入，如图 11-154 所示。

（3）移动图形。单击"默认"选项卡"修改"面板中的"移动"按钮，移动图形到图框中，如图 11-155 所示。

（4）添加注释文字。单击"默认"选项卡"注释"面板中的"多行文字"按钮 A，在图形的下方添加注释文字"低压配电干线系统图 1∶50"，并在文字下方绘制一条直线，如图 11-110 所示。至此，一张完整的低压配电干线系统图绘制完毕。

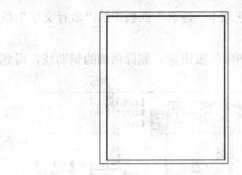
图 11-153 绘制图框

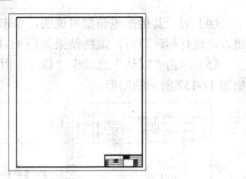
图 11-154 插入标题栏

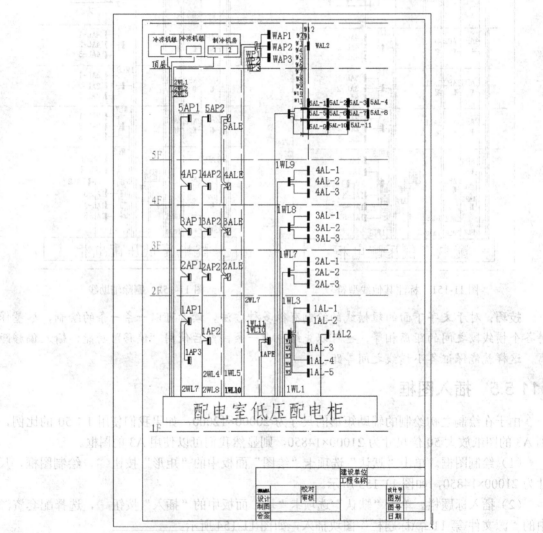
图 11-155 移动图形